JN056178

地域農業と協同

日韓比較

品川 優 著

筑波書房

はじめに

本書は，日本と韓国における地域農業の担い手問題を，集落営農（日本）とトゥルニョク経営体（韓国）といった協同組織に注目して比較考察したものである。

周知のとおり日本と韓国は，農産物輸入，食料自給率の低位，零細農業構造，農家の高齢化・後継者不在など多くの共通する食料・農業問題を抱えている。なかでも担い手問題については，個々の農家を糾合した組織化，協同により打破する動きが日韓ともにみられる。それが集落営農とトゥルニョク経営体である。

しかし，集落営農とトゥルニョク経営体では，その性質や特徴が大きく異なる。それは，「むら」の有無という両国の社会構造の相違が関係しているからである。水田農業をベースとした「むら」の領土，その自治，そのための協同を有する日本では，「むら」ぐるみでの集落営農を主体的に立ち上げ，活動を展開している。それに対して，そうした「むら」のない韓国では，主に行政が政策や事業を通じて組織化や協同を推進している。

このように日本と韓国は，担い手問題とそれへの対応としての組織化や協同という点では共通するが，それに至るプロセスや活動内容，それらの意味などは両国の間で大きく異なる。本書は，こうした表層と深層の同異を比較考察することで，日本と韓国の組織化，協同－集落営農，トゥルニョク経営体のそれぞれの到達点を明らかにするとともに，そこから相互に学ぶものについても明らかにしたい。

このような視点での日本と韓国の比較は，前著『条件不利地域農業－日本と韓国』（筑波書房，2010年）でもおこなった。前著では，条件不利地域を対象に，日韓が共通して直面している担い手問題と農業政策，特に直接支払いに焦点を当て比較考察した。

第Ⅰ部の日本では，1990年代後半から本格化した第三セクター（市町村農業公社），現場で広がりはじめ担い手の中心となりつつあった集落営農，さらにはこれらのネットワークの実践実態を明らかにし，その重要性を論じた。

第Ⅱ部の韓国では，日本よりも先行して本格導入した多様な直接支払いを活用して，例えば親環境米の共同販売など可能なパートでの協同に取り組むなど，韓国における直接支払いの意義と，日本とは異なる形での協同化の必要性を明らかにした。

それから約10年が経過し，その間日本ではTPPなどのメガFTAを，韓国もアメリカやEUなど農産物輸出大国とのFTAを発効するなどグローバリゼーションは強まり，両国の国内農業はさらに厳しい状況におかれている。

先の第Ⅰ部で論じた第三セクターは下火となり，集落営農も構成員の高齢化が深まり，さらには構成員自体の離農・減少も進むなか，集落営農の合併や，集落営農の連携・ネットワークを組織化した連合体など新たな取り組みが広がりつつある。

同じく第Ⅱ部も，これまでの販売という過程の一部にとどまらない組織化，協同（＝「トゥルニョク経営体」）に国が舵を切り，また協同に取り組む契機となった直接支払いを改編・統合するなど新たな動きが起きている。

こうした前著とは異なる新たな動きが生まれていることが，本書を執筆した動機である。ただし「異なる新たな」といっても，その中身は前著と連続的であり，本書は前著の続本である。

本書では，前著同様に日本を第Ⅰ部とし，第１章では，グローバリゼーション下において集落営農，その合併や連合体を必要とする背景について明らかにする。なお，合併，連合体の動きをもってして集落営農を否定しているわけではない。それらの出発点は個々の集落営農であり，合併後も集落営農あるいは集落営農であった「もの」が大きな役割を果たしている。また，連合体に至っては個別集落営農と併存しており，これらは一体的なものとして捉えている。第２章では，それらを日本の農政がどのように位置付けてきたのかを整理する。第３～６章は，実態調査を通じて集落営農，合併，連合体の活動とその特徴や課題などについて考察する。対象地域は，章順に福井（調査2018年），山口（2017・18・20年），高知（2016・18年），佐賀（2015～17・21年）である。

第Ⅱ部の韓国は，まず第７章においてグローバリゼーション下における韓国農業，担い手の変容を明らかにする。第８章では，国がトゥルニョク経営体を本格的に推進する契機となった米の関税化対応である「米産業発展対策」について考察する。第９章は，統計データをもとに，農業構造の韓国的特質とトゥルニョク経営体の意義を明らかにする。第10章は，実態調査を通じてトゥルニョク経営体の実践実態とその特質などについて整理する。第11章は，前著において協同の一助となった直接支払いの改編と，新しくなった公益直接支払いの内容と問題について検討する。

終章では，第Ⅰ部・第Ⅱ部それぞれの総括をおこなうとともに，残された課題等に言及する。

本書が，日本と韓国における地域農業の担い手問題，集落営農やトゥルニョク経営体といった協同のあり様を考える上で，少しでもお役に立てることを願いたい。

2022年２月　品川　優

目　次

第Ⅰ部

日本

第1章

グローバリゼーションと集落営農

1．集落営農・農業生産組織

農林統計では，集落営農を「『集落』を単位として農業生産過程における一部又は全部についての共同化・統一化に関する合意の下に実施される営農を行う組織」と定義している。具体的には，単なる農業機械の共同所有や栽培協定，用排水管理の合意のみは集落営農には含まず，農業機械の共同利用，オペレーターによる基幹作業従事等の協業あるいは協業経営などの取り組みを指す。

この集落営農がいつ，どこからはじまったのか定かではない。綿谷赳夫によると[(1)]，1977年の「地域農政特別対策事業」は「農業者が主体になって集落を軸とし，集落段階から積み上げてゆく地域農政の新しいあり方」であり，「すでに数年前から秋田県，長野県，茨城県，千葉県，島根県などで県単事業の形で取り上げられている」とする。ただし，取り上げた５県については，集落をベースとした主体的な話し合いと農政への反映という新しい地域農政全体に対する先行であり，集落営農の先駆的取り組みとイコールではない。しかし同時に綿谷は，地域農政の新しいあり方の代表事例として，秋田県の集落農場化や岩手県軽米町車門集落による集落の生産組織化を記しており，少なくとも1970年代の秋田や岩手では事実上の集落営農が展開していたことが分かる。一方，田代洋一の整理では[(2)]，72年の秋田，75年の島根，

（1）綿谷赳夫著作集刊行委員会編『綿谷赳夫著作集第３巻　農業生産組織論』農林統計協会，1979年，pp.263-270。
（2）田代洋一『集落営農と農業生産法人』筑波書房，2006年，序章。

78年の広島で集落を意識した事業展開がみられ，それが集落営農のはじまりであるが，この段階では集落営農という用語はまだ使用されておらず，農業生産組織が一般的呼称であったとする（綿谷の著書名も「農業生産組織」）。また，楠本雅弘は70年代の島根を集落営農の最初としている(3)。

秋田や島根など重複する県もみられるが，いずれにも共通することは，1970年代に集落営農の原型が地方の現場から誕生したということであり，取り組みが先行した諸県は人口減少地域，特に島根や広島は過疎地域に指定された市町村の多い県である。つまり集落営農は，人口減・労力減を「むら」をベースに，あるいは「むら」のみんなでカバーする取り組みであり，70年代における地域個別あるいは地域固有の問題対応に限定された動きといえる。

ところで先述したように，この時代は農業生産組織という用語が用いられていた。農林統計上の農業生産組織とは，「複数（２戸以上）の農家が，農業の生産過程における一部または全部についての共同化に関する協定のもとに結合している生産集団ならびに，農業経営や農作業を組織的に受託する組織の総称」である。先に「集落営農は『むら』をベース，『むら』のみんなでカバー」と記したが，生産組織では「むら」という範囲には触れていない。また構成主体が複数農家であり，その複数も最少の２戸で成立するなど，戸数面からも明確に「むら」それ自体を意識しているわけではないことが分かる（ただし，最後の網羅的な農業生産組織調査である1985年センサスでは，「むら」・集落への意識が高まっている(4)）。したがって生産組織とは，あくまでも「人」と「人」のつながりを主軸とした人的結合組織である。農林統計では，生産組織を大きく共同利用，集団栽培，受託，畜産生産，協業経営の５つに分類している。1970年代（72・76年調査結果(5)）では共同利用が５

（3）楠本雅弘『進化する集落営農』農文協，2010年，p.17。

（4）農業生産組織の定義を，これまでの「複数（２戸以上）の農家」から「複数の農家」に変更するとともに，調査項目にも「参加範囲別組織数」を設け「農業集落内」であるかどうかを確認している。

（5）『農業生産組織構造調査報告書－昭和47年８月調査』1973年。『農業生産組織構造調査報告書－昭和51年７月調査』1977年。

割前後と最も多く[(6)]，その運営主体も水稲では人的結合である「任意組合等」が62.9％（72年）・73.5％（76年）と大部分を占め，「農業集落」は同じく19.9％・15.7％に過ぎず，かつ低下している。

こうした統計結果にもとづくと，先述した諸県のように集落を意識した生産組織，すなわち「むら」のみんなでカバーする今日的な集落営農の存在はこの段階では少数派であり，あくまでも人的結合による地域個別，地域固有の問題対応であったことが再確認できる。その一方で逆にいえば，多くの地域では個別農家が完全ではなくとも一定の労力を確保し，ある程度の作業に従事できる状況下にあり，「むら」対応としての集落営農まではまだ必要としなかった時代といいかえることもできる。

そうした地域限定の問題・時代から，中山間地域・条件不利地域を代表とする全国規模で，高齢化や後継者不在による担い手不足問題と耕作放棄地問題がクローズアップされたのが1990年頃である[(7)]。そして90年代に入り，それらの問題を「むら」のみんなでカバーする動きが高まることで，ようやく集落営農という用語が使用され定着することとなる。田代によると[(8)]，98年の農業白書においてはじめて「集落営農」が見出しに登場したとし，その背景には食料・農業・農村基本法があるとする[(9)]。また農林統計では，これまでの農業生産組織という用語・概念が集落営農にとって代わられたのが2000年であるとし，同年が「生産組織から集落営農への最終的な転換年」と位置付けている。さらに，農協系統の全国大会等もトレースした結果，総合すると「集落営農はほぼ90年代用語」と結論付けている。

---

(6) 1970年代の農業生産組織の統計的整理については，農業生産組織研究会編『日本の農業生産組織』（農林統計協会，1980年）を参照。

(7)『1988年　農業白書』における「中山間地域」の初出や，『1990年　農業センサス』から開始した中山間地域（地域類型別）の統計的把握といった一連の動きからみてとれる。

(8) 前掲『集落営農と農業生産法人』序章。

(9) ただし，次章で触れるように，食料・農業・農村基本法（第28条）ならびに１期計画（2000～04年）まで「農業生産組織」が用いられている。

上述の農林統計に対し１つ付け加えると，時期はほぼ同じであるが，『食料・農業・農村白書附属統計表』では[10]，1999年にはじめて市町村や農協，農業改良普及センターの情報を取りまとめた集落営農の把握を所収している。そこには集落営農数，集落数に対する設立割合，集落営農活動の３項目が記されている。関係諸団体からの情報提供という出所を踏まえると，１つには，国として集落営農に関する網羅的なデータ収集の体制が整っていないなか，集落営農への注目の高まりやその必要性の認識のもと，本格的に全国的な統計把握・整備に動き出したのが90年代後半ということができよう。

いま１つは，関係諸団体が情報提供の求めに対し，仮にスムースに応じたとすれば，すでに，もしくはある程度の集落営農に関する情報を前もって有していたものと思われる。つまり，1990年代後半には全国レベルで共通する担い手問題に直面し，現場レベルでは一足早く集落営農の存在とその認識・理解が一定水準に達していたものと推察される。そして，この全国的問題に発展するまでのタイムラグを踏まえると，少なくとも90年代前半には問題を醸成・先鋭化した原因・要因があったものと思われる。

２．グローバリゼーションと日本農業

では，その原因・要因とは何か。1990年代は東西冷戦が終結し，企業の経済活動があらゆる国々で可能となるグローバリゼーションが進展した時期であり，1995年にはその推進機構であるWTOが設立された。WTO体制は，「あらゆる裁量的な国内規制は，国際貿易に対する障害－取引費用[11]」とみなし，国際貿易における取引費用をゼロにするために，あらゆる裁量的な国内規制を禁止する。しかし，ここで禁止されるのは国内規制ではなく，あらゆる裁

(10)『食料・農業・農村白書附属統計表　平成11年度』農林統計協会，2000年，pp.82-83。
(11) ダニ・ロドリック『グローバリゼーション・パラドクス』白水社，2014年，pp.106-107。

図1-1　主要な農業指標の推移

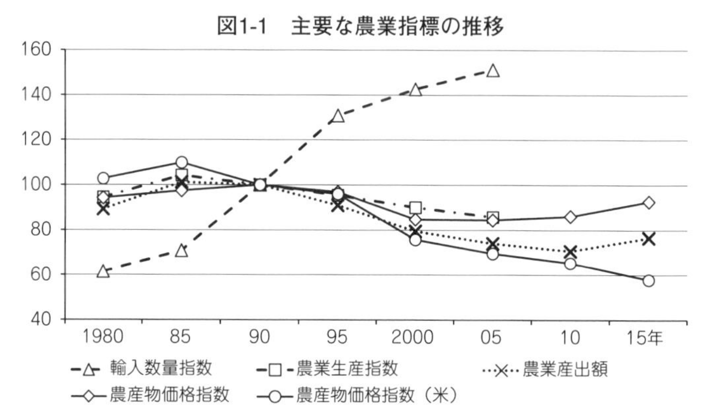

資料：『食料・農業・農村白書参考統計表』（各年版）より作成。
注：「農業生産指数」及び「輸入数量指数」は，2005年までしか公表していない。

量である。WTOでもGATT20条の一般的例外，関税割当，ミニマム・アクセス（MA）などの実態としての国内規制は，WTOの了承のもと認められているが，それらを加盟国が独自に判断し設ける裁量は認められていない。また，WTOは物品貿易のルールにとどまらず，多分野の国内政策までもグローバル・ルールのもとにおく，まさにあらゆる面・分野での裁量を奪うものである。農業分野におけるその具現化が，農産物貿易の例外なき関税化の推進と，WTO農業協定による国内農業政策の国際統一化である。

日本でもWTO体制に即して，農産物の市場開放とWTO農業協定に整合する農政転換が進められ，前者では米を除くすべての品目で自由化・関税化がおこなわれた。その間の輸入数量の変化を記したのが，**図1-1**である[(12)]。図中は，1990年を100として指数化したものであり，輸入数量は90年を境に，前の５年及び後の５年ともに30ポイント上昇するなど輸入量が急増した10年

(12) 2018年以降の『食料・農業・農村白書参考統計表』は，17年と比べてページ数が半減するなど，公表データとその使い勝手が極めて悪くなっている。農業センサスにおいてもデータ項目や区分の大幅変更による問題が生じており，そうした限界から図中では2015年までの把握にとどめている。

間といえる。その後も輸入は増えつづけ，2005年には90年の1.5倍に達している。

輸入の増加は，国内生産の減少となってあらわれている。すなわち，図中の農業生産指数は1990年以降5ポイントずつ低下し，農業産出額も95～2000年に10ポイント減の79.4まで落ち込み，10年には70.7と90年の3割減を記録している。農業産出額ほどではないが農産物価格指数も低下しており，特に95～2000年に10ポイント強と最も大きく低下している点は農業産出額と同じである。

他方，米は一度MAを受け入れたのち1999年に関税化へ移行したが，高関税（778％）が認められたため，直接的にはMA米以外で輸入への影響はみられない。しかしグローバリゼーションによる影響は，米のみを例外的に扱うことはない。すなわちグローバリゼーションは，その国の様々な産業・分野・物品に対し価格競争圧力を強め，その結果物品の低価格化と収益低下による人件費の削減（非正規化を含む）がおこなわれることで，消費者は食料支出を抑制せざるを得ず[13]，米に対しても価格低下圧力が間接的にめぐってくるからである。そしてその圧力は，いま1つのWTO農業協定に整合する農政転換，すなわち価格支持政策が生産刺激的であることを理由に「黄」の政策に分類・否定されたことで，半世紀近くつづいた食管法と価格支持政策を廃止し，新たに制定した食糧法（1995年）のもとで決定的となる[14]。食糧法では，米価は市場メカニズムによって決定され，その結果95～2000年の5年間で20ポイント下落し，2000年代に入ってからは米政策改革大綱で

---

(13) 低所得層の食料消費行動について，『平成30年度　国民健康・栄養調査』では低所得層（世帯単位で200万円未満）は，金銭的ゆとりがないため，バランスのよい食事（主食・主菜・副菜の組み合わせ）をとることができないことを，また小嶋大造は低所得層は低価格品への購入にシフトすることで，食料消費を調整･確保する傾向にあることを明らかにしている（小嶋大造「格差と食料」谷口信和・安藤光義編『食と農の羅針盤のあり方を問う』農林統計協会，2019年）。

(14) 田代洋一『食料主権』日本経済評論社，1997年，第2章。

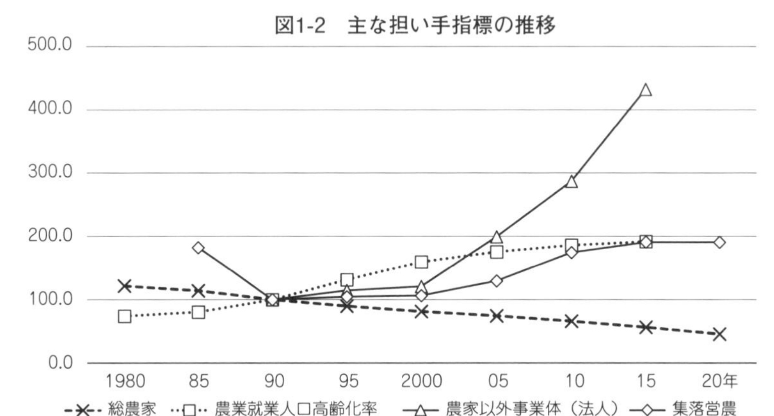

図1-2　主な担い手指標の推移

資料：『食料・農業・農村白書参考統計表』（各年版），『農業センサス』（各年版）より作成。
注：1）「農家以外事業体（法人）の1980・85年の数値はない。
2）「農業就業人口高齢化率」は，65歳以上を指す。
3）1985年の集落営農は，農業生産組織（水稲）で「農業機械の共同利用」及び「受託」をおこなう組織に限定している。
4）1990～2000年の「集落営農」は，農家集団が運営する水稲サービス事業体の数値である。
5）「総農家」及び「集落営農」のみ2020年の数値を掲載している。

の生産調整への政府関与の後退(15)，さらには生産調整の廃止も射程に入れた石破案の提起以降，生産調整の廃止をめぐる政治問題化と廃止を先取りした米の過剰作付も加わることで(16)，米価は15年には57.9まで低下するなど，先にみた農産物価格指数以上の下落をみせている。

一方，この間の主な担い手の動きをみたのが**図1-2**である。総農家数は，農家定義の変更あるいは後述する品目横断的経営安定対策への対応等による影響も受けるが，1980年以降10ポイント前後ずつ減少し，2020年には45.6まで低下している。また，農業労働力として農業就業人口に注目すると，その高齢化率の指数が90年100.0→95年131.4→2000年159.8と，この間30ポイントずつ上昇しており，90年代に高齢化率が急速に高まったことが分かる。そし

(15)小野雅之「水田農業政策の展開と課題」小池恒男編著『グローバル資本主義と農業・農政の未来像』昭和堂，2019年，pp.33-34。
(16)田代洋一「平成期の農政」田代洋一・田畑保編『食料・農業・農村の政策課題』筑波書房，2019年，pp.285-286。

て，15年の高齢化率は90年の2倍の水準に達している。こうした農家数の減少及び農業就業人口の高齢化率の上昇は，農業労働力の世代交代が進んでいないことを示しており，特に1990年代は家族経営の継承困難性，つまりは家族経営の崩れが深化した時期といえ，その傾向は現在，より強まっている。

他方，家族経営の対極に位置するものとして，**図1-2**には「資本主義的経営」も併記している。ここでの資本主義的経営とは，利潤を追求する雇用関係をともなう法人組織を念頭においているが，統計上の制約からその一指標として法人組織数を取り上げている。

ここでの法人組織は，農業センサスの「農家以外の農業事業体」のうち販売目的で法人化している事業体を指す。ただし，同指標は1990年から確認できるため，図中は90年以降のみの表記となる。90年代は緩やかに増加しているが，法人数ではほぼ5,000前後で推移している。ところが2005年には90年の1.2倍に，10年には1万事業体を突破し，15年は指数で191.0，事業体数は1.9万まで拡大している。このように近年，急激な法人の伸びが確認できるが，農家数と比べると絶対量では圧倒的に少ない。法人組織による集積面積（15年で経営面積32万ha，水田面積19万ha）でみるとその重みは増すが，それでも日本農業全体のなかに位置付けると，いまだマイナーな存在にとどまる。

3．集落営農の意義

グローバリゼーションとそれを強力に推し進めるWTO体制の確立以降，日本農業は急激な縮小・後退を余儀なくされている。もちろん，国内農業の縮小・後退はそれ以前から進行しており，例えば宇佐美繁はセンサス分析を通じて「1985年以降を農業衰退的変動が優位した世紀末的構造変動の本格化と規定する[(17)]」。センサス分析という性格上，本格的な変動期に至った背景にまでは踏み込んでいないが，80年代後半のGATT・ウルグアイラウンド

(17) 宇佐美繁「農業構造の変貌」宇佐美繁編著『1995年農業センサス分析　日本農業－その構造変動』農林統計協会，1997年。

の展開などを踏まえると，起点の相違こそあれ，自由貿易や政策の国際統一化といったグローバリゼーションの進展という根底の部分では一致していよう。

グローバリゼーションによって家族経営が崩れつつあり，資本主義的経営も絶対量ではマイナーのなか，その影響は中山間地域・条件不利地域を中心に「むら」そのものの存続危機にまで波及している。その象徴が，この頃に大野晃が提唱した「限界集落」である[18]。限界集落とは65歳以上が過半を占める集落を指し，その結果農業生産や生活機能が停滞・後退することによる消滅集落への転落可能性に警鐘を鳴らしたものである。このグローバリゼーションへの対抗として，壊れつつある家族経営を支えて地域農業を維持するだけではなく，生活機能の維持にも資することで「むら」の存続を図る担い手が求められた。しかし，家族経営の対極にある資本主義的経営は，基本的には利潤の追求と自己経営に責任をもつことが第一であり，「むら」の存続までも守備範囲とするのは無理がある。同時に「むら」も「ムラ領域内の生産空間は…ムラに属するという観念[19]」から，少なくとも「むら」自らが対応可能なうちは,「むら」外の主体に委ねるつもりもない[20]。そこで「むら」内部で知恵を出し合い，「むら」での農業や生活，さらには「むら」自体を守る担い手として具現化した取り組みが集落営農である。

図1-2には集落営農の推移も併記している。ただし，これまで整理したように全国ベースでの体系的な集落営農の統計的把握は，1999年の『食料・農業・農村白書附属統計表』の所収以降では，『集落営農実態調査報告書』が

(18) 大野晃「山村高齢化と限界集落」『経済』第327号，1991年。大野晃『山村環境社会学序説』農山漁村文化協会，2005年。

(19) 浜谷正人『日本村落の社会地理』古今書院，1988年，p.67。

(20) 坂田聡他『村の戦争と平和』（中央公論新社，2002年）では，「伝統日本社会の村の領域が現在の『大字』の領域に受け継がれ，現在の大字自治会の起源が中世後期に成立した村の寄り合いに求められる場合が少なくない(p.223)」と，集落（伝統日本社会の村）と藩政村（大字）とを同一視している点で誤りがあるが，集落領域を外から守る様々な歴史的事実は興味深い。

中心となる。しかし，それも2005年以降しかトレースできない。そこで，それ以前の集落営農については，農業センサスにおいて集落営農に近似した概念で代替することにする。すなわち，85年は農業生産組織を対象に，そのなかで水稲かつ農家集団により運営するものとし，その活動も「農業機械の共同利用」及び「受託」に取り組む生産組織に限定して，可能な限り集落営農の定義に接近させる。また90～2000年は作業受委託に限定されるが「農業サービス事業体」を対象に，そのなかの農家集団により運営する水稲サービス事業体を抽出する。このように農業生産組織，農業サービス事業体，集落営農と異なる概念及び統計データによる接続という限界もあるが，ここではこれらを「集落営農」とみなして全体的な動きを確認したい。

集落営農数は，農業生産組織である1985年と水稲サービス事業体である90年とでは大きく異なる。85年は14,191組織で，90年7,775組織の1.8倍である。前者の約6割が機械の共同利用のみに取り組む組織であり，これらはサービス事業体にカウントされないことが大きく関係している。90年以降の指数では（**図1-2**），90年100.0→95年104.5→2000年114.5→05年129.4と増加し，組織数でも1万組織を突破している。さらに10年には174.6，20年は190.8と90年に対して倍増している。ただし，10年以降の伸びは緩やかとなり，近年の集落営農数は約1.5万組織で横ばい傾向にある。

2000年代後半以降において集落営農が急増した背景には，周知のように品目横断的経営安定対策が大きく影響している。同対策の受給要件に面積規模を課したことで，それをクリアするために個別農家が集合して集落営農を立ち上げた結果である。そのような政策誘導が「集落営農フィーバー[(21)]」ともいわれる集落営農の急増を招いたのは事実であるが[(22)]，その一方で「集落営農」増加の趨勢自体は90年以降すでにあらわれていた。つまり，先にみた家族経営（個人・自然人）の後退・崩れと資本主義的経営（法人）の限界

(21) 前掲『集落営農と農業生産法人』p.15。
(22) 安藤光義「平成期の構造政策の展開と帰結」田代洋一・田畑保編『食料・農業・農村の政策課題』筑波書房，2019年，pp.154-156。

に対し，現場では集落営農（共同・協同）に活路を見出し，かつ全国的にもその機運が高まり広がりつつあるなか，品目横断的経営安定対策がその背中を強く押したことで，爆発的な増加に結び付いたといえよう。ただし品目横断対応を急ぐあまり，集落営農の機能も最低限の経理の一元化（生産物の出荷・販売）に集中した（集落営農全体に占める割合では05年28.4％→10年62.0％へ最も増加）。

では，政策誘導以前において，現場の必要性にもとづき主体的に立ち上げた集落営農は，どのような活動に取り組んでいたのか。1990年代における集落営農の活動内容を，先述した『食料・農業・農村白書附属統計表』で確認すると（複数回答），突出して多いのが①「集落営農による農業機械の共同所有・共同利用」の46.6％，②「集落営農で共同所有する農業機械を利用してオペレーターが基幹作業をおこなう」44.9％である。また，③「集落営農に参加する各農家の出役により，共同で農作業（機械作業以外）をおこなう」も21.6％と比較的高い。他方，④「集落の農地全体をひとつの農場とみなし，集落内の営農を一括して管理・運営している」ものは8.8％に過ぎない。つまり，④にみられるいわば集落営農を１つの経営体とする動きよりも，この時点の集落営農は，①のように投資額や後継者不在等を理由とした農業機械の更新停止に対するフォロー，②は①に加え労力不足に対する機械作業のフォロー，③は管理作業は集落でフォローするといった，各段階での機械と労力のサポートを通じて家族経営を支え，それにより地域農業の維持・継承，さらには「むら」の存続を図ろうと試みるものである。政策誘導による集落営農も，時間をかけてこうした形に収れんするものと思われる。

ところで，資本主義的経営の一指標とした法人組織と集落営農との関係において，以下の点に留意する必要がある。１つは，品目横断的経営安定対策で法人化要件を課したこと，あるいはそれに加え農地権利や経営の問題解決のために法人化を選択する集落営農が増えていることである。1990年代における集落営農の法人化率は２％に過ぎなかったが，2015年は24.4％，20年には36.8％に達している。したがって，**図1-2**の法人組織には集落営農法人もカウントしていることに注意する必要がある。単純に両者の数値を照らし合わせると，法人組織の約２割が集落営農法人にあたり，集落営農も法人という資本主義的経営の「衣」をまとっている。だが問題は，集落営農法人の目的や活動実態，雇用関係等その内実がどのようなものかということであり，かつ集落との関係性である。それについては，第３章以降の実態調査のなかで明らかにしたい。

いま１つは，集落営農が急増したとはいえ，その組織数は法人組織数とほとんど変わらないことである。したがって農家数と比べると，集落営農も法人組織と同じくマイナーな存在といえる。しかし法人組織とは異なり，集落営農は集落内あるいはそれを超える範域内の家族経営及び農地を糾合した組織であり，かつその範域の地域農業や地域社会，「むら」の存続を担う点で影響力は大きく，組織数だけでその存在意義を図ることはできない。本書が集落営農に着目する意義もここにある。

４．集落営農の合併・連携・連合体

だが，**図1-2**で触れた農家数の減少と農業就業人口の高齢化の上昇によって，集落営農も参加する農家数の減少に加え，参加した構成員の高齢化と労力不足とが相乗して，集落営農の存続基盤を崩しつつある。実際，2005～20年における５年ごとの販売農家数はいずれも30万戸強減少しており，総農家に至っては32万～41万戸減少している。一方，集落営農を構成する農家数は05～10年で約13万戸増加しており，集落営農は離農もしくは自給的農家へ転じた農家の受け皿であった。それが10～15年には７千戸の減少，15～20年は４万戸減少するなど，離農→集落営農への参加→集落営農からも離脱という流れが強まっている。

このような厳しい局面におかれるなか，現場では複数の集落営農が合併し，あるいは連携するなどの再編を模索する動きが活発化している。それとともに近年では，集落営農の合併や連携に着目した活動の手引きや研究もみられる。そこで，それらを体系的にまとめた主なものとして，実務レベルでは（a）全中，研究レベルでは（b）高橋明広，（c）柏雅之を取り上げ，各要点を整理したい。それぞれの研究の視座は異なるが[(23)]，彼らの類型を整理したのが**表1-1**である。

まず，3者による集落営農の合併・連携の意義あるいは取り組む理由は，コスト削減（a・b），生産及び販売管理の効率化（a），大規模化（b），リーダーや労働力の確保（a・b・c）に集約される。つまり，前3者は集落営農の経営面（特にスケール・メリット）と深く関係し，後者は人の問題である。

表中に記す（a）～（c）のなかの①～③は集落営農の合併を指す。それぞれタイプが異なり，その呼称も様々であるがポイントはその中身の異同である。（a）～（c）の①は，「プラットフォーム」や「本店－支店」と呼ばれているが，基本的な仕組みは共通している。すなわち，既存の集落営農を合併して，そのエリアで1つの合併法人を新たに立ち上げ，合併法人（＝「本店」）は利用権の設定，農産物の販売名義，交付金の受給等スケール・メリットが活かせる活動に特化する一方で，実際の農作業は解散前の集落営農単位（＝「支店」）で継続しておこなう。そのため経営は合併法人に一本化されるが，実際は「支店」単位での作業・独立採算とする。

（a）～（c）の②の共通項は，①と同じく立ち上げた合併法人が農業経営及び機械作業を一手に引き受け，管理作業等の地域資源管理のみ集落や地権者集団組織が引き受ける，いわゆる「二階建て方式」である。ただし細部で

---

(23) 全中の場合，組合員や集落・地域を集落営農の合併・連携に「手引き」することに重点をおいているため，経営所得安定対策の交付金受給の有無と農業経営基盤強化準備金活用の有無，税務上のメリットなど実務・税務レベルに焦点があてられている（全国農業協同組合中央会『集落営農組織広域化･連携･再編の手引き（第1版）』2020年）。

　これに対し高橋は，合併・連携前の集落営農の形態と合併・連携後の広域法人の形態との相違に重点を（高橋明広「集落営農組織の広域化」『農業と経済』第82巻第1号，2016年），柏は条件不利地域の集落営農未展開地域における担い手として，農業公社等の広域経営法人に着目しており（柏雅之「創造と連携による広域経営システム」柏雅之編著『地域再生の論理と主体形成』早稲田大学出版部，2019年），それぞれの視座は異なる。

表 1-1　集落営農の広域化（合併・連携）に関する既存研究の整理

	（a）全中				（b）高橋明広			
	①	②	③	④	①	②	③	④
タイプ	プラットフォーム	広域二階建て	広域一農場	ネットワーク	「本店-支店」型	少数有志型	広域「ぐるみ」型	ネットワーク
広域化	合併	合併	合併	連携	合併	合併	合併	連携
既存集落営農	解散	解散	解散	存続	解散	解散	解散	存続
経営	（集落営農）	合併法人	合併法人	集落営農／連携組織	（集落営農）	合併法人	?	集落営農／連携組織
機械作業	（集落営農）	合併法人	合併法人	集落営農	（集落営農）	合併法人	?	集落営農
管理作業	（集落営農）	地域資源管理組織	合併法人	集落営農	（集落営農）	（集落営農）	?	集落営農

	（c）柏雅之				
	①	②	③	④	⑤
タイプ	既存組織主導型	合併法人主導型	合併法人単体型	広域連携	広域経営法人
広域化	合併	合併	合併	連携	−
既存集落営農	解散	解散	解散	存続	−
経営	（集落営農）	?	合併法人	集落営農／連携組織	広域経営法人
機械作業	（集落営農）	合併法人	合併法人	集落営農	広域経営法人
管理作業	（集落営農）	（集落営農）	合併法人	集落営農	広域経営法人

資料：全中『集落営農組織広域化・連携・再編の手引き（第１版）』，高橋明広「集落営農組織の広域化」，柏雅之編著『地域再生の論理と主体形成』より作成。
注：1）「タイプ」の各名称は，筆者が用いた呼称をそのまま掲載している。
　2）表中の「?」は，詳述されていないため不明とした。
　3）（集落営農）は，集落営農自体解散しているが，事実上解散前の集落営農が従事しているためカッコ書きとした。

は，(b) は合併法人を設立した少数有志による機械作業従事と推測されるが，(a)・(c) は少数の特定者による機械作業なのか，構成員の多くが出役する形なのか定かではない。一方，管理作業も (a) はそれを担う地権者集団組織を法人化し，交付金の受け皿機能なども合わせて担う地域資源管理組織を前面に打ち出している点で他と異なる。

(a) と (c) の③は，特定の構成員あるいは従業員がすべての農業経営及び機械･管理作業を担う完全協業経営である。(b) の③は合併により集落「ぐるみ」から地域「ぐるみ」へ移行するが，農業経営の所在，機械・管理作業のあり様の相違が不明瞭のため，ここではいずれにも分類していない。

(a) ～ (c) の④は，集落営農の連携をあらわしている。すなわち，従来どおり既存の各集落営農が農業経営や機械・管理作業をおこなうが，それらで新たに連携組織を立ち上げ，それが各集落営農の共通目的（例えば，機械の共同利用，人材確保，新規事業など）を追求するという形である。ただし，いずれの連携組織も任意組織あるいは法人を念頭においているかの明言はなく，組織形態によって連携組織の位置付けや役割も大きく変わる。また (b)・(c) は，農地集積効果の小さい中山間地域・条件不利地域で主に選択されるなど地域類型の視点が加味されている。

(c) の⑤は，条件不利地域で，かつ集落営農があまり展開していない地域では，農業公社やJA出資法人などの広域経営法人がカバーする[(24)]。したがって，集落営農の合併・連携とは異なり，また行政や協同組合といった公・共の主体による模索という点で本稿の対象からは外れる。

以上の整理を踏まえ，次の３つの論点を提起することができる。第１は，集落営農が合併と連携のいずれかを選択する際の大きな基準の１つとして，

(24) 柏は，平野部・条件不利地域／集落営農展開・未展開地域の４つのマトリックスを軸に論じているが，このうち平野部の集落営農未展開地域については特に言及していない。おそらくは個別農家が多く展開し，彼らがカバーする地域という位置付けであろう。しかし，個別農家でも法人化し広範囲にわたって数十haをカバーする事例も少なくなく，その意味では⑤の条件不利地域と同じく広域経営法人といえる。

合併によるスケール・メリットの存在の有無を指摘していた。その有無は，それを可能とする地理的・地形的条件，すなわち平野部か中山間・条件不利地域かという共通の認識があった。しかし，個別集落営農が農地を守れなくなった際，スケール・メリットがないなかどう守るのかが問われる。

第２は，集落営農の合併の形は，先にみたように大枠では一致するものも少なくないが，個別に指摘したように細部になると異なる。また，(a)～(c)のタイプでは合併法人の設立とともに既存の集落営農は解散していたが，後述する第６章の事例では，既存の集落営農を解散せず存続する体制をとるなど，様々な形が存在している。したがって，現場レベルでは事例の数だけ合併・連携の形があるものと理解した方がよく，むしろその本質を捕捉することが重要である。

表中で整理したように，ポイントは経営の実権がどこにあるのか，機械作業は誰がするのか（構成員だけではなく，雇用した常勤従業員も含む），管理作業を担うのは誰か，という経営・機械作業・管理作業の実像を抑えることである。類型化あるいは次の類型へ移行する段階論も，それらの組み合わせである。またそれは，合併・連携の話だけではなく，個別の集落営農の問題－経営（枝番かプール方式か）・機械作業（ぐるみか特定少数か）・管理作業（地権者に委託するか）として捉えられてきたことと通ずる。つまり，集落営農の合併・連携に姿を変えても，問題の本質は集落営農と同じである。

第３は，ここまで既存研究を踏まえ集落営農の連携と呼称してきた。広辞苑によると，連携とは「同じ目的をもつ者が互いに連絡をとり，協力し合って物事をおこなうこと」とあるように，その意味は結び付き（共通の目的）と行為にとどまる。しかし，(a)～(c)の集落営農の連携は，単なる結び付きと行為だけではなく，その拠点となる組織体の設立も想定していた。

例えば，詳細は別稿に譲るが，広島県のJA三次では，2004年に管内の集落営農法人を糾合して「集落法人グループ」を立ち上げている[25]。しかし

(25)拙著『条件不利地域農業－日本と韓国』筑波書房，2010年，第３章。

グループとしての組織体はなく，活動は目的に応じた連携によるものである。そこではネットワークと称し，大豆ネットワークであれば，大豆コンバインを所有する集落営農が他の集落営農の作業を請け負い，あるいは調整したり，ネットワークで大豆のロットを確保することで地元加工業者と一緒に地域のブランド加工品の開発などをおこなう。つまり，共通の目的のもと，集落営農の結び付きと活動実態は存在するが，基盤となる組織体は存在しない，まさしく辞典どおりの連携（ネットワーク）である。

これに対しJA三次を参考に立ち上げた，第４章でみる山口県は集落営農法人連合体と称している。広辞苑には連合体は掲載されていないが，連合は「２つ以上のものが結び付いて１つの組織体をつくること。また，その組織体」とある。筆者の調べた限りでは，実用日本語表現辞典に連合体が掲載されており，「連合して１つのものとなった組織体」と記されていた。つまり，広辞苑の連合と同義である。しかし連合は，辞典により微妙にニュアンスが異なる。大辞林は「２つ以上のものが組み合わさって１つのグループになること」と組織体ではなくグループ，大辞泉は「２つ以上のものが共通の目的のために結び合うこと」にとどまる。

以上のような相違から，本書では集落営農の連携やネットワークを組織化したものを連合体，組織化に至らない先のJA三次のようなケースは連携あるいはネットワークと区分してみていく。特に山口の連合体は法人化までしており，それらと組織体のない連携・ネットワークとでは，活動の幅や資金の扱い，責任の所在など実態面でも大きな違いがあるからである（用語としては分けるが，本稿では連合体の事例のみを取り上げている）。

５．まとめ

1990年代以降のグローバリゼーションは，主権国家が有する裁量性を厳しく制限することで，農産物貿易については自由化・関税化とさらなる農産物市場の開放が強力に進められるとともに，国内農業政策に関してはWTO農業協定にもとづく農業政策の国際ルール化とそれに即した政策転換がおこなわれた。

このようにグローバリゼーションによって国内農業を守るべく国境措置と価格支持政策がなし崩しにされることで，農産物輸入が増大していた。同時に国内農業への影響は，国内生産や農産物価格の低下，農家数の減少と高齢化・後継者不在，その対極に位置する資本主義的経営の増加がみられた。こうした動きに対し，現場では家族経営（自然人）と資本主義的経営（法人）のいわば中間に存在する現場対応としての「協同組織・協業組織・協業経営」も生まれた。それが「むら」をベースとした，あるいは「むら」ぐるみで立ち上げた集落営農であり，それはグローバリゼーションによって衰退する地域農業や地域社会，「むら」を守る，いわばグローバリゼーションへの対抗である。

しかし，その集落営農も1990年代からカウントすれば，すでに30年を超える歳月を経ており，最近では１つの転換点を迎えている。確かに集落営農自体は増えてきたが，近年は冷却期にある。その内実も，農家数の減少と農業労働力の高齢化が並行して集落営農にも及ぶなど集落営農内部も縮小過程にあり，引いてはそれが集落営農の存続問題にまで波及する危険性をはらんでいる。そこで，その解消策の１つとして注目されたのが，現場による集落営農の広域化である。その広域化も集落営農の合併，連携，連合体など様々な形態があり，その仕組みや活動実態も多様であった。本書の第Ⅰ部では，集落営農及び集落営農の広域化を対象に，それらがおかれている現状分析とそこでの課題，集落営農及びその広域化による今後の地域農業の継承性について考察したい。集落営農の立ち上げ，さらにはその広域化には中山間・条件不利地域が先んじて取り組んだこともあり，基本的には中山間・条件不利地域を対象に，福井（第３章），山口（第４章），高知（第５章）を対象としている。さらに，平野部でも集落営農の広域化も進んでいることから佐賀（第６章）の事例も取り上げる。

ところで，このような現場における集落営農への期待と活動，一方では継承性の問題を有するなか，国農政は集落営農に対しどのような認識を有しているのか。結論を先取りすれば，国も集落営農に関心をもち農政に取り込むようになるが，農政における集落営農の基本的な位置付けは効率性や経済性の追求である。つまりは，コストの削減や競争力強化を目的としたグローバリゼーションへの対応としての集落営農である。そのため集落営農に対し，法人化や主たる従事者の所得確保，常勤雇用といった農業の資本主義化を推し進めようとしている。こうした国農政における集落営農の位置付けとその展開について，次章で確認する。

第2章

集落営農をめぐる農政の展開

1．はじめに

第1章で触れたように集落営農という用語が農政のなかで用いられたのは，1998年の『農業白書』が最初である。しかし，集落営農という用語ではないが，現在の集落営農を想起させるものを農政に位置付けたのは，92年の新政策が起点である。

この新政策は，1986年に出された農政審報告「21世紀に向けての農政の基本方向」の流れを受けている。日米貿易摩擦，GATT・ウルグアイラウンド交渉を強く意識した同報告では，国際化・グローバリゼーション対応を前提として，①意欲的かつ優れた経営感覚や企業マインド・知識をもつ農業者の育成，②農業保護の最小化，③市場メカニズムの活用，④農産物市場アクセスの改善を打ち出している。この②～④に耐えうる①の育成として，個別・組織を問わず「経営体」の育成を前面的に追求したのが新政策であり，この流れが変わらない限り農政が位置付け追い求める集落営農の本質は「経営体」である。したがって，農政からみた集落営農は，現場で生まれたグローバリゼーション対抗としてのそれではなく，グローバリゼーション対応としての集落営農ということである。

では実際，農政では集落営農をどのように位置付け，具体的に推進しようとしてきたのか。まずは農政全体を規定する1961年の農業基本法から確認し，92年新政策，99年食料・農業・農村基本法（以下「新基本法」），さらに新基本法において食料・農業・農村政策審議会の意見を踏まえ，5年ごとの農政方針や施策の策定を義務付ける各基本計画をトレースして確認する。それらを踏まえ，現在の集落営農をめぐる論点について整理する。なお先に，各農政ごとの集落営農の位置付けとその想定する形を**表2-1**に整理しておく。

2．農業基本法

農業基本法では，集落営農だけではなく農業生産組織についての言及もない[(1)]。しかし，集落営農の特質である協業の必要性自体は，農業基本法でも追求している。

農業基本法の検討・制定は，「開放経済体制」への移行宣言や「国民所得倍増計画」の打ち上げなど高度成長の促進を国家目標とした時期と重なる。つまり基本法農政は，農産物を含む自由貿易を前提とした枠内での展開を余儀なくされ[(2)]，その歪みは農業と他産業との所得格差としてあらわれた。その格差解消が農業基本法の最大の目的であり（第１条），それを究極的には自立経営農家の育成（第15条）と協業の助長（第17条）による構造政策で達成しようとした[(3)]。ここでの協業とは協業組織から協業経営までを含み[(4)]，協業の目的を①家族農業経営の発展，②農業の生産性の向上，③農業所得の確保等，としている。協業に参加する①の家族農業経営は，経営をより改善したい自立経営農家，及び協業を発展の方途とする自立経営になりがたい農家を指す。ただしその組み合わせ，すなわち自立経営農家同士の協業なのか，自立経営になりがたい農家が集まったものであるのか，あるいは両者の混合形態であるのか，についての想定はみられない。とはいえ協業の結果②へ，さらには③へと結び付くことで，所得格差の解消が達成され，協業を通じて

（1）大原興太郎「農業生産組織の展開と農業経営」柏祐賢・坂本慶一編著『戦後農政の再検討』ミネルヴァ書房，1978年，p.121。
（2）田代洋一『農業・食料問題入門』大月書店，2012年，第４章。
（3）構造政策を達成するまでの過渡的対応として価格支持政策も並行して導入している。ただし，価格支持政策が過渡的手段として終焉することはなかった。
（4）食料・農業・農村基本法政策研究会編著『逐条解説　食料・農業・農村基本法解説』大成出版社，2000年，p.349。

表 2-1　農政における集落営農の位置

	1961年 農業基本法	1992年 新政策	1999年 新基本法	2000～04年 1期計画	2005～09年 2期計画	2010～14年 3期計画	2015～19年 4期計画	2020～24年 5期計画
目標とする像	自立経営農家 協業	個別経営体 組織経営体 （協業経営）	効率的かつ 安定的な 農業経営	効率的かつ 安定的な 農業経営	効率的かつ 安定的な 農業経営	意欲ある すべての 農家	効率的かつ 安定的な 農業経営	効率的かつ 安定的な 農業経営
水田集積率		全体8割 個別経営体 5割強 組織経営体 2割強		全体6割＋α 農家6割 法人･生産組織 ＋α	全体7～8割 家族･法人経営 6割 集落営農経営 1～2割	全体7割 主業農家4割 集落営農2割 法人経営1割	全体8割☆	全体8割☆
任意組織	○	×	○	○	× （品目横断△）	○	△	△
集落営農の範囲		1～数集落					広域合併	広域合併
モデル		①北東北 経営面積 49ha 米・麦・大豆 ②南東北･北陸 経営面積 43ha 米・麦・大豆※1 ③関東以西 経営面積 35ha 米・麦・大豆※2 ④九州 経営面積 40ha 米・麦・大豆※3		①南東北･北陸 構成 30戸 経営面積 60ha 米・麦・大豆※4 ホウレン草 枝豆	①全国 構成 30戸 経営面積 44ha 米・麦・大豆※4	①全国 構成 25戸 経営面積 25ha 米・麦・大豆 ②全国 構成 40戸 経営面積 40ha 米・ソバ ③全国 （中山間地域） 構成 15戸 経営面積 7.5ha 米・大豆 グリーン・ ツーリズム	①全国 （中山間地域） 構成 63戸 経営面積 80ha 米・麦・大豆※4 ソバ・野菜 米粉パン加工	①全国 （中山間地域） 法人経営2人 常勤雇用5人等 経営面積 80ha 主食用・新規需要米 小麦・大豆※4 キャベツ ②全国 （中山間地域） 構成員 16人 経営面積 25ha 主食用米 小麦麦・大豆※4 スマート農業

資料：筆者作成。
注：1）「水田集積率」のうち4・5期計画の「☆」のみ全農地である。
　2）「△」は，条件付きで認められる。
　3）「※1」は，2年3作をあらわしている。
　4）「※2」は，米・大豆と麦の二毛作をあらわしている。
　5）「※3」は，米・麦の二毛作をあらわしている。
　6）「※4」は，麦・大豆の二毛作をあらわしている。

自立経営農家はより発展し，それ以外の自立経営になりがたい農家も発展するというロジックである。

基本法をめぐっては，自立経営と協業との関係性が問われてきた。基本法の解説本では，「自立経営の育成と協業の促進…どちらに重点をおくというふうには考えていない」，「相対立するものではない」とフラットに捉えている[(5)]。

その一方で，自立経営を主，協業を従とする見解がある。例えば久守藤男は，「協業組織や協業経営が自立経営の育成の重要な手段として位置付けられている」とし[(6)]，また『日本農業年報　第30集』のなかで大島清は，「構造政策の一環として『協業の助長』を規定したとしても，それはあくまでも自立経営育成という中心的政策の付随的政策として取り上げられたもの」であり，「基本法農政の理念は伝統的な家族労作的小農主義の枠組みを出てはいない」とする[(7)]。さらにその10年後に出版した『同　第38集』においても，大内力や五味健吉は自立経営の育成，その補完的位置付け・役割としての協業という見解であった[(8)]。

それとは逆に，協業にウェイトをおく見解もある。団野信夫は，自立経営と協業は矛盾した２つの理念を合わせたものとするが，家族経営が絶対的比重を占める現実に対し，それ以外の経営形態，例えば「農業の企業的経営，

---

(５)前掲『逐条解説　食料・農業・農村基本法解説』p.350。

(６)久守藤男「自立経営と構造改善事業」(柏祐賢・坂本慶一編著『戦後農政の再検討』ミネルヴァ書房，1978年，p.101)。ただし久守は，その後の総合農政では「農業の装置化をすすめ，その装置を中核に生産，流通の諸機能を総合化，システム化することによって，規模の経済性を追求できる地域農業に構造改革すべきことが強調され，自立経営や集団的生産組織は個別経営として自己完結的な生産をめざすのではなく，システムのなかに包括されるものと位置付けられている（同p.109)」とする。

(７)大島清「基本法農政の経過と帰結」近藤康男・大島清編『日本農業年報　第30集　基本法農政の総点検』御茶の水書房，1982年，p.9。

(８)大内力「農基法30年の帰結と『担い手』問題」及び五味健吉「担い手像の展望台」大内力編『日本農業年報　第38集　農業担い手像の光と影』農林統計協会，1992年。

近代的共同化の発展」といった協業を理想とし協業に重きをおいている[9]。また田代洋一は，戦前の農村経済更生運動までさかのぼり「『むら』の組合化，法人化という農政のDNA」の根深さから，「立案者たちの思いはむしろ協業の方に傾いていた」とする[10]。

しかし，基本法の最大の目的は所得均衡であり，その目的が達成されるのであれば，構造政策においては「自立経営か協業か」ではなく「自立経営でも協業でも」構わないというのが先の解説本の意味するところである。ただし，家族経営が圧倒的多数を占める現実において，協業の選択は各農家や集落・地域が主体的におこなうものである。そして主体的選択であるが故に，基本法では協業といっても自立経営農家のように「育成」まで踏み込んだものではなく，あくまでも「助長」にとどめている。そのため基本法では，協業組織や協業経営それ自体の具体的姿やその方向性が明確に語られることはなかった。

3．新政策

先述した1986年農政審報告の流れを受けた新政策では，新たに個別経営体と組織経営体という「経営体」概念を創出しており，両者は主たる従事者による他産業並の労働時間及び生涯所得の確保の点で共通している。このうち組織経営体は，基本法の協業の延長上にあり，そこには集落営農を想起させる組織も含まれている。

組織経営体の具体像は，a）文字通り経営体であること，そのメルクマールはb）１以上の生産行程及び販売の共同化や収支決算・収益の分配をおこなうこと，規約及び協定における責任所在の明確化，代表者名による販売・購入等をおこなうこと，c）家族農業の集合体ではなく個人の集合体として

（9）団野信夫「農業基本法の夢と現実」前掲『日本農業年報　第30集　基本法農政の総点検』p.38。

（10）田代洋一『集落営農と農業生産法人』筑波書房，2006年，pp.23-25。

いること，d）主たる従事者が他産業並みの所得を確保できること，e）組織の形は農業生産法人・協業経営・集落全体がまとまった１つの生産組織であり，ｆ）範囲は１～数集落程度，g）面積規模は東北から九州まで４つのモデルを提示して35～50haを想定している。

以上からポイントを整理すると，第１に新政策の対象は協業経営であり，基本法に含まれる協業組織は対象外となる。第２は，b）に示すような「実質的な法人格を有する経営体に準じた一体性及び独立性を有する組織を想定[11]」しており，必ずしも法人格を求めていない。第３は，経営体の核となる部分は主たる従事者の所得確保であり，それが組織経営体は個人の集合体であると強調した理由である。しかも単なる個人ではなく，主たる従事者という特定の個人に絞られている。

第４は，地域類型別に全国の１集落当たりの水田面積をみると（2015年センサス），都市的地域16ha，平地地域48ha，中間地域21ha，山間地域13haである（全国平均は25ha）。したがって，g）の35～50ha規模を想定する組織経営体は平地を対象としたものであり，都市及び中山間地域では最初から１集落による組織化を念頭においていないことになる。したがって35～50haを確保するとすれば，平地は１集落，その他は最大で４集落に及ぶ組織経営体になる。それらがｆ）ということである。

第５は，組織の形の１つとして，e）で集落全体がまとまった生産組織を明示したが，第１・２のとおり経営体を前提としたものに限られる。ポイントは，これがいわゆる集落営農を意識したものであるかどうかである。

農業センサスに依拠すると，集落とは「もともと自然発生的な地域社会であって，家と家とが地縁的，血縁的に結びつき，各種の集団や社会関係を形成してきた社会生活の基礎的な単位」であり「生産及び生活の共同体」を指す。つまり，歴史的・社会的・実態的にまとまりのある１つの共同体であり，いわゆる「むら」である。もちろん，のちにみるように１つの集落だけでは

(11)新農政推進研究会編著『新政策そこが知りたい』大成出版社，1992年，p.88。

成り立たず，複数集落による集落営農も多く存在する。しかしその場合も，藩政村（大字）や明治合併村（旧村），昭和合併村など何かの形で歴史的・社会的・実態的なまとまりのある範域という点では共通している。あるいは明確な範域でなくとも，例えば集落の神社以外にも隣集落と共通する神社があり，その運営等を輪番でおこなうなど昔から何らかの社会生活上の実態・つながりを有する範域もここに含まれよう。

一方，第4でみたように組織経営体で明示する規模は，基本的には経営体として望むべく面積，より正確には主たる従事者が他産業並みの所得を確保できる面積が先にあり，そこから逆算した範囲がｆ）の１～数集落程度ということであろう。このように整理すると，新政策で記す集落全体がまとまった生産組織とは，集落全体をまとめた規模が重要なのであり，生産及び生活の共同体としての広い意味も含む歴史的・社会的・実態的にまとまりのある「むら」を基礎とした集落営農とは異なるものである。「むら」を基礎とした集落営農は，地域社会・地域農業の維持や定住条件の確保を目的に，経営の論理を超越した社会的役割を担うものであるのに対し，組織経営体はあくまでも経営（体）の範疇での活動である。このように新政策の最大の特徴は，経営（体）を切り口とする農政の起点であり，それはグローバリゼーションへの対応の具現化でもある。

以上のような問題を含みつつも，新政策では稲作に関しては個別経営体が稲作の５割強を，組織経営体が２割強を，両者で計８割程度の水田面積を集積する構造を目標として打ち出している。

4．新基本法と基本計画

（1）新基本法

新基本法も新政策の核心である主たる従事者による他産業並の労働時間及び所得確保を引き継いでいる。そのことは，第21条「望ましい農業構造の確立」において，主たる従事者の所得が他産業並みとなる「効率的かつ安定的な農業経営」（以下「効・安経営」）の育成を掲げていることにあらわれている。そして，これら効・安経営が「農業生産の相当部分を担う農業構造を確立」するとうたっている[12]。

新基本法では，多くの小規模農家（兼業・高齢農家等）が存在する現実を踏まえ，第28条「農業生産組織の活動の促進」において「地域の農業における効率的な農業生産の確保に資するため，集落を基礎とした農業者の組織その他の農業生産活動を共同しておこなう農業者の組織，委託を受けて農作業をおこなう組織等」協業の推進をうたっている。だが，条文に出てくる用語は農業生産組織であり集落営農ではない。

しかし，新基本法の解説本をみると，先の組織等を「地域の農業における効率的な農業生産活動を支える組織」とし[13]，そこに「集落営農等…を明確に位置付け」るとある。したがって，集落を基礎とした農業者の組織とは集落営農を指し，先の新政策とは異なりこの「基礎」の部分に「むら」・共同体としての性格・役割が凝縮しているといえる。

このように新基本法では，表面的には集落営農という用語は使われていないが，想定する組織の１つとして集落営農を農政対象としていることが分かる。ただし，ここでの集落営農とは，効率的な農業生産活動をあくまでも「支

---

(12) 農業基本法では，育成すべきものとして自立経営という造語を明記していた。だが新基本法では，効・安経営という抽象的な概念にとどまっている。その理由を梶井功は，「現実的な可能性をどこまで見通して自立経営の育成という議論をやったのか」「それほど明確な見通しがあったのではないと思う」，「今度の新基本法は，たしかに明確な経営像はみえないけれども…現実的な見方をした」結果とみている（編集委員座談会「食料・農業・農村基本法が目指す今後の農政」大内力・藤谷築次編『日本農業年報46　新基本法－その方向と課題』農林統計協会，2000年，p.221）。
　実際，自立経営は1967年にピークを迎え，以降衰退し，途中で事実上，中核農家にとって代わられたにもかかわらず，1997年の『農業白書』や『農業白書参考統計表』まで，すなわち農業基本法の終焉まで自立経営の把握はおこなわれつづけた。そうした法と実態との乖離が梶井の前半部分の指摘であり，それらを顧みた結果が新基本法での抽象的な概念にとどまったということであろう。

(13) 前掲『逐条解説　食料・農業・農村基本法解説』p.88。

える」・資するという受け身の役割，補完的副次的位置付けでしかなく，集落営農それ自体が果たす役割を直接評価するものではない。

（2）1期計画

新基本法で補完的副次的位置付けとした集落営農であるが，基本計画の1期計画（2000～04年）では「農業生産組織の活動の促進に関する当面の施策」において，「集落を単位とした営農システムを構築し，効率的かつ安定的な経営体への発展を促進する」とある[(14)]。つまり，効・安経営となった集落営農と，そうではない集落営農とを明確に区分することで，前者はカテゴリーの異なる1つの「経営体」として「個別経営に帰一するもの[(15)]」になる。

新基本法で示した効・安経営が担う「相当部分」に対し，1期計画では作業受託を含む農地利用の6割程度の集積としている。ただし，これは「農家におけるシェア」であり，その他に「法人経営（1戸1法人を除く）及び生産組織のシェアが外数として存在」する[(16)]。つまり集落営農や生産組織は，あくまでも効・安経営の周辺部としか位置付けておらず[(17)]，そのため外数としての具体的なシェアも明示されていない。

他方，それらの規模は記しており，水田作では家族経営で10～20ha程度，生産組織35～50ha程度，集落を基礎とした生産組織（＝集落営農）においては集落規模としている[(18)]。先の新政策では，組織経営体を一括りとしその規模を35～50haとしたが，ここでは生産組織と集落営農を分けて明示している。その違いは，1期計画が想定する生産組織と集落営農の具体像にあ

(14)『わかりやすい　食料・農業・農村基本計画』大成出版社，2000年，p.123。
(15)田代洋一『地域農業の持続システム』農文協，2016年，p.21。
(16)前掲『わかりやすい　食料・農業・農村基本計画』p.213。
(17)外数にあたる法人経営・生産組織の具体的な目標数字が提示されていないことなども含め，「組織的農業を積極的に位置付けているという姿勢を読み取ることはかなり難しい」との指摘もある（谷口信和「『土地利用型農業活性化対策』と農業構造再編の展望」梶井功編『日本農業年報47　「食料・農業・農村基本計画」の点検と展望』農林統計協会，2001年，p.46）。
(18)稲作単一経営及び稲作中心の複合経営を指す。

らわれている（**表2-1**）。すなわち，生産組織の複数の事例はいずれも３戸で構成しているのに対し，集落営農は構成員30戸・経営規模60haを想定している。ただし，集落営農のモデルは「南東北・北陸」のみで描いている。つまり，この段階で農政がイメージする集落営農は，現在のような「市民権」を得た全国的なものというよりも，米どころを想定し，かつ規模の大きな経営体として成立しうるものを念頭においていることが分かる。なぜならば，集落規模と明記しながらモデルの規模は，実際の集落・「むら」の範域を超える大きさであるからであり，新政策で指摘した問題が継続している。

（3）２期計画

２期計画（2005～09年）では，「農業の構造改革の立ち遅れ」に焦点が当てられ，「担い手」（効・安経営及びこれを目指して経営改善に取り組む農業経営）の明確化と「担い手への農地の利用集積に向けた動きを加速化させていく」と明記している[(19)]。そのための具体策が品目横断的経営安定対策（以下「品目横断」）であり，品目横断は２期計画の策定に向けた「農林水産大臣談話」（2003年８月29日）のなかで「品目横断的な政策への移行」として，すでに掲げられていた[(20)]。

ところで「農業の構造改革」，すなわち構造政策は農業基本法以降，一貫して主要な農政課題として追求してきたものであり，いわば立ち遅れつづけてきたものである。では何故，改めて立ち遅れに言及し，その改善を目的とした品目横断を進めるのか。品目横断の目的でも記すように，WTO農業協定といった国際規律への政策対応であり，かつ従来の規模拡大・構造改善ではなく，WTOの趣旨である自由貿易・グローバリゼーションに焦点をあて，

(19)『最新　食料・農業・農村基本計画』大成出版社，2006年，p.12。
(20)品目横断的経営安定対策及びその根拠法である担い手経営安定法は，２期計画によって推し進められたものである（生源寺眞一『農業再建』岩波書店，2008年，pp.108-109。生源寺眞一「安倍政権下の農政をどう捉えるか」農政ジャーナリストの会『日本農業の動き201　安倍農政改革を検証する』農山漁村文化協会，2019年，p.15）。

それに耐え得る，対応できる農業構造の確立を本格的に推進することが２期計画のねらいである[(21)]。そして，このグローバリゼーション対応の一員に集落営農も位置付けられることとなり，２期計画において集落営農という用語が正式に用いられることになる[(22)]。

２期計画では，効・安の家族農業経営（１戸１法人を含む）及び法人経営（１戸１法人や集落営農の法人化は除く）に農地の６割程度を集積し，それに効・安の「集落営農経営（法人を含む)」を合算して，７～８割程度の農地を彼らに集積する農業構造の展望を描いている。つまり２期計画では，すべての主体に「効･安」という修飾が付随し,かつ集落営農にもわざわざ「経営」を付けて表現するように，いずれも経営体を念頭においている。これが,自由貿易・グローバリゼーション対応の具体像であり第１の特徴である。このように農地の集積主体は効・安経営体に絞られ，集落営農も完全に効・安経営の「ワンオブゼム」とされた。

第２は，１期の集積率６割の外数とされた法人経営・生産組織・集落営農のうち，法人経営は内数へのカウントに変更している。そこには，家族経営の後退という現実と，法人経営の拡大に期待した農政の取り込みがみてとれる。

第３は，その結果集落営農だけを取り出し，農地の１～２割を集積させるとしており，集落営農が果たす役割の重要性とその期待がうかがえる。ただし，集落営農にも「効・安」と「経営」がついており，任意組織ではなく法人・経営体に限られる。なお，１期計画において法人経営・集落営農と横並びであった生産組織は，新基本法の条文には残りつつも，２期計画において

---

(21) ２期計画策定過程における集落営農の位置付けの変遷については，酒井富夫「『集落営農』をめぐる議論とその可能性」（梶井功・小田切徳美編『日本農業年報52　新基本計画の総点検－食料・農業・農村政策の行方』農林統計協会，2005年）を参照。

(22)「今次基本計画（２期計画─筆者中）では，集落営農の位置付けを明確化した点に特徴がある」（小田切徳美「『新基本計画』の性格と諸論点」前掲『日本農業年報52　新基本計画の総点検－食料・農業・農村政策の行方』p.69)。

事実上，両者への収れんと農政対象からの脱落・終焉を迎えている。

第4の特徴は，1期計画で補完的副次的な位置付けであった任意組織の集落営農には言及していないことである。それは2期計画から振り返ると，効・安経営体への誘導が1期計画における集落営農のメインイシューだったということである[(23)]。

2期計画では集積主体の規模を，水田作で家族経営15～25ha，法人経営・集落営農経営34～46haとするが，集落営農経営はさらに別途例示している(**表2-1**)。1期計画では，「南東北・北陸」といった米どころに限定したモデルを提起していたが，2期計画は全国ベースで描いている。規模の大きな東北・北陸という1期計画での枠組みを外した結果，面積規模は1期計画の60haから44haへ縮小している。とはいえ，新政策で記したように集落の平均的な水田面積でみれば，平地を除き複数集落が一緒になってはじめて到達する規模である。

その一方で，2期計画中に品目横断的経営安定対策も動き出している。2期計画と一体のものであることから，「農業の構造改革」というベクトルは軌を一にしている。しかし，品目横断の対象となる集落営農は，a）一元的に経理をおこなうこと，b）将来法人化する計画を有すること，c）20ha以上であること（ただし，中山間地域等には規模の特例あり），の要件をクリアしなければならない。これらを2期計画と照らし合わせると，2期計画の効・安経営の集落営農でもc）をクリアしなければ，品目横断の対象外となる[(24)]。逆に2期計画では，任意組織の集落営農には言及していないが，a）～c）をクリアすれば品目横断では任意組織でも対象となる。さらに，2期

(23)「集落営農に『経営主体としての実体』を求めているのはなぜか。『効率的かつ安定的な農業経営』への発展の見込まれる組織を施策の対象に想定していることからすれば，当然と言えなくもない。事実，企画部会における農林水産省の説明はほぼこの点に尽きていた」（生源寺眞一『現代日本の農政改革』東大出版会，2006年，p.35）。

(24)ただし，認定農業者であれば，個別農家の基準4ha以上をクリアすれば対象となる。

計画の農業構造の展望では44haの集落営農経営をモデルとしていたが，c）ではその半分を下限としている。

このように２期計画と品目横断の対象とする集落営農には，いくつかのズレがある。だが品目横断の含意は，効・安の集落営農の経営をサポートすることよりも，むしろ任意組織の集落営農を効・安の集落営農経営に展開させる後方支援にある。実際，品目横断の集落営農は「経営主体としての実体を有し，将来効率的かつ安定的な農業経営に発展すると見込まれるものを基本[(25)]」としている。つまり，品目横断が集落営農を効・安経営へプッシュするが故に，２期計画では任意組織の集落営農には言及していないという点で両者は一体的である。

（4）３期計画

３期計画（2010～14年）はこれまでとは異なり，自民党から民主党へ政権が交代した直後に策定されたものである。民主党政権は，小泉内閣以降の「競争至上主義[(26)]」を批判し「国民の生活が第一」をスローガンに掲げ，自民党政権下で講じた「対象を一部の農業者に重点化して集中的に実施する」品目横断的経営安定対策などは，「農業所得の確保につながらなかっただけでなく，生産現場において意欲ある多様な農業者を幅広く確保することもできず，地域農業の担い手を育成するという目的も十分に達成することができなかった」と厳しく批判する[(27)]。そして，生産調整への選択的参加のもと，すべての農家に米生産の恒常的赤字部分を補償する米戸別所得補償制度を導入している。

この戸別所得補償制度を土台に組み立てた３期計画では，「戸別所得補償制度の導入により意欲あるすべての農家が農業を継続できる」としつつも，

---

(25)前掲『最新　食料・農業・農村基本計画』p.128。
(26)民主党・社会民主党・国民新党「連立政権樹立に当たっての政策合意」2009年９月９日。
(27)『食料・農業・農村基本計画　2010年3月閣議決定』大成出版社，2010年，p.10。

農業構造の展望では「経営規模の拡大や担い手への利用集積を促進することで，農地を最大限に有効利用していく[28]」とする。これに対し，すべての農家の継続と「担い手」への利用集積の促進という相矛盾する理念・方針との批判もある[29]。しかし，継続をサポートするのはあくまでも「意欲ある」農家であり，農地の出し手に関しては体力的健康的問題等様々な事情で意欲を喪失した農家ということになろう。問題はその受け手であり，意欲のあるすべての農家と「担い手」との関係性である。そもそもここでの「担い手」とは誰を指すのか。３期計画に明確な言及はないが，様々な形で「担い手」を多用している。例えば，「担い手として継続的に発展を遂げた姿である効率的かつ安定的な農業経営」,「地域農業の担い手の中心となる家族農業経営」,「担い手を育成・確保する仕組みである認定農業者制度」などである[30]。すなわち，効・安経営や認定農業者という特定・限定的なものから，その対極にあたる小規模・高齢・兼業なども含む家族農業経営までが「担い手」に該当する。

好意的に解釈すれば，農業にかかわるすべての農家がここでの「担い手」であり，それは自家農業に加え，地域社会や地域農業に対する社会的役割を身の丈に応じて果たす本源的な意味での担い手ということであろう[31]。しかしそうであるとすれば，集落営農も担い手に含まれるはずであるが，いずれの文章も農業者あるいは農家といった「個」・「戸」に対し「担い手」を使用しており，「組織」である集落営農に付したものはみられない。逆に，集落営農のポンチ絵には「高齢化の進展等により担い手が不足している地域にとっては，今後も集落営農の取組は，地域農業の維持・発展のため有効[32]」とある。つまり，３期計画の「担い手」は農家・農業者を指し，集落営農は

---

(28) 前掲『食料・農業・農村基本計画　2010年３月閣議決定』p.90，p.181。
(29) 佐伯尚美『米政策の終焉』農林統計協会，2009年，pp.144-146。本間正義『現代日本農業の政策過程』慶應義塾大学出版会, 2010年, pp.194-196。山下一仁『農業ビッグバンの経済学』日本経済新聞出版社，2010年，p.248。
(30) 前掲『食料・農業・農村基本計画　2010年３月閣議決定』pp.90-91。
(31) 田代洋一『地域農業の担い手群像』農文協，2011年，pp.15-17。

彼ら「担い手」をカバーする位置関係であり，「個」・「戸」を重視する民主党政権の基調が反映されている(33)。加えて「担い手」が不足する地域に限定的な存在に過ぎない。

このような担い手の混乱が影響してか，３期計画では全体及び対象主体ごとの具体的な集積率の目標設定はみられない。ただし，農業構造の展望のポンチ絵には主業農家，集落営農，法人経営（集落営農法人を含む）をあげ，それぞれ水田面積の４割・２割・１割の計７割を集積するとある(34)。

３期計画の特徴は，第１は効・安経営の育成が前提ではなくなったことである。効・安経営の賛否はともかく，法にもとづけば新基本法から逸脱した基本計画といえる。第２は，集積主体に対する農地集積率７割は，意識的か無意識的かは不明であるが，結果的に過去の基本計画の目標数値をほぼ踏襲している。第３は，これまでとは異なり主業農家を集積主体の１つにしたことである。ここには政策上の意味づけはなく，あくまでも統計用語としてのそれであり，シェアも38％が40％に増えるのみである。

第４は，任意組織の集落営農の位置付けが大きく変わったことである。集落営農法人は法人経営にカウントされ，かつ効・安経営が前提ではないことから，集積主体の集落営農は任意組織を指す。その集積率も11％から20％へ最も多い９ポイント増やすとしており，集落営農への期待がうかがえる。第５は，法人経営とはどのような経営を想定しているのかである。目標とする集積率１割のケースでは，１戸１法人や株式会社等の法人が24万haを集積

---

(32)前掲『食料・農業・農村基本計画　2010年３月閣議決定』p.93。

(33)民主党は，国家の意思決定プロセスにおいて「官僚や族議員の意思を介在させない」ことで「保守支配を安定させてきた自民党の開発型政治体制を打ち破ることを目指す」とともに（渡辺治「政権交代と民主党政権の行方」渡辺治他『新自由主義か　新福祉国家か』旬報社，2009年，pp.108-109），官僚や族議員と結び付く各種集団・団体も「組織された『民』はしがらみとみなされ，切り捨てられてしまう」(宮本太郎・山口二郎『徹底討論　日本の政治を変える』岩波書店，2015年，p.108）など，国家と対象者個人との直接関係を基調としている。

(34)前掲『食料・農業・農村基本計画　2010年３月閣議決定』p.192。

するのに対し，集落営農法人は22万haを集積する[35]。したがって，法人面積の半分程度を集落営農法人が担うということであり，法人のなかでも集落営農への期待が大きいことが分かる。

このように「担い手」に集落営農を含んでいないにもかかわらず，集落営農への期待度の高さという矛盾がみられる。その原因は，２期計画で導入した品目横断によって，面積要件をクリアすべく任意組織による集落営農が多数設立された「集落営農フィーバー[36]」の結果を取り込んだのが先の第４の特徴と結び付き，その法人化要件による集落営農法人数の増加を見越したのが第５の特徴という現実対応にある。この現実対応は，戸別所得補償制度であるにもかかわらず，集落営農も対象としている点にもあらわれている。

その結果，３期計画での集落営農の展望モデルはこれまでの１事例ではなく，３つのパターンを例示している（**表2-1**）。第１は，一般的な集落営農の姿であり経営面積25haを想定している。第２は，民主党農政が重点をおく６次産業化を組み込んだ集落営農モデルである。６次産業化としてソバの生産とその加工・販売に取り組むとし，ソバの面積13haが加わることで経営面積は40haに広がっている。第３は，中山間地域における集落営農モデルであり，小規模な経営面積7.5haの収益をフォローするため，民泊や農業体験等のグリーン・ツーリズムに取り組むとしている。いずれの集落営農も法人を想定しているわけではない。また，２期計画では経営面積が44haの集落営農をモデルとしていたのに比べると，２つ目の事例以外は経営規模が小さいのが特徴であり，３期計画は平均的な集落像を念頭においたものといえる。つまり３期計画における集落営農は，１集落を土台とした集落営農を基本としている。これが，これまでの基本計画とは大きく異なる特徴である。

（5）４期計画

４期計画（2015～19年）は，これまでの基本計画とは異なる４つの大き

(35)前掲『食料・農業・農村基本計画　2010年３月閣議決定』p.188。
(36)田代洋一『集落営農と農業生産法人』筑波書房，2006年，p.15。

な特徴をもつ。第1は，食料・農業・農村政策審議会での議論を経て策定したものではないことである。2014年に閣議決定された「農林水産業・地域の活力創造プラン」（以下「プラン」）のなかで，「本プランにおいて示された基本方向を踏まえ…食料・農業・農村基本計画の見直しをおこなう」，「見直しの検討状況については，（農林水産業・地域の活力創造――筆者）本部においてフォローアップをおこなう」とある[37]。つまり，基本方向もそのフォローアップも活力創造本部＝官邸主導のもと進められ，それを追認する形で4期計画は策定されている。本来，食料・農業・農村政策審議会での議論は，5年間の政策方針や施策の具体化を決めるだけではなく，農政全体について「国民的な議論の場を提供する[38]」ものでもある。4期計画はそうした機会が奪われた計画である[39]。したがって，復権した自民党政権もまた新基本法から逸脱しており，それを田代洋一は「官邸農政」と称している[40]。

---

(37) 中嶋康博「食料・農業・農村基本計画の見直しにおける産業政策の視点」『農業と経済　臨時増刊号』第82巻第2号，2015年，p.28。中嶋康博「食料･農業･農村基本計画におけるフードシステム関連政策」斎藤修編『日本フードシステム学会の活動と展望』農林統計出版，2016年，p.88。

(38)「座談会：『新基本計画』が目指すもの」前掲『日本農業年報52　新基本計画の総点検－食料・農業・農村政策の行方』p.3。

(39) 本間正義は，食料・農業・農村政策審議会について，「政府に推進すべき方向性があって，それを実現するために審議をおこなうのである。ならばその方針に沿った人選をおこない，そこで徹底的にヒアリングをおこなうのでなければ，議論は進まない」，「利益団体を含む各方面の意見は，代表を審議会メンバーに加えるのではなく，審議会に呼んで聞けばよいことである」とし，官邸主導の政策決定を正当化する（本間正義「平成農政30年と基本法・基本計画」『農業と経済』第86巻第2号，2020年，p.18）。

　しかし，政府が推進したい方向性が国民にとって正しい方向であるのか，各方面が意図的ではなく適切に選定されるのかなど，「人選や議題設定の恣意性が大きくなるリスク」がある（野中尚人･青木遙『政策会議と討論なき国会』朝日新聞出版社，2016年，pp.287-289）。

　だが，本質的にはリスクの大小が問題ではなく，こうした勝手なルールの変更や恣意的な人事の選定などによる「組織的自制心」の崩壊が，民主主義を危うくするという大きな問題に行き着く（スティーブン・レビツキー他『民主主義の死に方』新潮社，2018年）。

第２は，プランが上位に位置し，基本計画を規定する関係である。さらに踏み込めば，プランの目的は「農林水産業の産業としての競争力を強化」することであり，「農林水産業の成長産業化を国全体の成長に結びつける」とある。官邸農政であるが故に，農林水産業もアベノミクスの「３本の矢」の１つである成長戦略に資することが求められ，〈アベノミクス→プラン→基本計画〉という「孫請け」の位置に落とし込まれている。

このアベノミクスの成長戦略では，拡大する国際市場の獲得を至上命題とし，そのための重要な方策がTPP（環太平洋パートナーシップ協定）である。2013年３月にTPP交渉への参加を決断した安倍総理の記者会見では，「攻めの農業政策により農林水産業の競争力を高め，輸出拡大を進めることで成長産業にしてまいります。そのためにもTPPはピンチではなく，むしろ大きなチャンスであります」と述べている。つまり，プランの目的である競争力強化と成長産業化を，TPPをテコに推し進めていくということであり，後者は国外に対する輸出拡大，前者は国内に対する「構造改革」を指す。実際プランでは，農林水産物・食品の輸出額の倍増[41]，農地中間管理機構を通じて「担い手」が全農地の８割を集積する農業構造の確立や[42]，米の生産コストの

---

(40)田代洋一『官邸農政の矛盾－TPP・農協・基本計画』筑波書房，2015年。

(41)プランでは，成長産業化に対する国内の方策として６次産業化の推進も打ち出している。

(42)農地中間管理機構をテコとした農業構造の確立を目指す４期計画の性格を踏まえると，平野部は農地中間管理事業を通じて個別の大規模農家，さらには同事業を立案した産業競争力会議の意図に即せば，株式会社や多国籍企業等が農業参入を果たし農地集積するということであろう。したがって，必ずしもそこに集落営農の活躍を求めているわけではない。しかし，同事業の実績のうち機構からの転貸先面積（2015～20年累計）をみると，地域内農業者では認定農業者の法人が46.2％，企業（株式会社または特例有限会社）14.3％，農外参入企業0.2％を占める。実績すべてが平野部ではなく，また集落営農という括りでの把握でもないため類推の域を出ないが，認定農業者の法人の多くは集落営農法人（農事組合法人）であり，株式会社のなかにも集落営農が少なからず含まれていよう。つまり実態では，平野部においても集落営農の果たす役割が大きいということである。

４割削減といった「構造改革」と生産コストの削減を打ち出しており，これらは４期計画にも盛り込まれている。したがって，４期計画はTPP対応としての性格を有しており，グローバリゼーション対応が強く意識され組み込まれた基本計画である。これが第３の特徴である。

第４は，自民党政権による民主党政権（３期計画）へのリベンジであり[(43)]，「下野に追い込んだ…看板政策[(44)]」が戸別所得補償制度である。４期計画の策定にかかわった荒川隆（元農水省官房長）によると，「前政権の最重要施策である『農業者戸別所得補償制度』を廃止することが先決との判断により，個別政策の改廃作業が先[(45)]」であった。さらに４期計画では，戸別所得補償制度によってみえなくなった「構造改革の対象となる『担い手』の姿[(46)]」を明確化するとし，霧消した効・安経営を再度，新基本法に即して中心に据えている。さらに効・安経営だけではなく，それを目指す認定農業者，認定新規就農者（将来に認定農業者となると見込まれるもの），集落営農（将来法人化して認定農業者になると見込まれるもの）の３つを加えたものも「担い手」に位置付け，彼らに全農地面積の８割を集積・利用させる農業構造の確立を目指している。つまり集落営農は，すでに法人化し効・安経営に含まれる集落営農に加え，法人化を前提とした任意組織は対象となるが，それ以外の任意組織の集落営農は農政対象として認めていない。その点は２期計画への回帰である。

以上を踏まえ，これまでの基本計画との相違を整理すると，第１は「担い手」への集積率は従来を継承しているが，その対象農地がこれまでの水田ではなく，全農地を対象としていることである。これは，先の第３の特徴で記したプランの目標をそのまま反映しているためである。第２は，これまでのようにどの主体が何割の農地を集積するという数値目標を設けていない。そ

(43) 前掲『官邸農政の矛盾－TPP・農協・基本計画』p.74。
(44) 荒川隆『農業・農村政策の光と影』全国酪農協会，2020年，p.8。
(45)「日本農業新聞」2019年11月８日付け。
(46)『2015年３月閣議決定　食料・農業・農村基本計画』大成出版社，2015年，p.9。

れは，最終的にはすべて効・安経営に収れんするためであろう。なお，加えられた認定新規就農者と集落営農は将来的には認定農業者になると見込んでおり，その結果，効・安経営を目指す３主体はいずれも認定農業者ということになる。つまりは，効・安経営とは認定農業者を指す。したがって第３は，法人化した集落営農は効・安経営，認定農業者の１つでしかなく，２期計画の「集落営農経営」が「集落営農法人経営」とより「難解」になっている。

４期計画は，効・安経営である集落営農法人経営のモデルを提示している[47]。ただし，モデルは全国一括りのものであり[48]，かつ中山間地域のみを例示している。モデルの構成員は63人（うち主たる従事が９人），経営面積は80haである。したがって，中山間地域の平均的な集落規模よりも突出して大きく，かつ３期計画にみた中山間地域のモデル（7.5ha）とは雲泥の差がある。この相違はどこからくるのか。モデルには「集落営農組織を広域合併させる」とあり，その結果としての80haということである。言及はないが，そのためには集落数では７～８集落が，集落営農数ではこれまでの自民党政権下における基本計画に即せば２～３の集落営農が，１つにまとまらなければならない。このように４期計画では，農業生産条件が不利な中山間地域における集落営農の再編（広域合併）と同時に法人化を図る，あるいは法人化のための集落営農再編を射程に入れ，かつその上で「野菜作や加工・直販などの導入により多角化を図る」ことも併記するなど「経営体」としての拡充により注力している。その点がこれまでの基本計画とは大きく異なる。

（6）５期計画

2020年３月末に新たな５期計画（2020～24年）が閣議決定された。計画の策定にあたり，食料・農業・農村審議会の企画部会の議論及びその期間は，

---

(47)前掲『2015年３月閣議決定　食料・農業・農村基本計画』p.135。
(48)水田作の経営モデルは７事例をあげている。そのうち家族経営が３事例，法人経営も３事例あり，事例数からも集落営農の位置付けが低いことがうかがえる。

4期計画の1年強（2014年1月～15年3月）から半年（19年9月～20年3月）に大幅に短縮され，部会の開催数も前回の17回に対し13回にとどまる。期間が前回の半分であることを踏まえると開催数は多いといえるが，限られた期間と回数のなかで十分な議論や検証がおこなわれたのかという懸念がある(49)。

こうして策定された5期計画での集落営農に関する内容は，ほぼ4期計画を踏襲している。すなわち「2．農業の持続的な発展に関する施策」において(50)，効・安経営を「担い手」とするとともに，それを目指して経営改善に取り組む経営体－認定農業者・認定新規就農者・集落営農も「担い手」に加え，それらが「効・安経営となることを支援(51)」する。また「担い手」には，全農地をベースとしてその8割集積を目標とするが，どの「担い手」にどの程度集積するかといった個別の数値目標がない点も4期計画と同じである。他方，5期計画で新たに追加されたことは，これまでの大規模化一辺倒に対する現場からの不満・批判への対応として，「担い手」以外の「中小・家族経営など多様な経営体については…持続的に農業生産を行うとともに，地域社会の維持の面でも担い手とともに重要な役割を果たしている(52)」と，5期計画のなかに多様な経営体の意義を積極的に明記したことである。

とはいえ，そこには以下の3点の問題がある。第1は，あくまでも「経営体」のみが対象ということである。第2は，「担い手」とそれ以外の小規模農家等の多様な経営体とを明確に区分しており，両者の農政上の意味は別物ということである。実際，「担い手」への農地集積率は8割と4期計画から変更はない。逆にいえば，残る2割内での小規模農家等の多様な経営体の存在に過ぎない。第3は，「中小規模の経営体等についても…営農の継続が図

---

(49)「日本農業新聞」2019年11月1日付け。
(50)『2020年3月閣議決定　食料・農業・農村基本計画』大成出版社，2020年，p.39。
(51)前掲『2020年3月閣議決定　食料・農業・農村基本計画』p.109。
(52)前掲『2020年3月閣議決定　食料・農業・農村基本計画』p.39。

られるよう配慮していく[(53)]」とある。先の効・安経営を目指す３経営体に対しては，そのための「支援」を講ずるとあったが，その他に対しては「配慮」でしかない。そもそも政策の範疇の外にある配慮とは具体的に何を指すのか。以上を踏まえると，「担い手」以外の多様な主体を積極的に位置付け，その活躍に期待するというよりは，「担い手」集中への不満・批判をかわすための性格が強いといえる。

このような問題を含みつつ４期計画と同様に，５期計画でも農業経営モデルを７事例提示している。そのうちの２事例が集落営農であり，４期計画よりも事例が１つ増えている。ただし４期計画と同じく，集落営農の事例は地域性を無視した全国一括りのものであり，かつ中山間地域に限定したものである。したがって，５期計画でも集落営農の活躍の場は，農業生産条件が不利な中山間地域でのみ期待しているということである。

１つ目の事例の中身も，隣接集落営農との合併による規模拡大を念頭におき，経営面積は前回同様80haを想定するなど概ね４期計画を引き継いだものである。だが前回と異なるのは，集落営農の構成員数の表記が無くなる一方で，常勤雇用５人を明記するなど集落営農も雇用の視点を重視する方向にシフトしてきたということである。

新たに設けたいま１つの事例は，規模拡大ではなく「農地維持型」と称し，それは「集落営農組織の合併等規模拡大が困難」な集落営農を指す。経営形態は「集落営農法人経営」としていることから，あくまでも経営体かつ法人が念頭にあり，その構成員は16人（主たる従事者が２人），経営面積は25haである。ここでは，中山間地域を対象としていることから，１集落をベースとした集落営農を指すわけではなく，当初から複数集落による集落営農が前提となっている。これは１期計画以降指摘したように，自民党政権が策定した基本計画における集落営農の一貫した特徴である。

また５期計画では，３・４期計画の集落営農（法人）で期待されたグリー

(53)前掲『2020年３月閣議決定　食料・農業・農村基本計画』p.109。

ン・ツーリズムや米粉パンの加工といった事業の多角化が削除されている。その一方で，ドローンによる農薬散布や自動運転の田植機・草刈機の導入，自動水管理システム，スマホによる営農管理システムを前面に押し出している。つまり，スマート農業化によるコスト削減と収益の確保，枯渇する労働力の補完・代替に大きく舵を切ったことも５期計画の特徴の１つである。

5．まとめ

農政における集落営農は，1990年代前後の自由貿易，さらにはグローバリゼーションの進展・深化を強く意識して展開してきた。その集落営農をめぐっては，いくつかの主要論点をあげることができる。

第１は，各農政期における集落営農の位置付けと担い手の捉え方である。農業基本法では，集落営農につながる協業組織・協業経営をすでに追求していたが，あくまでも協業の助長にとどまっていた。本格的には新政策以降（途中の政権交代もあったが），その意義や形態等の変化をともないつつ，集落営農は農政のなかに組み込まれてきた。３期計画以外，つまり自民党政権下において求められた集落営農の基本形は，一貫して協業経営であり効・安経営，経営体であった。ただし，法人化は必ずしも必須条件ではなかったが，２期計画と一体の品目横断的経営安定対策で法人化要件を課したことから，法人化が農政目標の前面に押し出され，復権後の４期計画では法人化を前提とした集落営農のあり様が求められた。そのため任意組織の集落営農は，総じて効・安経営へ展開するための前段階とされ，あくまでも効・安経営，経営体との関係においてその存在が認められるものであった。したがって，農政における集落営農は，効・安経営及び経営体としての規模や効率性，スケール・メリットの追求など，グローバリゼーションへどのように対応するのか，競争力をいかに身に付けるかが最大の目的であった。

これに対し，民主党政権の３期計画は「個」・「戸」を基本としたが，現存する集落営農を活かす形で任意組織の集落営農も認めていた点で大きく異なる。もちろん集落営農は，規模の経済やコスト削減等を通じて，結果として競争力強化やグローバリゼーションへの対応の側面を含むのも確かである。しかし集落営農の本質は，第１章で記したようにグローバリゼーションによる価格低下圧力の強まりによって，個別農家では経営の維持が困難になるなかで，歴史的・社会的・実態的活動の蓄積のある「むら」を範囲に，「むら」のみんなで地域の農業や地域社会を守ろうとするグローバリゼーションへの対抗の具現化である。したがって，集落営農としての力量は，生活及び農業生産の共同・協同の歴史が凝縮された「むら」によって発揮されるものである。集落営農をそのように捉えるならば，効・安経営や経営体，さらには法人形態をともなう集落営農のみを農政対象とするのではなく，任意組織も含め対抗主体としての集落営農すべてを担い手として積極的に位置付けるべきであろう。それは同時に集落営農を構成する，あるいは集落営農や当該集落とかかわりのあるすべてのもの－大規模農家・小規模農家・兼業農家・高齢農家・自給的農家・土地持ち非農家（地権者），地域住民が地域農業や地域社会を支える担い手となる。

第２の論点は集落営農の規模・範囲である。３期計画は，現況を追認し現存する集落営農をベースとしたことから，モデルは平均的な集落規模にもとづく１集落＝集落営農での提示であった。つまりは，「むら」をベースとした集落営農である。

これに対し１～２期計画の集落営農モデルは，集落の平均規模を上回る農地を集積した経営規模であった。すなわち，複数集落で構成する集落営農であり，最大では４集落による集落営農をモデルとしていた。そしてその算定根拠は，効・安経営の基準を満たす規模であり，特に主たる従事者の所得確保をワンイシューとするものであった。しかし，これまでみてきたように集落営農としての力量は，「むら」という歴史的・社会的・実態的活動の蓄積によって発揮されるものである。したがって，集落営農の規模を単純に広げても，必ずしもそれに比例して「むら」の力量や集落営農の能力が発揮されるわけではない。１～２期計画の集落営農は，経営面での数値に依存したものであり，集落営農の本質である「むら」が取り残されている。

その一方で，第1章でみたように集落営農も構成員の減少や高齢化，それにともなうオペレーターや補助作業，管理作業に従事する労力不足問題に直面し，場合によっては集落営農自体の存続を脅かしかねない状況にある。そのような現実を踏まえると，第3の論点は1つの集落を土台とする集落営農だけではなく，それを超えた範囲での集落営農の形・あり様も求められることである。それ故に，基本計画では4期計画以降，中山間地域を念頭においてではあるが，集落営農の広域合併を打ち出していた。ただし先述したように，ここでの集落営農とは1～2期計画で提示した効・安経営及び経営体としての集落営農であり，それは複数集落で構成するすでに広域化した集落営農を指す。その結果，広域合併により最低でも4集落，多ければ10集落を超える規模の集落営農がつくられるということである。

こうした経営体基準での集落営農同士が合併した「広域合併集落営農」が，4期計画の意図する次の集落営農の姿・形である。したがって，第2の論点であった「むら」が取り残された集落営農の問題を「広域合併集落営農」も引きずることになる。つまり，集落営農の広域合併においても，「むら」に代わる歴史・実態が凝縮された範域が鍵となる。それが，藩政村の大字や小学校区の明治合併村などであるが，「広域合併集落営農」にはこうした視点が引き続き欠落している。

第4の論点は，集落営農の広域合併が念頭におく中山間地域，特に山間地域の1集落あたり水田面積は10ha程度しかない。つまり，4期計画が想定する「広域合併集落営農」80haは，8集落の水田を集積することになる。一方，第1章で触れた集落営農の合併・連携・連合体に関する既存研究では，中山間地域・条件不利地域はスケール・メリットの発揮が困難なことから既存の集落営農を活かしつつ，共通目的は集落営農の連携・連合体による対応に言及していた。つまり，中山間地域・条件不利地域において，基本計画では集落営農の連携あるいは連合体の視点がなく，広域合併のみで解決を図ろうとするのに対し，逆に既存研究は広域合併を捨象しており，両者の可能性の検証が求められよう。

第５の論点は，集落営農の広域合併により，減少傾向にある集落営農の構成員や作業従事者の人数が増加するという点で，労力不足の解消に寄与する。だが，全国的に集落自体が縮小しているなか，それは一時的な効果を発揮するが，中・長期的な集落営農の継続性を必ずしも担保するものではない。そのため５期計画では，常勤雇用に言及していた。この常勤雇用をめぐる確保の特質や，雇用のための集落営農における経営基盤の確立などのあり様も明らかにする必要があろう。

以上のような５つの論点を念頭におきながら，次章以降では実態調査にもとづき，各地域における集落営農及びその広域合併や連合体の実践実態，それらの効果，課題等についてみていくことにする。

第3章

メガファームと地域資源管理組織－福井

1．はじめに

新全総において，工業開発と農業開発を並行して進めた北陸は，前者が通勤兼業を可能とし，後者が高生産性稲作地帯を形成した結果，「稲作プラス兼業」形態を特徴とする[(1)]。総所得に占める農外所得の割合をみると，全国の39.2％に対し北陸は47.3％と地域別では東海に次いで高い。ただし，把握可能な最も古い2004年データと比較すると，農外所得は約３割の大幅減を記録しており，兼業を支える条件が後退している。とはいえ，依然北陸の兼業農家率は80.5％と，全国平均の66.7％を上回っており（2015年センサス），北陸のなかでも福井は83.8％と全国１位である。

兼業化，特に第２種兼業が中心で水田稲作地帯である福井では，集落営農が大きな位置を形成している。それは，品目横断的経営安定対策以前から集落営農を重視した結果であり，大きく２つの背景が存在する。１つは，三世代世帯を通じて自家農業を継続しつつも，兼業深化地域のため農業従事負担の軽減を図る必要がある。いま１つは，米・麦・大豆のブロック・ローテーション（BR）に取り組むなかで[(2)]，農地調整や機械共同利用といった集落対応を必要としたためである。このような集落営農の推進と展開により，福

（1）臼井晋「北陸農業の地帯構成と『稲単作プラス兼業』形態」臼井晋編著『兼業稲作からの脱却』日本経済評論社，1985年。
（2）北川太一「福井県における集落営農の動向と『戸別所得補償モデル対策』への対応」『農業問題研究』第43巻第2号，2012年。

井では農家の面積減少を集落営農がカバーし面積を拡大する動きがみられ[(3)]，2000年代前半にはすでに集落営農が農地集積の中心となる「組織対応型」の地域の１つであった[(4)]。

その後，品目横断的経営安定対策を通じて集落営農による「組織対応型」の広がりと，集落営農の法人化及びオペレーター型の組織化が加速し[(5)]，法人化率は43.4％（20年，全国36.8％），集落営農による農地集積率も５割に達する[(6)]。特に農地集積に関し福井は，農地中間管理事業の実績が上位に位置するなど借地が進んでおり[(7)]，集落営農がその一翼を担っている。この農地中間管理事業を含む国の「日本再興戦略」や「農林水産業・地域の活力創造プラン」と絡め，福井県はメガ・ファームを推進・育成している。メガ・ファームとは、複数集落や旧村単位で概ね100ha規模を目安とした大規模な営農組織，集落営農を指し[(8)]，農地中間管理事業を活用した農地集積，それによる生産費・労働時間等の削減，さらには園芸や６次産業化の導入を図るものである。100haの根拠は明確ではないが，旧村という歴史的･社会的･実態的なまとまりを単位・範域として意識する点が，第２章で触れた国のスタンスとは異なる。

このように福井農業は，農外所得への依存度の高さを継続しつつ，地域農業においては集落営農が展開しカバーしている。その集落営農も法人となり

（３）小柴有理江・大仲克俊「北陸地域の農業構造変動」安藤光義編著『農業構造変動の地域分析』，農山漁村文化協会，2012年。

（４）橋詰登「集落営農展開下の農業構造と担い手形成の地域性」安藤光義編著『農業構造変動の地域分析』，農山漁村文化協会，2012年。

（５）安藤光義「2015年農林業センサス分析の課題と概要」農林水産省編『2015年農林業センサス　総合分析報告書』農林統計協会，2018年，p.6。

（６）2020年センサスの水田面積（農業経営体）に対する集落営農実態調査による集落営農の現況農地集積面積の割合である。

（７）2014～18年の５年間の実績で，福井は集積目標に対する機構の寄与度が34％と全国１位である。

（８）メガファームは2014～18年の５カ年計画であり，計画前年である2013年の２組織を16年に12組織に，最終年の18年には20組織を育成する目標を掲げている。

借地の受け皿機能を発揮しながら，オペ型組織へと展開しつつあるが，その一方で第２種兼業農家や地権者は集落営農への農地貸付により地域農業から疎遠となる懸念がある。加えて，農地集積した集落営農，メガ・ファームにおいては，水や草刈りなどの管理作業を適切にこなすことができるかという問題を抱えることになる。こうした双方向からの懸念・問題を解消するために，地権者を糾合した地域資源管理組織を立ち上げ，集落営農，メガ・ファームと地域資源管理組織との連携体制を構築する新たなケースもみられる。

福井でいえば，小浜市は集落営農やメガ・ファームを複数設立している地域であり，なおかつ経営を追求する集落営農，メガ・ファームの株式会社化と，非営利型法人の地域資源管理組織という，いわゆる法人の２階建て方式を展開している（9）。そこで，本章では福井県小浜市を対象に，集落営農であるメガ・ファームと地域資源管理組織との連携体制の実態についてみていくことにする。

２．地域の概要

小浜市は福井県の南西部に位置し，京都府に近く滋賀県と隣接した地域である。平成の市町村合併はしておらず，周辺に原発を有する財政豊かな町に囲まれていたため，合併先がなかったことも非合併の大きな理由である。

小浜市の人口は３万人で，NHKの連続ドラマ「ちりとてちん」で取り上げられた塗り箸が有名であり，農漁業の第一次産業も盛んである。2015年農業センサスによると，農業集落数は89集落あり，農業経営体数は633，そのうち家族経営が611経営体である。また農業就業人口をみると，65歳以上の

（9）小浜市では，長野県の株式会社「田切農産」を視察し，その仕組みを取り入れている。田切農産については，田代洋一『混迷する農政　協同する地域』（筑波書房，2009年），星勉・山崎亮一編著『伊那谷の地域農業システム』（筑波書房，2015年），田代洋一『地域農業の持続システム』（農文協，2016年）などを参照。

高齢者が77.8％を占めており，高齢化が進んでいる。一方で，家族経営をカバーするために集落営農などの組織化もみられ，小浜市には22の組織経営体があり，そのうちの18組織が法人化している。市の経営耕地面積は1,070ha，このうち水田が1,011haを占める水田地帯である。借地面積は505ha（借地率47.2％），水田に限定すると借地面積497ha，借地率は49.2％と半分に達する。ただし，県平均の借地率はともに55％前後のため，県内では農地集積率は低い方である。水田地帯ということもあり，農業産出額12.2億円のうち75.4％を米が占め，次に白ネギやミディトマトを代表とする野菜18.0％がつづく。

小浜市には明治合併村に相当する12の地区がある。市の資料によると，①市街地にあたる小浜・雲浜・西津の３地区，②漁村で農地の少ない内外海地区，③中山間地域に該当する口名田・中名田・加斗地区，④ほぼ平野部で基盤整備済みの今富・遠敷・国富地区，⑤平野部と中山間地域が混在する宮川・松永地区といった地域性がみられる。ただし，農業センサスの地域類型区分では，山間農業地域に②・③及び④の遠敷と⑤の松永地区が，中間農業地域に④の今富及び⑤の宮川地区が該当する。

したがって，現場の実態にもとづく区分と統計上の区分とで，特に⑤の中山間地域の重みが異なる点に留意が必要である。その理由の１つが，⑤の宮川と松永地区は，後述するように平成に入ってからさらに基盤整備を進めた結果，一区画平均１haと市内でもより条件の良好な地域となったことにあると思われる。

人・農地プランは，上記①には農地がほとんどないためプランを作成しておらず，残りの９地区は地区単位で作成している(10)。また，市の農地中間管理事業実績は，2017年度までの累積で391.5haである。このうち宮川地区が173.5haと全体の44.3％を，松永・国分地区が142.6haで36.4％を占める（国分については後述）。両地区には中心となるメガファームがあり，彼らに農地を集積するとともに，地区内にいる他の担い手との交換分合を通じて，農

(10) 各プランのなかには，別途集落単位でプランを作成した集落も５つある。

地の団地化も達成している。本節で取り上げる事例も，両地区の取り組みである。

3．株式会社・若狭の恵みとGNW

（1）基盤整備と組織化

本節で取り上げる株式会社「若狭の恵」は宮川地区にあり，小浜市の東部に位置する。地区には約200戸・220haあり，そのうちの190haが水田，残りは自家用畑等である。

宮川地区は第一次構造改善事業をおこなったが，最大で30 a 区画，平均で10 ～ 20 a 区画の水田がほとんどであったため，小規模機械での作業が主流であった。だが，高齢化が進み，将来の農地保全が危ぶまれるなか，1992年に農家組合長や区長，農業委員など30代～ 50代の有志10人で「宮川の農業を考える会」を発足し，高齢化対策，耕作放棄地の予防，そのための農作業負担の軽減に向けて，水田の大区画化を呼びかけた。97年に担い手育成基盤整備事業が採択され，大区画化とともに，それに適した大型機械を導入するための集落営農も立ち上げることになった。

地区には，加茂・大戸・新保・竹長・本保・大谷の６集落あるが，大戸を除く５集落は藩政村であり大字である。大戸は，後述する集落営農名から類推すると加茂に属する位置関係と思われる[(11)]。６集落のうち大谷集落は，過去の基盤整備をめぐる諸事情から話がまとまらず，取り組んでいない。その他の５集落では１ha区画でパイプライン化（全体の80％）し，終了した集落から順に，まず加茂と大戸の２集落による①「加茂･大戸営農組合」（1999年），次に②「新保稲作生産組合」（2001年），③「竹長農業生産組合」（02年），④「本保水稲生産組合」（03年）の４つの集落営農を立ち上げている。いずれも基盤整備絡みのため，集落「ぐるみ」による集落営農である。その後，

(11) ヒアリング調査でも「加茂と大戸は一体化した地域といってよい」とのことである。

４組織による広域合併法人を検討するために「宮川地区広域営農推進協議会」(05年）を設立したが，基盤整備の完成年が異なることによる組織間の温度差（機械の導入・更新時期の違い，圃場条件の差異など）を理由に，この時点での広域合併法人の立ち上げは見送られた。

その一方で，補助事業の受け皿としての，また離農者が少しずつ増えてくるなかで農地の受け皿としての，組織名の変更及び法人化が求められたため，①は04年に「百姓OK組合」へ，06年には有限会社「ファームみやがわ」となり，④は12年に法人化し農事組合法人「ほんぼ」に名称を変更している。

（2）広域合併法人に向けた話し合い

このように２法人２組織体制を構築したが，2013年の米価の下落を機に，このままでは地域農業の先行きが見通せないこと，効率的な営農体制（コスト削減や農地集積，団地化など）が不可欠であることから，再度広域合併法人が検討された。その際，ファームみやがわでオペレーターに従事していたが，組織の経営にはほとんど関与していなかった若狭の恵の現代表取締役（当時53歳，地元でデザイン会社等を経営）も取り込むなど，世代の若返りと経営感覚の優れた人材も会合の中心に据えている。まず14年に，４組織の経営実態調査として，決算書や総会資料の精査をおこなった。同時に，県にも広域合併法人になった場合のシミュレーションを依頼し，広域合併法人を立ち上げ人件費・機械費用等のコストを削減すると，経営は成立するという結果であった。さらに農地中間管理事業がはじまり，地域集積協力金を受けることで，広域合併に要する金銭的負担をカバーできることも後押しし，４組織（５集落）からの同意を得た。

唯一，生産組織のない大谷集落も取り込むべく，同集落で基盤整備に積極的であった農家や専業農家などを糾合し，広域合併法人の話を進めていった。しかし，集落全体に対する説明会（２回開催）では，法人に翻弄されるのではないかといった不安などから話は紛糾した。そして３回目の説明会を最後とし，このままでは今後不測の事態が生じても，同集落の農地をサポートできない旨を伝え，再度集落での話し合いを求め，最終的には将来を考えると協力せざるを得ないとの結論に達した。

その後，2015年に４組織（５集落）にも最終確認をおこなったが，「経営が成り立つのか」，「本当にやっていけるのか」，「法人に農地をとられないのか」といった不安感が噴出し，総論賛成・各論反対の状況に陥った。しかし，同時期に市農業委員会がおこなった地区のアンケート調査で，５年後の地区農業の姿として，「高齢化が一層進む」（38.7％），「耕作放棄地の増加」（26.1％）の回答が多く，また５年後の対応策として，「中心経営体に貸し付ける」が74.7％を占めるという結果を踏まえ，のべ10回以上の説明会と会合をおこなった。加えて，農地中間管理事業の受け皿組織になるためには，一定期日までに広域合併法人を設立して認定農業者になる必要があり，最終的には地区農家の総意としてのアンケート結果と，認定のタイムリミットが紛糾を収束させることとなった。

（3）メガファーム・若狭の恵

①体制

株式会社若狭の恵は2015年に設立し，同時に既存の４組織を解散している。その際，後述する地域集積協力金を原資に，各組織が所有していた農業機械をすべて法人が買い取り，借入金も機械代金のなかに組み込んで肩代わりしている。こうした取り組みも，広域合併法人化に同意を得られた理由の１つであろう。若狭の恵は農業機械がダブつくため，性能あるいは状態の良い機械から売却し，活動資金の確保を図っている。

資本金は370万円（代表ら３人は各30万円，残り14人とJA若狭は原則各20万円），従業員は計８人（男性７・女性１）で，18～42歳と若い。従業員の募集はハローワークを通じておこなっており，結構な件数の応募が来るとのことである。18歳の従業員は高校卒業後に入社し，残りの従業員は土木関係やトラック運送，会社員からの転職組で，農業経験のない人もいる。男性は機械作業等を担当し，女性は事務の専属である。出身地は，地元の宮川地区が２人，市内４人，隣の若狭町が２人と，地域の雇用に貢献している。また市内にある県立若狭東高校（旧農業高校）も，若狭の恵を高校生の就職先としてみており，2018年４月から新たに高卒２人を採用する。給与は月給制で，推察すると全国の平均年収を少し下回る程度であろう。従業員以外に女性のパートが10人（地区内１・市内８・若狭町１人）おり，ハウストマトを担当している。

②経営品目

宮川地区の水田190haのうち20haが主に基盤整備が進んでいない大谷集落の農地である。これを除く170haの地権者は，農地中間管理機構（以下「機構」）に貸し付け，機構から若狭の恵が150ha，その他８つの中心経営体が20haをカバーしている。その際，若狭の恵と８経営体とで会合をおこない，農地を団地化している（**図3-1**）。若狭の恵は機構と10年間の利用権を設定し，小作料はパイプライン化した水田で10ａ当たり5,000円（120haが該当），パイプなしは同2,500円（30ha）である。

2017年の主な品目の作付面積は，主食用米が87ha（うち直播39ha）で，品種はコシヒカリ40％・あきさかり40％を中心に，残りがハナエチゼンと酒米である。87haのうち半分近くが特別栽培米であり，現在有機JASの取得に取り組んでいる。その他に，飼料用米19ha，大麦19ha，麦あとの大豆11haに加え，景観用のヒマワリ及びコスモスを計10haつくっている。転作は１年ごとにブロック・ローテション（BR）をおこない，飼料用米や大麦，景観用で対応している。特に景観用のヒマワリは，のちに土にすき込んで米をつくり，それを特栽米かつ地域ブランドの「ひまわり米」として販売している。

水田の作業は従業員がおこなう。ただし，若狭の恵にとって最大の問題が，面積の広さや他の作業との時期の重複などによる草刈りの負担である。その問題を解決する組織が，地域資源管理組織の「宮川グリーンネットワーク」である。これについては後述する。

図3-1　宮川地区における農地集積と団地化

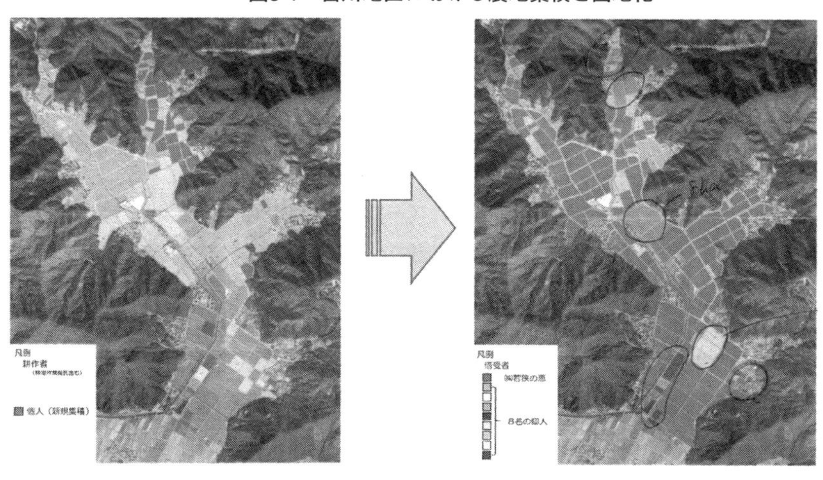

資料：「株式会社 若狭の恵」資料より抜粋。

また，周年雇用及び収益確保の追求から産地パワーアップ事業を活用して，自然光利用型連棟ハウス（50ａ）を総額２億円（国50％・県10％・市15％補助）かけて建設し，2017年からミディトマトの栽培にも着手している[12]。その他に作業受託として，田植え５ha・収穫10haや，ラジコンヘリでの除草剤散布・防除，籾すりが少しある（多くは地区内からの受託）。機械及び施設の稼働率を高めるためにも，後２者については受託規模を拡大していく意向である。特に精米施設は，１日７haの乾燥調製ができ，米の検査資格も取得しているため，法人の敷地内で一括しておこなうことができる。こうした強みを活かした受託の拡大である。

③出荷と売上

農産物の出荷先は，米以外はすべてJAである。米は，解散した集落営農がおこなっていた京都のお菓子「おたべ」用に15ha分を，JAを通じて出荷

(12) 若狭の恵みのホームページによると，2020年からミディトマトは子会社「株式会社　めぐみふぁーむ」へ分社化している。その理由等については今後の課題としたい。

しているが，その他はすべて直販である。主な販路は，地元の学校給食や病院，ホテル，老人ホーム，道の駅「若狭おばま」，ふるさと納税，ネット販売などである。価格は，コシヒカリの玄米60kgで２万円以上（JAは14,500円）で販売し，特栽米は高級化を図るため高島屋に限定した販売である。

売り上げは，2016年度で販売収入が１億円（うち米が約90％）・補助金１億円の計２億円であり，17年度はトマトの収穫がはじまることから1.5億円の販売収入を見込んでいる。したがって，合計2.5億円が基本的な収入規模となる。

また，新たな顧客獲得という点で，クラウド・ファンディングを活用している。乾燥調製施設の建設でファンドを募集（目標600万円）した結果，関東を中心に東北から沖縄の賛同者150 ～ 160人から700万円が集まった。このうち300万円を乾燥調製施設の建設費に，残りは宣伝PRに活用している。もちろん，建設コストに比して少額ではあるが，全国へのPRコストの面でははるかに効率的かつ安価におこなえ，150 ～ 160人の新たなファンを獲得できたこと，また賛同を得て資金が集まったという若狭の恵及び展開する事業に対する信用度の向上とその担保，という点でも目標額以上のメリットを享受している。

（4）宮川グリーンネットワーク

地域資源管理組織である「宮川グリーンネットワーク」（以下「GNW」）は，もともと多面的機能直接支払い（旧農地・水・環境保全向上対策）の事務局をしていた組織であり，それをベースに2016年に一般社団法人化している。事務所は，若狭の恵の事務所内にあり，そこには小浜宮川土地改良区の事務所も入っている。加えて，それぞれの役員も重複していることから，事項の検討・決定がスムースに進む環境にある。

GNWを法人化した主な理由は，大きく分けて２つある。１つは，農地中間管理事業の地域集積協力金の受け皿にするためであり，税務上の対策という実務的な対応である。宮川地区では，170haの水田を機構に貸し付けた結果，農地集積率は78％（目標80％）となり，地域集積協力金4,800万円を受けている。その1割をGNWの活動費に充て，残り9割は若狭の恵と8つの中心経営体に対し面積割で配分している。ただし個々の持分としての配分であり，実際使用する際はGNWに請求し，GNWが支払う形になる。若狭の恵はそのほとんどを，先述した4つの解散した集落営農からの機械購入費に充てている。

いま1つは，地権者が農地を貸し付け離農することで，地域と疎遠になることを防ぐ目的である。そのためGNWには地区の全戸200戸が構成員となり，各自従事可能な様々な作業を登録する。例えば「土・日の草刈りはOK」，「トラクターなら従事可能」，「平日の作業は可能」など，それぞれの都合や能力，実情に応じた登録である。また個人だけではなく，老人会や消防団，自治会などの各団体も登録しており，従事した賃金で活動費不足をカバーしている。つまり個人もしくは団体の所属員を問わず，何らかの形ですべての地域住民がGNWの活動に参加しており，特に近年はGNW内での作業の獲得競争の状態にある。

若狭の恵は，機械作業や水管理，草刈り作業などをGNWに委託し，GNWは登録した個人あるいは団体に再委託する。機械作業は時給1,200円，水管理も同額（実際は面積払い），草刈りは同1,000円を支払う。他の中心経営体も，労力が不足したときにはGNWを活用している。したがってGNWは，農業経営体に対する人材派遣的業務を担っている。またそれにとどまらず，GNWは小学校と連携して生き物調査をおこなうなど，多面的機能直接支払いとの関係でも，様々な地域活動にも主体的に取り組んでいる。

4．株式会社・永耕農産とあんじょうしょう会

（1）基盤整備と組織化

株式会社「永耕農産」は，小浜東部土地改良区（以下「東部改良区」）を基盤とした組織である。東部改良区は，小浜市の南東部の山間地域に位置す

る松永地区全８集落と，水系が同じ遠敷地区の国分集落の計９集落で構成され，これら集落と藩政村はほぼ一致している。

東部改良区では，1970年代前半に20～30ａ区画の基盤整備をおこなった。しかし，就業機会を求め青壮年層が東京や大阪に他出する一方で，農業者の高齢化が進み，耕作放棄地の増加が懸念されるようになった。そこで1996年に，土地改良区理事（県職OB）や副理事長（現農業委員会会長，後述する営農組合の代表）を中心に，農作業をしやすくするため再度基盤整備をしようということになり，2004年から基盤整備に取り組んだ（09年完成）。東部改良区の受益面積は142haあるが，基盤整備は松永地区において要件外で事業に参加できなかった10haと，平野集落の共同施行分30haの計40haを除く102haが対象である。その際，県営経営体育成基盤整備事業を活用し，東部改良区のなかに営農部会を設け，集落営農の設立に向けた検討を開始した。

基盤整備に先立ち，2002年に東部改良区内で，今後の自作の可能性についてのアンケート調査をおこなった。その結果，「自作する」と「貸し付ける」が半々であった。だが，新たな基盤整備で一区画平均１ha（最小50ａ～最大２ha）になるため，現在所有する機械では小さく，大型機械が必要になるが，後継者もおらず，かつ個々での購入は経済的負担からも困難であることが予想された。そこで，そうした事情も説明しつつ，改めて04年にアンケートを実施したところ，90％の人が農地を貸し付けるという結果となり，それを受けて05年に任意組織「小浜東部営農組合」を設立した。だがすぐに，品目横断的経営安定対策が導入され，その対応として07年に法人化（農事組合法人）している。

（2）小浜東部営農組合

小浜東部営農組合には，東部改良区の農家258戸全戸が構成員として参加している。営農組合の出資金は755万円（入会金１万円，10ａ当たり5,000円）で，構成員は営農組合と利用権を設定（10年）し，営農組合は10ａ当たり１万円の小作料を支払う。ただし，構成員のうち29戸（合同会社の１法人を

図3-2　松永地区における農地集積と団地化

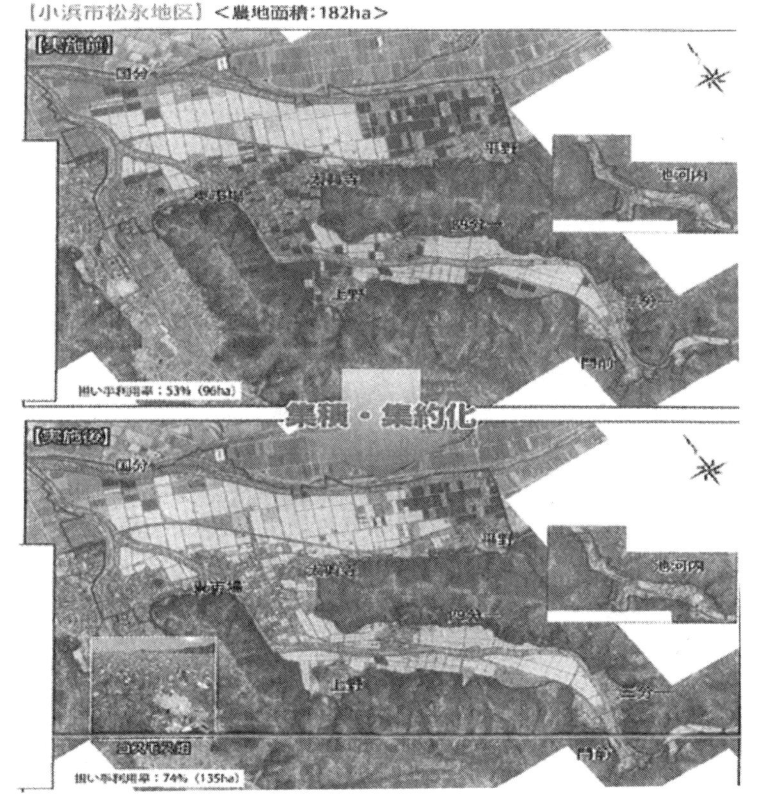

資料：「株式会社 永耕農産」資料より抜粋。

含む）は，「自分で作業をしたい」，「機械がまだ使える」，「10年くらいは自分でできる」ということで，基盤整備をした102haのうち60haを営農組合が，残り42haを29戸に団地化した上で再配分している（**図3-2**）。その後，先の平野集落の共同施行分30haも，営農組合と利用権の設定をおこなっている。

営農組合には，各集落から１人ずつ出た９人が理事となり，基本的には彼らがオペレーターとなり，主に土・日を使って機械作業に従事する。農産物の売り上げや交付金等は，プール計算をし，営農組合の判断のもと使用している。

（3）株式会社化の必要性

その後，営農組合を次のステップに高める転換点が，2015年に訪れることとなった。それは，第１に営農組合を10年近く続けてきたが，新しい人材がおらず理事のメンバーが不動であることである。第２に，当初は60歳で会社を定年退職したメンバーが，70歳までの10年くらいは営農組合の中心的な活動を担えると考えていた。しかし，定年が65歳へ延長するなか，そこから10年間（75歳まで），営農組合で中心的な役割を果たすのは厳しいという現実である。第３に，経営面を考えると米だけではなく，園芸作物も取り入れる必要がある。だが，そのための技術は５～10年くらいのスパンで習得しなければ，本物の技術とはならないこと，そこで第４に，一定額の給与を支払うことで，安定的に従業員を雇用できる環境を整えなければならず，第５に地区外からの求人も視野に入れるとすれば，「みんなの組織」である農事組合法人ではなく，株式会社にする必要があること，といった問題に直面していた。

そこで，2015年の役員改正の際に，50歳以下の理事を登用して任せてみようということになり，４人の若い理事が誕生している。彼らは，４年間，営農組合で一緒に活動経験のある早期退職者である。そして彼らを中心に，営農組合の今後の方向性を検討し，①60歳以上は法人の経営に関与しないこと，②若者を雇用する，③地区の環境と農地の保全，④高齢者・女性の活躍による地域の活性化，を図ることとした。つまり大きく区分すると，①・②は農事組合法人から経営追求の永耕農産への移行（17年），③・④は一般社団法人「あんじょうしょう会」の設立（17年），で対応し役割を分担することにした。

（4）メガファーム・永耕農産

①体制

永耕農産への移行は，資本金や構成員，農地など営農組合時のそれをそのまま継承しているため，構成員からの反対は特になかった。資本金に関しては，営農組合の構成員がそのまま株主となる。また，農地中間管理事業を活用しているため，構成員（地権者）は改めて機構に農地を貸し付け，機構から永耕農産は借地期間15年で利用権を再設定している（農地集積率74％）。

役員数は取締役３人と監査１人に減らし，先の４人が就任するとともに，従業員兼務としてオペレーターもおこなう。４人には月給を支払い（ボーナスはない），取締役で平均年収（中央値）ほど，監査はその半分程度である。さらに，2017年に地区出身者で大卒の26歳（男性）を１人雇用している。現在，市がおこなう「おばまアグリスクール長期就農研修生」となり，３年にわたって様々な技能や知識を習得している最中である。

なお，永耕農産のオペレーターは４人ということもあり，特に草刈りはシルバー人材センターを活用するとともに，「あんじょうしょう会」にも委託している。

②経営品目

2017年の作付概況は，主食用米のうち一般米が57ha（うち直播39ha）で，品種別ではコシヒカリ42％，ハナエチゼン30％，あきさかり26％，残りがいちほまれである。また特別栽培米（コシヒカリ）も11ha取り組んでいる。その他には，転作（BR）として飼料用米８ha，大麦10ha，麦あと大豆６haとソバ１haをつくっている。これらは，農地及び品種の団地化を図ることで，作業の効率性を高めている。

園芸作物では，年間就業の確保かつJA若狭の推奨もあり，５～６年前から白ネギに取り組んでいる。当初10ａで開始し，現在は1.1haまで拡大しており，女性が中心となって従事している。また，2017年にキャベツ１haを導入したが，水害で収穫できなかった。

③出荷と売上

収穫物はすべてJAに出荷している。米では，2017年産の60kg当たりの仮渡金は，一般米で1.3万円，特栽米で1.4万円である。年間売上は，農産物収入6,000万円，補助金2,000万円の計8,000万円である。肥培管理の向上による１俵の反収アップで，年間売上を１億円まで増やしたいと考えている。

ところで，現在東部改良区内の農地は，永耕農産や地区外の耕作者２人を含む計14経営体で耕作している。永耕農産としては，地区外の農地を借りて規模拡大する意向はもっていない。むしろ，地区内の13経営体のうち，合同会社15ha（代表70歳），地区内の認定農業者８ha（65歳）及びその他の２人・２haも，高齢化や後継者不在のため，永耕農産に貸し付ける可能性が高いとみている。永耕農産としては，26歳の新規従業員がいるため，この規模であれば十分カバーできると考えている。

（5）あんじょうしょう会

あんじょうしょう会は，2017年に一般社団法人として設立された。その主たる目的の１つは，農地を含む地域資源管理だけではなく，地域資源を活かしたイベントや祭り，交流などの地域活性化にも取り組む組織をつくりたかったことである。いま１つの目的は，農地中間管理事業の地域集積協力金の受け皿であり，非営利型の法人であれば，交付金による地域資源管理活動に対して税務申告は求められないという税務上のメリットである。

あんじょうしょう会の出資金はなく，構成員及びその範域は東部改良区・永耕農産と同一である。また，多面的機能直接支払いの事務局を東部改良区が担っていたが，これを機にあんじょうしょう会に移行している。

あんじょうしょう会には，地域集積協力金が2,900万円交付され，会の運営費，畦畔除去の費用，草刈り労賃などに1,100万円を，残り1,800万円は永耕農産を含む14経営体（地区外２人を含む）で面積に応じて配分している。ただし交付金の管理は，あんじょうしょう会がおこなうため，配分額は各耕作者の持分を意味する。永耕農産への配分は約1,500万円であり，事務所の開設や軽トラック等の購入に半分近くを使用している。

あんじょうしょう会には，構成員のほとんどである250人が登録し，自治会や子供会，婦人会などの各団体も参加しており，必要に応じて様々な活動に従事することになっている。しかし，地区の高齢化が進んでいるため，実際に従事可能なものは10人程度に限られる。永耕農産からの草刈り作業の委託に対し，あんじょうしょう会は65歳の４人にお願いしている。この４人は定年退職によって，時間的ゆとりが生まれた人たちである。あんじょうしょう会ではそれ以上の対応が困難なため，永耕農産はシルバー人材センターも活用している点が，若狭の恵と異なる。

５．まとめ

小浜市における２つのメガファーム設立の経緯や実践実態をみてきた。両法人に共通することは，明治の旧村の範域であり，かつ土地改良区の範域が法人の基盤となっていることであった（東部土地改良区は国分も含むが）。周知のように，北陸は集落の範域と藩政村（大字）との範域が一致する傾向の高い地帯（70.7％）であり，実際福井のそれは87.1％と全国１位である（都府県平均で27.4％）。つまり，県が推奨する100ha規模のメガファームを立ち上げるとすれば，そしてその活動範域を，生活面や農業生産面等において歴史的に営んできた結び付きに求めるとすれば，集落を超えた範囲として，自然に明治合併村に行き着く。それが本事例では，宮川地区（若狭の恵）や松永地区（永耕農産）であったし，土地改良区が明治の旧村と一致する根拠でもある。

両法人あるいはその前身組織は，土地改良区による基盤整備－圃場の大区画化を契機とするものであったが，そのプロセスにおいて４つの共通する特徴がみられた。第１は，基盤整備や組織化，農地の団地化などをまとめあげるリーダーの存在であり，若狭の恵は区長や元農業委員，兼業農家かつ地元企業経営者，永耕農産は土地改良区理事（県職OB）や同副理事長，現農業委員会会長など，地域農業に精通した人たちであった。第２は，次世代（40代～50代）の取り込みと彼らを中核とした前進である。第３は，特に集落間の温度差があった宮川地区では，説明会や会合を何度となく開催し，地域農家の納得を追求したことである。その会合は，兼業農家が多いため平日の夜間や土・日にも開かれたが，そうした業務時間外でも市農林水産課と土地改良担当者がセットとなって同席しサポートに徹している。第４は，市農業委員会のアンケートで，「５年後」という地域農家がイメージしやすいスパンで問うた結果による，地域農家の意識・本音ならびに将来像の可視化である。

ただし，ゴールまでの道のりは，両事例では異なっていた。若狭の恵は，旧村単位での広域合併を追求したが，集落間の温度差によって話が不調に終わったため，無理をせず集落段階での組織化対応を優先し，その後の環境変化を見極めたのち，再検討して広域合併法人を設立していた。他方，永耕農産は土地改良区での組織化を，相対的にスムースに達成していた。その点で若狭の恵と比すると，集落間の温度差がなかったといえよう。しかしそのことは，宮川地区では集落での対応がいまだ可能な状況を維持していたことの証左でもあり，逆に松永地区では集落対応が困難な状況下での組織化と換言することができる。事実その状況は，地域資源管理組織における登録者の活動実態にも反映されていた。

若狭の恵みは，合併を機に世代交代を図り，特定者が経営・運営する少数型の集落営農であった。これに対し永耕農産は，集落「ぐるみ」型で始動したが，のちに少数型の集落営農に改編した。当初は，地域農家・構成員と地域農業との関係を重視し，その継続性を追求していた。しかし，離農による構成員の減少や後継者不在といった集落営農をめぐる環境の変化によって，集落営農の継続性をいかにして担保するかが問われるようになった。この問いは，若狭の恵みも同じである。そしてその答えが，少数精鋭による組織化・作業従事と，必ずしも集落内にこだわらない従業員の雇用による後継者の確保・育成であった。つまり，守るべき農地の範囲によって，従事する人の範囲も展開していた。

当初から若手従業員の雇用を念頭においていたため，若狭の恵，永耕農産ともに株式会社を選択していた。両法人とも，小浜市農業の特徴と同じく米を中心とした経営であり，機構を通じた利用権設定を画期に，地区内の複数耕作者との交換分合，農地の団地化を果たしていた。加えて，従業員の周年雇用と一定給与の支払い，収益確保の必要性から園芸作物を導入していた。つまり，100haを超えるメガの土地利用型と労働集約型の併存であり，そのため従業員だけですべての作業をカバーするには限界も抱えていた。そこで，管理作業を中心に，同じ範域で設立した地域資源管理組織に委託していた。

地域資源管理組織は，すべての地区農家と各団体が登録していたが，その参加程度は異なる。つまり，作業の獲得競争化にあるGNWに対し，あんじょうしょう会はカバーしきれておらず，その要因の１つが地区農家の高齢化であった。このことは，集落営農化の動き－各集落での対応が可能で，当初個別の集落営農を設立した宮川地区と，集落対応が困難な状況下で最初から地区全体での組織化を進めた松永地区の動きと符合する。

両事例の最大の特徴は，株式会社化による経営追求型の法人と，すべての地区内農家が登録あるいは参加する地域資源管理組織の非営利型法人という，法人による２階建て方式であった。それぞれの性格や活動実態は，農政の「農林水産業・地域の活力創造プラン」における産業政策と地域政策の両輪を具現化したものともいえる。ただし，創造プランが描く「規模拡大に取り組む担い手の負担を軽減し，構造改革を後押し」するような，地域が経営を支える一方的な奉仕ではなく，さらには地域住民の経済・自治活動や生活環境など地域社会それ自体と切り離された関係性とも異なる。

地域資源管理組織は，地域のため（地域資源管理，地域の活性化，地域社会の維持など）という視点での活動であり，その１つとしての株式会社による地域農業の継承や農地保全をフォローするものである。他方，株式会社も利益の追求と，それにより従業員の常勤雇用及び一定水準の所得確保を図り，地域農業の継承を通じて地域貢献を果たすとともに，可能な範囲で地域資源管理組織に様々な作業を委託していた。それは，株式会社の労力不足を補う面もあるが，一方で人材派遣業的機能を通じた地域への経済的還元だけではなく，地域住民の活躍の場や地域貢献の提供，さらには地域とのつながりを再確認する機会にもなっている。つまり，単なる対応困難作業のアウトソーシングではなく，双方向の地域のための活動である。全農家が株主であることでも地域と結び付く永耕農産はもちろん，特定の株主で構成される若狭の恵においても，地域からの自立ではなく地域に根ざすことが，その優位性の発揮と経営追求に資することを明示している。

第4章

集落営農法人連合体の実践と課題－山口

1．問題の所在

中山間地域が７割を占める山口県は，早くから過疎問題に直面し，現在「いえ」及び農業の後継者が少ない県の１つである[(1)]。また，県の圃場整備率も50％未満であり，整備済みの農地でも一区画30ａに満たず，のり面も大きいなど土地条件の不利な地域である。2000年代後半からは不在地主化も進み，後継者だけではなく，「いえ」そのものがなくなるなど問題が深刻化してきた。

そうしたなか，2005年に県は集落営農法人を推進し，それを中心に地域の農家みんなが参加し，力を合わせて農地を守る体制づくりを打ち出した。2020年調査時点で278の集落営農法人があり[(2)]，その多くは対象地域内のほとんどの農家が参加する集落「ぐるみ」型である。ところで集落営農法人には，集落内の農地の受け手でもあることから，集落営農に参加していない個別農家の株式会社（１戸１法人）もカウントしており，全体の約７％が該当する。

県が2018年に策定した５カ年計画では，１戸１法人・集落営農法人・農外参入[(3)]を合わせて「中核経営体」と称し，中核経営体が大宗を占める農業構造を目指している。県の農地中間管理事業の集積目標2,000haに対し実績

（１）代表的なものとして，小田切徳美『日本農業の中山間地帯問題』（農林統計協会，1994年）を参照。
（２）その他に任意組織の集落営農が100近くある。
（３）農外参入は果樹や施設園芸が中心であり，大規模な面積確保を必要とするものではない。15年ほど前は建設業からの農外参入が中心であったが，建設業は好況で人手不足のため，現在建設業による農業参入は減少している。他方，食品産業からの問い合わせが中心となっている。

は半分ほどであるが，他方農地円滑化集積事業が1,500haほどあり，農地中間管理機構に移していく。それらを通じた中核経営体への農地集積目標は70%であるが，現在は３割程度であり，集落営農法人による集積はその半分にとどまる。

その理由の１つに，集落営農法人も次の３点の問題に直面しているためである。第１は，集落営農を立ち上げたが，オペレーターの７割が60代以上となるなど活動の中心を担ってきた構成員の高齢化が進み，世代交代が進まないといった集落営農内部の人的不足である。したがって，地域農家を糾合した集落営農は，地域農業の「延命」に貢献したが，個別農家及び法人の後継者不在という根本的解決が進まないまま，集落営農自体が存亡の危機に直面している。

第２は，山口県は条件不利地域を多く抱えることから，集落営農法人の農地集積面積も全体の17%が10ha未満，34%が10～20haと両者で過半を占めるなど，規模の小さな集落営農が中心であることである（全国の１集落営農法人当たりの平均面積は26ha弱）。

第３は，集落営農法人の収益性の低下である。例えば，10ａ当たりの平均売上高をみると，2010年は8.0万円であったが，14・15年は5.9万円に低下するなど売り上げが減少傾向にある。その背景には，多分に米価動向が影響しており，集落営農法人の経営体力が落ちてきている。

そこで，第１の人的不足の問題には雇用での対応を図ることとし，それを可能とする条件として第２・第３自体を解決する方針を打ち出した。その具体策が，集落営農法人連合体（以下「連合体」）の立ち上げである。

２．山口県農政

（1）集落営農法人連合体

連合体のイメージを示したのが**図4-1**である。つまり，構成する集落営農法人は管理作業を中心に農地を守る機能を，連合体は主要作業の担当あるい

図4-1　集落営農法人連合体のイメージと機能

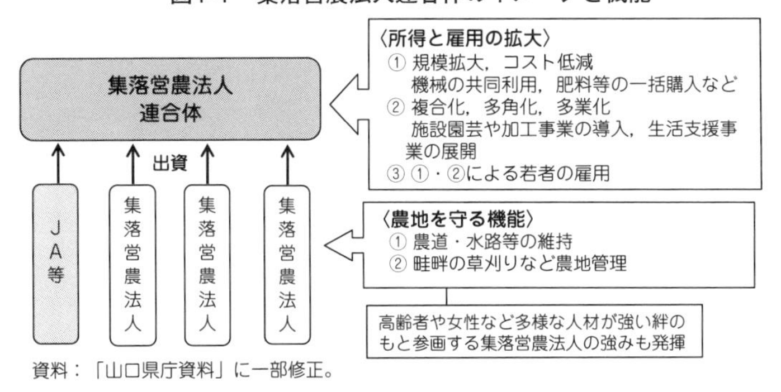

資料：「山口県庁資料」に一部修正。

は農地の利用権設定による経営権の集約，その他複合化・多角化等による「所得と雇用の拡大」といった機能を担う，いわゆる「守り」と「攻め」の同時追求である。連合体の要件は，①複数の集落営農法人等が出資し共同事業を実施すること，②設立後，数年以内に専任従事者として雇用者を１人入れ，当該者の所得目標を設定した経営計画を作成すること，③農地中間管理機構を通じて80ha以上の経営面積の実現及びICT導入による効率的な生産管理等の実施であり，③以外は必須条件である。

連合体の育成に関し，県では2015年から事業を講じている。初年の15年は，連合体の育成を「山口県まち・ひと・しごと創生総合戦略」に位置付けることで地方創生交付金を主に活用しつつ，補正予算も組むことで対応している。支援内容の１つは，連携推進コーディネーターの設置である。コーディネーターはJAや普及員のOBが就任し，連合体の必要性への理解促進や，連合体設立に向けた法人間の調整などをおこなう。当初，コーディネーターは県央を除く県西３人，県東２人の５人を配置していた。しかし地方創生交付金が終了した19年は，予算確保の問題から県西１（60代，JAのOB）・県東１（60代，県普及員OB）・県央１（30代，JAのOB）の３人に縮小している。いま１つの支援内容は，ICT活用による農作業管理システムの導入や，細目書と連動したマッピングなどである。

2016年は，地域農業推進交付金を活用し，国・県が50％ずつ負担している。

図4-2　集落営農法人連合体の位置

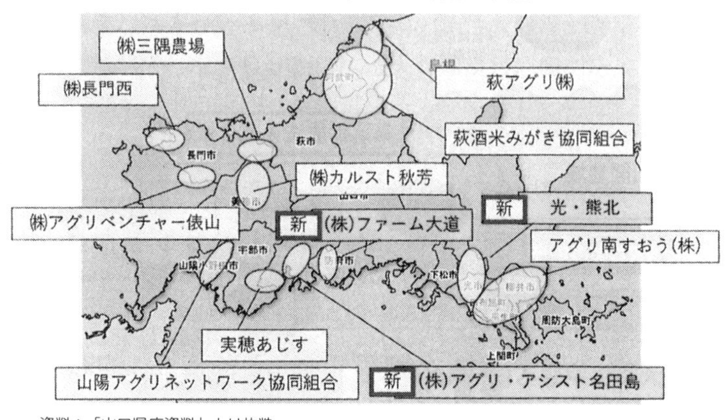

資料：「山口県庁資料」より抜粋。
注：図中の「新」は，直近で新しく設立した連合体を指す。

そこでは，連合体の規模拡大や低コスト化等に要する機械・施設の整備として「連合体条件整備支援」を講じている。具体的には，これまで補助事業の対象になりにくかった汎用性の高いもの－運搬車やラジコンヘリ，ドローンなども補助の対象としている。また，主食用米の過剰により米に関わる機械は通常補助の対象外であるが，酒米や飼料用米などは県単事業で機械補助の対象としている。

連合体の第１号は，2015年設立の「萩アグリ」であり，翌16年に２組織，17年４組織，18年２組織，19年２組織，20年２組織の計12の連合体が立ち上がっている（**図4-2**）。連合体には，複数の集落営農法人が新たに連合体を設立するAパターンと，既存の法人に複数の集落営農法人が出資するBパターンがある。12の連合体のうちBパターンは「実穂あじす」と「光・熊北」のみであり，残りはすべてAパターンである。

連合体の多くは，法人形態として株式会社を採用している。そこには，経営・制度・実態の３つの理由がある。経営面では，雇用の導入，年間就業の確保という点を考慮すると，農業に限定しない経営の多角化が求められるが，農事組合法人では農業以外の事業をおこなうことができないためである。制度面では，農協法によって農事組合法人の構成員は自然人とされるため，法人である集落営農が農事組合法人としての連合体を設立することはできない。実態面では，経営の多角化だけではなく，社会的サービス事業にも期待しているためである。特に山間部では，公共交通機関の縮小，自動車の運転困難など高齢者の「足」の確保が求められ，さらに民間スーパーの撤退により，いわゆる買物難民問題の発生が危惧されるなど，地域のスーパーとしての役割も集落営農法人に求める声がある。その全国での先進事例が，島根県の「地域貢献型」集落営農である[(4)]。だが，交通機能の提供，一般の食料品や生活用品等の仕入れ・販売は，農事組合法人である集落営農ではできないため，新たな連合体がその期待に応える必要がある。そこで，山口県では経営の多角化だけではなく，生活関連の支援事業も含めて「多業化」と称している。

また，多くの連合体にはJAが出資・参画している。JAが連合体に出資・参画したのは，2015年に農協サイドがJA出資型法人を育成する方針を打ち出すと同時に，県が連合体を創出・推進していくタイミングとが合致したためである。これまで集落営農法人に対しJAは出資をしてこなかったため，公平性の観点からも集落営農ではなく連合体に出資することとしている。またその役割も，第2の農協あるいはミニ農協ではなく，あくまでもサポートに徹することにしている。加えて，株式会社の連合体がJA施設等を利用する際に，農協が出資していることで様々な摩擦を回避できることも大きい。

（2）人材育成

人的不足の解決に向け県では，新規就農者の確保・育成に取り組んでいる。県の就農相談件数は，2013年には880件あったが景気の上向きも影響し，2015年には646件へ4分の3に減少している。また，就農希望者の約8割は非農家等のため地域内に基盤をもたないことや，実際に就農しても「想像と違った」，「収入が低い」などの理由による離農・離職問題を抱えていた。そ

（4）楠本雅弘『進化する集落営農』農文協，2010年，第3章。

れらを解決すべく，15年に「担い手支援日本一対策」を講じている。

同対策は，まずは新規雇用就農者の定着促進を図ることを目的として，３つの支援策を設けている。第１は「定着支援給付金」である。それは，法人が新規雇用（50歳未満）をした場合，農の雇用事業を活用し給付金を２年間（年120万円）受給できるが，それを引き継ぐ形で３年目に90万円，４年目60万円，５年目30万円の３年間をカバーするものである。加えて，農の雇用事業で年齢制限に引っかかるケースへのフォローでもある。

第２は，新規雇用就農者の受入組織への支援である。具体的には，農業機械や施設整備等の支援，住宅確保の支援（改修）であり，2018年では前者が８法人，後者は２法人が活用している。

第３は，県農業大学校の機能充実による「技術指導体制」の強化である。県農大には，もともと１年間農業技術を学ぶ「就農・技術支援室」(2010年設置）があったが，そのなかに「法人就業コース」を設け（2015年)，細やかな研修・指導をおこなう体制を構築している。その背景には，新規雇用就農者は法人で何をしたいのか，逆に法人はどういう人材を求めているのか，両者の希望・思惑にズレがあり，そのミスマッチが離職率を高める原因と考えているからである。

以上の結果，同対策前の３年間（2012～14年）の新規雇用就農者は155人（うち集落営農法人40人）であったが，対策後の３年間（15～17年）は179人（同42人）へ15.5％増加し，雇用就農者の離職率も同期間25.1％から9.1％へ低下している。なお，新規就農者全体も306人から349人へ14.1％増加している。

さらに，新規雇用就農者だけではなく，新規就農者全体を掘り起こすため，2017年からは県内だけではなく県外での確保にも力を入れるべく，首都圏での就農相談会を年６回開催している（のべ151人参加)。また移住就農への不安解消や短期研修につなげることを目的に，県内産地バスツアーをおこなっている。ツアーは３連休等を利用して年３回おこない，旅費の半額を助成(上限３万円）している（のべ40人参加)。さらに，最長６カ月間で，月額12.5

万円を給付する就農体験支援もおこなっている（４人が活用)。以上の結果，2018年で移住就農者７人，県農大での研修生１人の実績をあげている。

（3）小括

以上のように山口県では，連合体の育成・活動により個々の集落営農では決して十分とはいえない人や農地，さらには資金や資源を糾合し，かつJAも積極的に出資・参画することで，連合体によるコストの削減や多角化・多業化を通じた収益確保を図り，それを原資に連合体が就農者を雇用することで，集落営農の人的不足をカバーし，集落営農が継続できる環境を整備しようとしている。そして，県も新たな就農者を発掘・育成すべく，様々な事業を展開し，集落営農あるいは連合体への人材供給をサポートしていた。

では，連合体は実際どのような経緯で設立し，どういった活動を展開しているのか，構成する集落営農の実情・関係も合わせ，その実践と課題についてみていくことにする。

3．萩アグリ株式会社

（1）設立の経緯

本節で取り上げる連合体の「萩アグリ株式会社」は，県北西部の萩市の北東に位置し，平成の市町村合併前の須佐町と田万川町にまたがる。両町の水田面積は約690ha，そのうち主食用米が390haを占め，その他は飼料作物や飼料用米，酒米，大豆等を中心とする。認定農業者は35人おり，集落営農と合わせた「担い手」への農地集積率は22.5％である。

両町では，2007年の品目横断的経営安定対策の面積要件をクリアすべく，特定農業団体の集落営農を設立し，その後の法人化要件にもとづき10年から法人化が進められた。だが，集落営農法人の構成員及びオペレーターの高齢化が進むなか，このままでは集落営農の存続が厳しくなることが目にみえていた。また，肥料・農薬などの生産資材価格が上昇する一方で，農産物価格は低下するといった経営問題にも直面していた。そこで，集落営農が連携して労働力を確保するとともに，生産資材を一括購入し，農業機械も共同所有・利用してコストの低減を図るため，12年に連合体の設立に向けた話し合いを開始した(5)。

2012年に，先に法人化していた３法人（弥富５区，小川の郷，本郷原）で第１・２回の阿北地域農事組合法人等連携協議会をおこなった。だが，３法人は両町にまたがるため，互いに面識がなく，場所も分からず，集落営農の活動内容も知らないという状況であった。そこで，まずは互いを知るための情報共有からはじめている。ところが，13年の集中豪雨により甚大な被害が発生したため，連携協議会の活動が一時中断することとなる。そして，翌14年に第３回，15年に第４回の連携協議会を開き，そこで新たに３法人（桜の郷・上田万・日の出）が加わり，計６法人での協議となった。連携協議会では６法人すべてが決算書を提出し，互いの経営状況を数値で確認している。

2015年の第５回連携協議会では，このまま議論だけで終わるのを回避するために，法人格を取得し責任ある体制で進めていくことを決め，「阿北地域営農連携法人準備委員会」を設置し，６法人から２名ずつ委員を選出している。この時点で特定農業団体であった「下田万」及び「千人塚」は，法人とは決算方法・内容が異なるため声かけ等はしたが，参加は見合わせている。そして15～16年にかけて計８回の準備委員会を開催し，16年２月末に萩アグリの設立総会をおこなった。ただし，これまでの話が頓挫するのを防ぐべく連合体の設立を優先したため，細部については未定の部分も少なくなかった。それでもこの時期に立ち上げたのは，すべての集落営農法人のスケジュールが12月決算・翌年２月総会であり，この総会で萩アグリへの出資を承認してもらいたかったからである。仮にこの機会を逃すと，臨時総会を開いてまで話が進む可能性は低く，連合体の設立が遅くなる危険性があったため，見切り発車ではあるがスタートに踏み切ったということである。

(5)県による連合体の推進は15年を起点とするが，それ以前のものもここでは連合体と表記を統一する。

（2）体制・活動

出資金は，集落営農法人が各130万円，６法人から２人ずつ選出した取締役12人が各１万円を出資するとともに，JAあぶらんど萩（現JA山口県）も118万円を出資し，合計910万円である。その後，法人化した下田万が2018年に参加し，計132万円を出資している。

７法人の位置関係を示したものが**図4-3**，その概況を示したのが**表4-1**である。７法人は，３つの明治合併村（以下「地区」）に属す集落営農が連合したものであり，弥富・小川地区は山間地域に，江崎地区は中間地域に該当する。各地域の集落営農法人による農地集積率は，弥富地区12.4％・小川地区42.7％・江崎地区30.9％であり，７法人では明治合併村全体の３割をカバーしている。特に弥富地区には弥富５区しか集落営農はなく，個別の集落営農が集落を超えた範域をカバーするには限界があり，かつ連携できる集落営農も近くに存在しない。また組合員の平均年齢は全体で67.5歳，各集落営農も60歳以上と高齢化が進んでおり，個別の集落営農で若い労働力や組織の後継者を確保することが難しい。こうした様々な事情が，連合体を必要とした

図4-3　萩アグリの構成集落営農法人の位置

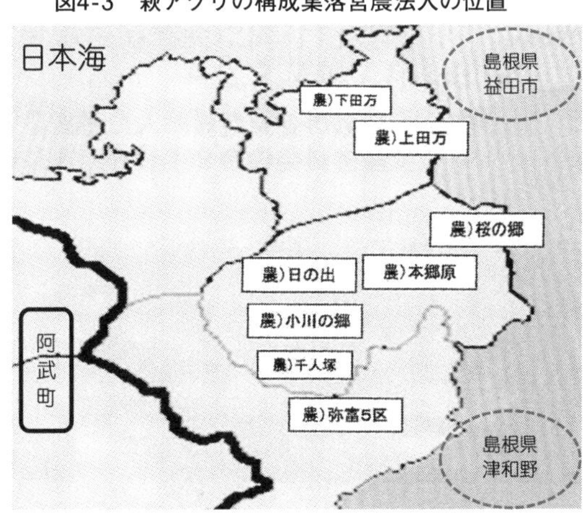

資料：「萩アグリ株式会社資料」より作成。

表 4-1　萩アグリ株式会社を構成する集落営農法人の概況

		計	弥富５区	小川の郷	本郷原	桜の郷	上田万	日の出	下田万
昭和合併村			須佐	田万川	田万川	田万川	田万川	田万川	田万川
明治合併村			弥富	小川	小川	小川	江崎	小川	江崎
設立	(年)		2010	2011	2012	2013	2013	2014	2016
組合員数	(人)	265	36	43	34	30	31	28	63
平均年齢	(歳)	67.5	68.6	67.1	61.8	67.8	70.7	68.6	−
集積面積	(ha)	154.9	26.6	23.4	26.6	16.7	17.0	20.0	24.5
作付面積	(ha)	135.6	21.2	20.6	22.8	14.6	15.8	18.1	22.5
畦畔率	(%)	12.5	20.3	11.9	14.5	12.7	7.3	9.8	7.9

資料：「萩アグリ株式会社資料」より作成。
注：「畦畔率」は，「１−(作付面積／集積面積)」を指す。

理由である。

集積面積は全体で155haに達するが，平均すると１集落営農当たり22haにとどまる。また表中には，単純に１から作付率を引いた畦畔率も記している。畦畔率が10％未満の「上田万」・「日の出」・「下田万」の３法人に対し，弥富５区は20％を占めるなど，萩アグリ内部でも土地条件が大きく異なる。このような土地条件あるいは不利性の相違が大きいことも，７法人を合併して一組織にまとめるのではなく，萩アグリという連合体を選択した理由である。

現段階での萩アグリの活動内容は，大きく６つある。第１は，活動のための施設確保である。2013年の集中豪雨により床上浸水した旧小川中学校の体育館を解体するのはもったいないということで市から無償譲渡の話を受けたが，固定資産税がかかることから辞退している。だが，市が所有権の保有と改修費用を負担し，それをリースすることで決着し，同体育館を萩アグリの事務所や格納庫，資材置き場といった活動拠点にしている。

第２は，生産資材の一括購入である。集落営農７法人の購入金額を合算すると約1,500万円になる。各集落営農が一括購入しても最大で５％の大口割引であったが，萩アグリでの一括購入により割引率が７～８％へアップしている。加えて，消費税の還付金も大きい。

第３は，大豆の播種機・コンバイン等の共同購入・利用である。７法人のうち大豆を生産しているのは小川の郷（4.9ha）・本郷原（2.2ha）・上田万（4.8ha）・桜の郷（2.3ha）と未参加の千人塚（6.0ha）[(6)]である。もともと５組織で「田万川大豆生産組合」(2000年）を立ち上げ，JAの大豆コンバイン等をリースし共同利用していた。しかし，生産組合の意向やタイミングで機械更新をお願いしづらいこともあり，萩アグリの設立を機に共同購入している。当初，大豆作付けの水田を萩アグリに利用権設定し，大豆の販売収入やその交付金を萩アグリに集中させ，その収益を農業経営基盤強化準備金として積み立て，それを新たな機械購入や更新等に充当する計画であった。しかし，１年目の経常利益は赤字を記録し，準備金の積み立てができなかったことから，現在は大豆機械の共同所有・利用という形で，各集落営農が作業に従事している。なお，麦用の機械も購入したが大豆と同様である。

第４は，新規就農者の雇用に向けた収益事業の展開である。それがハウストマトの計画である。ハウストマトの農地確保に際し集中豪雨での経験を踏まえ，当初高台で農地を探したが，用水の確保が難しいため高台での確保を断念している。次に，萩アグリの地域内で農地を模索したが，地域内の農地をハウスで固定化するのはもったいないということで，最終的には地域外にあった耕作放棄田７haを購入している。農地価格は10ａ当たり約35万円で，JAから2,000万円を借り入れている。

農地は地域の直売所「道の駅　ゆとりパークたまがわ」の裏にあり，トマトの収穫後すぐに直売所に出荷できることが同地の決め手となった。また，畦畔もコンクリートで整備されており，管理が楽なことも大きな要因である。一方で耕作放棄地だったため，土を入れ変えないと再利用できず，そのためには億単位の資金を必要とする。そこで国の「農林水産業みらい基金」に申請し，「みらい活性化プロジェクト」（2018年）に採択され，造成等を含む事業費2.5億円のうち９割の助成を受けている。事業計画では，21年までにハウス３棟（各20ａ）を建設し，22年から本格栽培に取り組む(7)。トマトは，冬・春用として10月から翌６月まで栽培し，そこで正規３人・パート10人の新規

（６）農事組合法人「千人塚」は果樹がメインの集落であり，萩アグリを構成する集落営農とは性質が異なるため，萩アグリには参加していない。
（７）ハウスの完成とその経緯については，「日本農業新聞」（2022年１月８日付け）でも報じられている。

雇用の創出が見込まれ，年間売上4,000万円を目標としている。19年にハウス１棟でトマトの試験栽培をおこなっており，収穫物は直売所等で販売している。トマトの評判がよかったことから，20年はもう１棟追加して栽培・販売する。その他にもカボチャ等の試験栽培もしている。

第５に，トマト収穫の３割くらいが青果に回せない傷物になることが予想されるため，それらを活用したトマト加工にも取り組む予定である。ただし，加工施設を独自に整備するには数千万円の資金を必要とするため，道の駅の加工施設を利用する計画である。

第６は，第４・５を中心とした経営の多角化によって常勤従業員を雇用し，地域農業・集落営農・萩アグリが継承できる仕組みを構築することである。萩アグリでは，2018年に県農業大学校を卒業した地元出身のAさん（男性）を常勤雇用している（2020年時23歳，江崎地区出身，非農家）。給与の原資となるハウストマトの本格始動はまだ先であったが，１年前の17年にすでに雇用を前提に１年間研修を受けさせており，貴重な人材の青田買いというのが現実であろう。裏返せば，若い労働力をスムースに確保することが難しいということである。しかし，Aさんは土地利用型に関心を寄せる等の諸事情から，19年は萩アグリの構成集落営農の作業支援に回ったため，19年に新たにBさん（男性，37歳）を常勤雇用している。以前は消防士や介護の仕事に従事していたが農業に関心があり，萩市に相談したところ，萩アグリを紹介されたとのことである。出身は隣接する島根県益田市で，現在も同市から通勤している。萩アグリが想定する年間給与は300万円であるが，現在県の新規就農者給付金を活用しつつ，月額10万円の支払いにとどまっている。

以上の役割を整理すると，第１・２は連合体によるスケールメリット，第３は既存任意組織の「吸収」，第４・５は連合体としての収益事業の確保，第６は連合体の継承にはつながるが，それが自動的に構成集落営農や地域農業の継承に結び付くかが課題となる。

（3）経営状況

集落営農７法人の決算は比較的良好である。そのため萩アグリに130万円の出資金を拠出できたといえる。その一方で，集落営農法人は従事分量配当である。つまり，集落営農を運営し，地域を守るために日当・賃金を低く抑えているのが現実である。それでも年金受給者は生活に支障をきたさないが，若者が参加し従事するインセンティブは弱い。それを萩アグリで達成しようというのが連合体設立の目的である。

他方，萩アグリの2019年の決算は，営業利益・経常利益ともに赤字である。販売収入の中心はトマトの試験栽培であり，22年からの本格始動によって状況は変わるといえよう。しかし，それに比例して販売費及び一般管理費等も上昇するため，営業利益がどこまで好転するかは不明である。また事業外収入には，地域集積協力金及び中山間直接支払いの交付金の一部がある。前者は，各集落営農が受給した交付金の２分の１を，同様に後者も加算措置である集落連携・広域化支援の10ａ当たり3,000円のうち1,000円を萩アグリに拠出してもらっている。

（4）構成する集落営農法人の実態

萩アグリを構成する集落営農の概況も確認する。１つには，集落営農の活動状況や今後の存続問題が萩アグリの役割や存立に大きく影響するからである。いま１つは，独自に常勤雇用に踏み出した集落営農もあり，連合体が常勤従業員を雇用するという当初の県の構想とは一線を画すからである。

①農事組合法人・日の出

農事組合法人「日の出」は，藩政村かつ明治合併村である小川村に属し，小川地区25集落のなかの２集落（小川５区，12区）を基盤に設立した集落営農である。ところで小川村の場合，藩政村と大字が一致しているわけではない。山口は藩政村を分割して複数の大字を形成した「大規模藩政村分割型」

の特徴を有している[8]。小川村にも４つの大字（中小川，上小川西分，上小川東分，下小川）があり[9]，日の出は上小川東分に属する。氏神の祭礼は，西分と東分を合わせた上小川（小川２～12区）でおこない，生産調整等は各集落で対応していた。このように複雑な社会構造にあるが，少なくとも日の出を立ち上げた２集落は氏神の祭礼など歴史的な活動実態をともなう関係にあり，それに加え地理的かつ農地も隣接した位置関係にある。現法人代表の５区を基準に周辺集落をみれば，５区の川上には後述する集落営農の「小川の郷」がすでに展開しているのに対し，川下の12区には集落営農がなく，かつ５・12区ともに小規模集落であったことから２集落で一緒に集落営農を立ち上げたという経緯である。名称の「日の出」は，戦時中の劇場「日の出館」のあった場所が現在の公民館であり，そこで集落営農立ち上げの会合をしたため付している。

集落営農法人の前身組織はなく，また当時は麦や大豆をつくっておらず，品目横断的経営安定対策への対応も不要であった。したがって，あくまでも小規模集落の高齢化と今後の継承を念頭に，提起者である現代表を中心として2014年に設立した集落営農である。設立に際し２集落の全農家13戸に声をかけ，自分でしたいという１戸を除き[10]，12戸でスタートしている。組合員は世帯主だけではなく，妻や子供等個人単位での加入としたことから組合員数は27人（30代～80代，平均年齢66歳）で，これにJAあぶらんど萩が加わる。出資金は，世帯主は10ａ当たり１万円の面積割とし，最大32万円から３万円と幅がある。世帯主以外は１人１万円，JAは62万円を出資し，出資金合計は252万円である。

---

(８)高橋明善『自然村再考』東信堂，2020年，p.56。
(９)住所にはこれら４つの大字が使われており，郵便番号も大字それぞれに番号が付されている。
(10)不参加の農家（55歳）は兼業農家であったが体調を崩して離職し，現在自家経営80ａの専業農家である。体調の問題から当該農家が借地していた１ha弱の農地を，2019年に法人が利用権を設定し引き継ぐなど，両者のつながりがないわけではない。

集落の水田面積は５区12ha，12区８haと両者で20haほどしかなく[11]，スタート時ではこのうちの13.5haを集積している。設立直後の集落営農は，農業機械を購入・所有しておらず，各組合員が所有する機械で各自の全作業をおこなう形であった。その理由は，積極的には個別での作業が可能であったため，オペレーターをたてる必要がなかったということである。実際，組合員27人のうち高齢の２人と岩国市在住の１人を除く24人は，いずれかの作業に従事している。他方，消極的には現法人代表によると，少人数・高齢化の集落では早晩立ち行かなくなることは目にみえており，将来は常勤雇用も視野に入れた組織・法人を描くためにも，まずは現状を壊さない形で集落農家が参加しやすい集落営農法人という「箱」をつくることに重きをおいたためである。

その後，法人の集積面積は２集落内で1.5ha，隣接する集落営農のない小川２区及び４区で約10haの借地が増え，2020年で25haとほぼ倍増している。すべての農地は，農地中間管理機構を介して利用権を設定しており，期間は10年，小作料は集落内・外を問わず在村地主5,000円，不在地主2,500円である。なお２集落内では，昔からの付き合いで「小川の郷」に貸し付けている水田があり，また２区・４区にも小川の郷が借地展開するなど，この周辺の中心的な担い手である両集落営農間で農地が錯綜している。また15年以降，ハード面では機械装備の拡充も進め，現在，補助事業を活用してトラクターや田植機，コンバイン，乾燥機などを購入・所有している。

こうした集積面積の拡大とハード面の整備の一方で，組合員の離農や高齢化といった労力面の脆弱化が顕著となっている。設立から2020年までの６年の間に，４戸が高齢化と後継者不在を理由に離農し，組合員は農家戸数では８戸に，作業従事者では16人（40代～80代，平均年齢70歳）に減少し，かつ高齢化が進んでいる[12]。そこで法人は，17年に県農大で法人の活動紹介

---

(11) この他に用水の確保が困難な水田もあるが，集落営農では不利地を対象外としている。

(12) 離農後も，集落営農法人のみなし組合員として残っている。

と従業員募集の説明会をおこなった。その時に手をあげたのが現従業員のCさんである。Cさんは，2017年の春と秋に１カ月ほど法人で体験・研修を受けている。その間，法人は主要な組合員13人に対し，今後の集落営農法人の展開についてアンケート調査を実施している（無回答を含む)。主な調査項目と回答では，①「自身の労力確保」について「今が限界」が７人・「４年後まで可能」が４人と，長くとも４年以内には集落営農の農作業に組合員は従事できなくなること（２人は無回答)，②「身内や知人を含め将来の労力確保の目途があるか」については13人全員がないと回答し，③「将来の労力として県農大生（Cさん）の常勤雇用」について11人が賛成（２人は無回答）と答えている。このアンケートは，現有労力の認識共有と常勤雇用の承認により，今後組合員の子弟がリストラ等で帰農を希望しても，法人の体制は変更しないという集落営農の形と将来を担保する点で大きな意味をもつ。県農大卒業後，18年４月に正式にCさんを常勤従業員として雇用している。Cさんは，防府市出身の23歳（2020年調査時）で，萩市の空き家バンクを活用して集落内に１人で居住している。また，先述した諸事情により萩アグリの従業員Aさんは19年から日の出の作業を手伝い，20年４月から正式に日の出の常勤従業員（23歳）になっている。

常勤従業員の雇用により，組合員と従業員との作業面積も次のように変容している。2018年に従業員を雇用するまでは，先述したように組合員が各自で作業をおこなっていた。しかし，Cさんを雇用した18年は5.8haをCさんにすべての作業を任せ，残り16.4haを組合員が作業に従事している。19年は従業員11.2ha（Cさん7.2ha・Aさん4.0ha）に対し組合員は12.5ha，20年は従業員14.0ha（Cさん7.2ha・Aさん6.8ha）・組合員11.3haと両者の作業従事面積が逆転しており，常勤従業員へのシフトが進んでいる。

法人の作付品目及び面積は，2014年では主食用米11.4ha，モチ米0.1ha，無農薬・無化学肥料米0.9ha，一般野菜や飼料作物等1.1haであった。しかし，作業効率を図るため主食用米の品種をコシヒカリに統一するとともに，低米価対策として主食用米を削減している。その代替としてモチ米の本格化，酒米と飼料用米を新規に導入している。酒米は，主食用米よりも作業時期が遅いため作業時期の分散を図ることができるとともに価格も高い。さらに，業務用米と米の裏作で裸麦にも取り組み，業務用米は吉野家と契約している。その後，主食用米は保有米に限定し，モチ米と飼料用米を拡大した結果，19年の作付実績は主食用米1.8ha，モチ米8.3ha，酒米2.6ha(13)，業務用米2.7ha，飼料用米7.2ha，裸麦1.7ha，野菜・その他1.0haである。

2019年の経営状況をみると，農産物の売上高は約1,900万円で(14)，その半分をモチ米が占め，次に酒米及び業務用米が各15％とつづく。主食用米の６割ほどが保有米であり，組合員は法人から60kg当たりJAの平均概算金プラス700円で購入する。平均よりも高く設定するのは転売防止の狙いがあるが，JAの最終精算時にはほぼ同額になる。コストは約2,000万円であり，このなかにCさんの給与が含まれる。給与には年２回のボーナスに加え，通勤及び住居手当がつき，市の計画目標である年間所得170万円を上回る。また，わずかであるが毎年定期昇給もしており，金額の大小に関係なく一般企業と同じことをしている事実が重要とのことである。最終的な営業利益は数十万円の赤字となる。これに営業外収益として，最も多い飼料用米の交付金，中山間直接支払いの個人配分や集落連携・広域化支援，農の雇用事業等の交付金を合わせると，経常利益は大きく黒字となる。そこから固定資産圧縮損及び農業経営基盤強化準備金の積立，ならびに法人税を差し引いた当期純利益とほぼ同額が，その後組合員の従事分量配当として支払われる。

法人の今後の展開は，売上の半分を占めるモチ米は今後の需要により面積が左右されることから，今後増やすとすれば業務用米が一番可能性が高い。

---

(13) 萩アグリに参加し，酒米をつくる日の出・弥富５区・本郷原・下田万の４法人は，酒造会社６社と集落営農８法人からなる酒米の連合体「萩酒米みがき協同組合」にも参加している。同組合は，コスト削減や酒米生産の安定化，日本酒の地域ブランド化を目的とする。

(14) 水田活用の直接支払交付金の「飼料用米」については，総会資料では販売数量に応じた交付金のため「売上高」にカウントしているが，ここでは外している。

一方，2018年の経営比較で，〈主食用米の拡大→販売額のアップ→税金の増加〉と〈飼料用米の拡大→販売額の減少→税金の減少〉が判明したこと，また農業経営基盤強化準備金の対象交付金であることから，飼料用米は継続していく予定である。さらに乾燥機の稼働率を高めるため，周辺集落に対し農協のライスセンターよりも10％安い作業料金を提示し，乾燥・調製の作業受託のセールスを従業員にさせ，法人の収入アップと自分の収入は自分で稼ぐという意識を従業員にもたせている。

法人では，従業員１人の労働時間が2,000時間，売上高は1,000万円で所得が350万円となる規模を10ha程度と試算しており，当面35haで常勤従業員３人の体制構築を目指している。ただし，そのための条件は大区画圃場とスマート農業の導入である。現在，大区画圃場整備に向けた計画を進めており，５年計画で受益面積15ha（一区画平均１ha）を予定している。また，スマートフォンで管理できるパイプライン化もおこなうことで，常勤従業員だけでの水管理が可能な環境を整備する。また，集落の農家・農家人口が少ないため，将来は常勤従業員を集落営農の経営者にすることも視野に入れている。

連合体に関しては，連合体自体やその構成集落営農間でも考え方や方向性に少なからず差があるため，まずは法人が常勤雇用や十分な経営・収益等の１つのモデルをみせることで，それが他の集落営農法人や連合体に波及し展開していけばよいと考えている。

ところで当初，常勤従業員を雇用した集落営農は２法人あり，いま１つが「本郷原」であった。**表4-1**に記すように組合員34人，集積面積27haの法人で，米・酒米・飼料用米・大豆をつくっている。組合員の平均年齢は61.8歳と萩アグリを構成する集落営農のなかではやや若い。それは，40代を中心としたオペレーター等がいるからである。そうしたなか，2018年に山口市出身で県農大を卒業したDさん（女性，20歳）と市の就農フェアで知り合い，農の雇用事業を活用して常勤雇用し水田作業に従事させている。雇用は，小川地区の特定農業団体（10ha）が高齢化のため継続できず，本郷原が事実上吸収したことで，労力が不足したためである。しかしDさんは，諸事情により１

年で退職することとなり，先のオペレーターがカバーしている。

②農事組合法人・小川の郷

農事組合法人「小川の郷」は「日の出」と同じく小川村に属し，その村名から名称したものである。法人は１集落（11区）を中心に，担い手が不足する周辺２集落（４・10区）の一部を取り込んでいる。生産調整は集落単位でおこなうなど，３集落での歴史的な活動実態があるわけではない。だが，互いに農地が入り組んでいるという点で結び付きはあり，この範域での組織化を進めたということである。

３集落には約50世帯が居住しており，その７割が農家（土地持ち非農家も含む）である。各集落の水田面積は，概ね４区16ha，10区９ha，11区14haの計39haである。集落によって法人の農地集積率は４区10％，10区20％，11区100％と異なり，３集落全体の４割強を集落営農が集積している。３集落ともにかつて圃場整備をしたが，一区画平均18ａと小さい。その他に「日の出」で触れたように，昔からつながりのある農家がいる５区や集落営農のない２区でも借地を展開している。

集落営農法人の前身は，2005年に設立した特定農業団体である。設立は，品目横断的経営安定対策の面積要件をクリアすることや，コスト削減を図るためである。特定農業団体には25戸ほどの農家が参加し，経理の一元化や機械を共同で購入し，作業は各自がおこなっていた。それを法人化要件に即し，11年に法人化している。

法人の出資金は394万円で，組合員数や集積面積等は**表4-1**のとおりである。農地は法人と地権者との間で利用権設定をおこなっていたが，現在は農地中間管理機構に付け替え10年の利用権を設定している。小作料は10ａ当たり１万円であったが，2014年の米価下落が法人経営に重くのしかかり，現在は組合員6,000円，員外4,000円に引き下げている。作付品目は，主食用米が11～12ha，飼料用米4.1ha，大豆3.5ha，タマネギ0.6haである。大豆は，水はけ等の土地条件の問題からブロック・ローテーション（BR）は難しく，ほぼ固定化している。

法人化後も組合員全員がオペレーターとなり，機械作業に従事している。畦畔の草刈りは基本的には地権者がおこない，水管理は取水口が15カ所あり，それごとに７人程度でおこなう。草刈りは，１㎡60円の賃金を支払い，集落営農法人40円・中山間直接支払い10円・多面的機能支払い10円を原資とする。他方，水管理は10ａ当たり2,000円を支払う。

法人経営は，現在のところ赤字ではない。また，タマネギの皮むき作業のため１カ月で15人の組合員をパートで雇用し，時給900円を支払っている。それにより地域でお金が循環することや，組合員の意思疎通・活性化につながるため，仮に赤字になっても継続すべきものと考えている。その一方で，20ha規模の集落営農では十分な所得をあげることが難しいため，若い後継者が育たないという問題もある。その役割を連合体に求めている。

③農事組合法人・弥富５区

農事組合法人「弥富５区」は弥富村に属し，弥富５区の１集落を基盤とした集落営農である[(15)]。前身組織は，1988年に転作対応で牧草をつくるための機械利用組合を土台に，05年に設立した特定農業団体である。特定農業団体では，世帯主だけではなく女性やあとつぎなど個人での参加を推奨した結果，集落全戸の18戸・32人が参加している。機械は共同購入したが，構成員の機械は必ずしも処分するわけではなく，作業も各自の農地は各自でおこなうものであった。この特定農業団体を法人化要件に即し，10年に法人化している。法人化に際し，組合員個人では機械を更新しないという取り決めをし，法人で機械を購入し集約化している。出資金は500万円で，全額特定農業団体の剰余金を活用している。

集落の水田は26.6haあり，全部で200筆を超え一区画平均８ａと小さい。加えて未整備のため，形状も不整形が多い。ほとんどの水田が中山間直接支

(15) 農事組合法人･弥富５区については，田代洋一『地域農業の持続システム』（農文協，2016年，pp.27-30）も参照。

払いの急傾斜に該当するなど条件不利な農地である。法人は，こうしたすべての農地を集積しており，現在は農地中間管理機構を通じて10年の利用権を設定している。水田を管理さえしてくれればよいという地権者が多く，小作料は０円である。作付品目は，米は主食用米7.3ha・酒米1.2ha・飼料用米1.5ha，野菜類ではタマネギやリンドウなどを４haつくっている。その他に畜産農家と契約した牧草3.3haと放牧2.7haがある。放牧は５～12月の期間限定であり，阿武町農業公社の牛を借りる，いわゆるレンタル放牧である。

法人化後の機械作業は，４人のオペレーター（62～73歳）が従事し，他の組合員は補助作業等につく。時給はいずれも1,000円である。畦畔等の草刈りは，基本的には地権者がおこない，水管理は範囲（エリア）と担当者を決めこなしている。従事者は，作業日報をつけて法人に提出する。草刈りや水管理の労賃は，中山間直接支払いの集落活動分を活用し，残り個人配分は法人の収入となる。法人では数百万円単位の内部留保，利益準備金，農業経営基盤強化準備金がある。５年後には高齢化でオペレーターが確保できず早急な対応が必要なこと，畦畔等農地条件が集落営農によって異なり，かつ小作料も違うため，集落営農を広域合併するのではなく，新たな連合体を立ち上げたということである。

４．株式会社・長門西

（1）長門市の概要

県北西部に位置し日本海に面する長門市は，2005年に旧長門市，大津郡三隅町・日置町・油谷町の４市町（以下「地区」）が合併した市である。長門市には水田面積が2,500haあるが，水稲作付面積は1,300haと作付率は５割強にとどまる。これは，農業労働力の高齢化や後継者不在に加え，転作の拡大，さらには14年の米価下落など様々な要因が影響している。市内には集落営農法人が24あり，地区別では長門８・三隅７・日置５・油谷４と分散している。長門市では集落営農が400haを集積し，水田面積の２割弱をカバーしている。

他方，認定農業者が530ha集積していることから，現段階では個別の担い手が農地集積の中心といえる。だが，認定農業者の多くは後継者を確保しているわけではなく，中・長期的には経営継承の問題を抱えることとなる。

こうしたなか，JA長門大津（現JA山口県）の情報企画課を中心に，地区ごとにある農業支援センター（市，JA，農林事務所で構成）とが連携して，連合体の設立に動くことになる。まず支援センターが，24すべての集落営農から現状と課題のヒアリングをおこない，その結果，組合員の高齢化，創立メンバーから世代交代がないこと，他界による組合員の減少，無人ヘリによる適期での防除希望などの声が寄せられた。さらに，長門市は漁業も盛んであり，市内にはカマボコなどの水産加工も少なくない。こうした地元の多業種と連携を図るにしても，農事組合法人では水産物を扱えず，株式会社が求められた。

以上の結果を踏まえ，特に意識の高かった油谷及び三隅地区から連合体の設立が動き出し，前者では2016年に「油谷地区集落営農法人連合体設立準備委員会」を発足し，８回の会合を経て17年に株式会社「長門西」を立ち上げている。同年に三隅地区でも，６つの集落営農法人が参加する株式会社「三隅農場」を，18年には長門地区でも３つの集落営農法人と１つのNPO法人による株式会社「アグリベンチャー俵山」を設立している。以下では，市内第１号の長門西についてみていくことにする。

（２）長門西の活動

長門西は，いずれも農事組合法人である「河原」，「浅井」，「ゆや中畑」，「日置川原」とJA長門大津が参加した連合体であり（**表4-2**），地域類型別ではゆや中畑のみ平地農業地域，その他は中間農業地域に位置する。河原以外の３法人は，組合員数及び経営面積ともにかなり小さく，河原のみが抜けて大きいという集落営農間の格差が存在する。また，日置川原のみ地区が異なる。それは集落営農が地区の境界にあり，かつ農地の一部も油谷地区に入り込んでいることから，行政区を超えて隣接する一帯を範域としたためである。出

表 4-2　長門西を構成する集落営農法人の概況

(単位：人，ha)

法人名		河原	ゆや中畑	浅井	日置川原
設立年		2002	2009	2012	2016
昭和合併村		油谷	油谷	油谷	日置
明治合併村		菱海	日置	菱海	日置
参加集落数		6	1	1	1
組合員数		39	13	9	3
経営面積		44.2	15	9.5	20.5
経営品目	主食用米	19.8	3.3	2.2	3.5
	モチ／酒米※	0.2			4.0※
	麦	14.3		3.4	3.6
	大豆	14.8	5.2	4.4	7.3
	飼料用米	3.3	3.8		
	園芸作物	0.5			0.3

資料：「長門西視察資料」より作成。
注：「経営面積」は 2018 年，「経営品目」は 17 年の数値である。

資金は合計151万円で，４法人が各20％，JA長門大津が19.5％を出資し，残る0.5％が取締役等である。JAの出資割合は，JAの比重が大きいとJAの発言権が強くなり過ぎ，逆に小さいと現場に丸投げしているとみられるなど，いずれも地域からの反発を招くことになる。それを防ぐバランスが19.5％であったということである。

当初オペレーターは，各集落営農から若手を中心に２人ずつ推薦してもらうとともに，事務局も地域全体での中心的な担い手２人を推薦し，計10人が従事している。年齢は29～69歳で，半分が20代から30代である。また地域の大規模農家や認定農業者なども参加しており，認定農業者にも連合体の恩恵が波及する仕組みにしている。オペレーターは，2017年から開始した水稲の一部防除及び大豆の作業をおこなっている。水稲関係の機械は各集落営農が所有し，それ以外の共通する機械，例えば共同育苗や播種機，管理機，ドローンなどは長門西が所有することで棲み分けしている。今後は，麦・大豆の播種機を購入する計画である。

さらに，長門西は2018年に，常勤従業員１人の雇用に踏み切っている。従業員のEさんは24歳（2018年調査）で，油谷地区にある中畑集落の出身であり，実家は米と乳牛の複合農家である。この中畑集落には，品目横断への対応として09年に立ち上げ，かつ長門西を構成する集落営農法人・ゆや中畑があり，Eさんもその組合員である。Eさんは，農業高校の出身で，高校時代からアルバイトでゆや中畑のオペレーターをしていた。その時に，今後は集落営農の合併あるいは連合のような組織が必要ではないかと思っていた。畜産関係の大学に進学したが在学中に父親が他界し，乳牛の世話をするため退学して帰村したのち県農大に入り，２年生の時に連合体設立の話がもちあがった。Eさんとしては，アルバイト時に感じていた集落営農の連合体が実現するということで関心をもったが，この時点では連合体の具体像が不明なこと，連合体も設立直後では常勤雇用できないことから，県農大卒業後，１年間県の臨時職員として働き，その後連合体の常勤従業員となっている。給与は，市の基本構想と同じ350万円を目標としている。また，事務員をハローワークで募集しているが，確保が進んでいない。そのため事務も含め，すべてをEさんが担当している。

長門西の機能・役割の第１は，大豆機械の利用調整である。JAがコンバイン，乗用管理機，色彩選別機を所有しており，連合体がスケジュール調整し，各集落営農がJAから機械をリースし作業をおこなう。なお，集落営農法人・河原のみ大豆コンバインを所有しており，作業時期の重複等大豆コンバインが不足する時は，河原がリースすることもある。

第２は，集落営農からの作業受託である。調査時点では，長門西はのちにみる集落営農法人・浅井から委託された田植えと麦の収穫作業を受託しており，Eさんが従事している。また，ゆや中畑も水田面積が13haと小さく労働力も少ないため，Eさんを中心に機械作業をおこなっている。これは，集落営農の組合員・オペレーターとしての作業従事であるが，今後は集落営農から長門西への作業委託という形に整理していく。なお，先述したように，連合体は多くの機械を所有しているわけではない。そのため集落営農から作業を受託した場合，集落営農が所有する機械を利用し，その分を差し引いた金額を作業料金として徴収する。調査時では作業料金の設定中であったが，基本的な考えとしては作業料金を少し高めに設定することで，集落営農が長門西に作業を丸投げすることを防ぐ予定である。その他，水稲・麦・大豆の防除はすべて長門西が受託し，Eさんがドローンでおこなう。

第３は，管理作業のうち水管理は，長門西の常勤従業員が１人であり労力的に困難なため引き受けないが，草刈り作業は今後受託することにしている。ただし裏を返せば，構成集落営農の労力不足により，長門西が受託せざるを得ない状況ということであろう。

第４は，共同育苗（3,500箱）である。共同育苗は，JAが育苗センターで受託（年間5.2万箱）していたが，飽和状態にある。そのため，集落営農が共通で取り組む特別栽培米については，長門西で共同育苗をはじめ，栽培方法や資材の統一化もおこなう。

第５は，ドローンの操縦技術の習得とそれを活かしたドローン教習所の設立・運営である。長門西のオペレーターとEさんが，ドローンでの航空防除技術を習得するとともに，OJT研修を通じて各オペレーターの技術格差の解消に取り組んでいる。ICTシステムを活用したドローンによる農薬散布をおこなっており，１年目の2017年実績は39haに過ぎなかったが，18年には289haまで拡大している（作業料金は10ａ当たり1,940円）。またオペレーターの２人が指導者免許を取得したこともあり，山口市内の民間企業と連携して，JA育苗センターの敷地を活用したドローン教習をおこなっている。教習は６～７月などの農閑期を利用し，基本コースでは５日間の講習をおこなう。講習の開始以降，県内17・県外17の計34人（20代～60代）が受講している。長門西は，農閑期対策になるとともに，新たな収入源につながるというメリットがある。他方，地域全体としても長門市内に人を呼び込めることや，そのなかから移住者や就農者の獲得につなげる機会にもなっている。

第６は，長門西で共同でおこなう作業の生産資材等は，長門西で一括発注・購入している。その他の多くは各集落営農で購入しているが，今後は長門西への集約化を進め，コストの低減につなげていく。ただし，それらの保管場所の確保が新たな問題として発生する。

第７は，長門西は農地を所有しておらず，利用権も設定していない。あくまでも中心は各集落営農法人であり，基本的には集落営農が個別に頑張りつつ，それが困難になると最終手段として長門西も利用権設定に踏み出すという方針である。

以上の機能・役割を整理すると，第１・２・３・７は構成集落営農のフォロー，第４・５・６は連合体としての収益確保である。ただし，連合体も借地まで踏み込むとすれば，経営上何らかの対応を考えざるを得ず，それが後述する今後の展開の１つである地域ごとの品種の団地化と作業時期の分散に結び付く。

長門西の収支計画をみると，事業ではドローン防除の収入が最も多い600万円，次が育苗の340万円であり，この２つが事業収益の中核である。その他にドローン教習では80万円ほどの収入を見込んでいる。補助金等では，連合体サポートに対するJAの補助金500万円や，農の雇用事業120万円などが中心である。

長門西の今後の展開は，第１に加工事業に取り組むことである。長門西と三隅農場の中間地点にJAの加工施設があり，それを活用して菓子類や惣菜などを製造・加工するとともに，流通段階では市役所の支援を受けている民間企業とも連携する計画を進めている。

第２は，各構成集落営農で米の作業適期が異なるため，地域ごとに品種の団地化と作業時期の分散を図り，効率的な作業をおこないたいと考えている。だが，農家によっては従来つくってきた品種へのこだわりもあるため，なかなかまとまらないのも事実である。そこで米の契約栽培を増やし，それを通じて少しずつ団地化へ誘導していくことにしている。

第３は，いずれの集落も中山間直接支払いの交付を受けており，４期対策で導入された集落連携・広域化支援はタイミングが合わず受けていない。５期対策では中山間直接支払いの事務局を長門西が担当し，手数料を徴収する形に変えていく予定である。

（3）構成集落営農の実態－農事組合法人・浅井

農事組合法人「浅井」は，浅井集落を基盤に設立した集落営農である。浅井集落は中山間地域に該当し，農家数は28戸（土地持ち非農家や３戸の不在地主を含む）である。かつては25haの水田があったが，圃場整備できない水田等は植林したり耕作放棄となったため，現在は10.5haまで減少している。

集落では1991年に圃場整備が終了し，一区画平均30ａとなった。農家の多くが圃場整備後に，個別で機械を大型化する意向を有していた。だが集落のリーダーが，採算面で個別に機械を購入するのではなく，機械利用組合を設立して負担を軽減しようと声をかけ，1991年に「浅井機械利用組合」を設立している。利用組合に参加したのは12～13戸で，機械がまだ使える，自分で作業をしたいなどの約10戸は不参加であった。利用組合で機械を一式購入し，作業の協業化をしている。すなわち，必ずしも自分の水田の作業をするのではなく，作業時期や効率性，労力などを踏まえて作業する水田を決めている。この利用組合を土台として，品目横断的経営安定対策への対応，さらには機械作業に従事できない農家の増加により，2006年に９戸で「浅井受託組合」を設立している。その後，法人化要件や地域内では集落営農法人が多いこと，それらが加入する連絡協議会があり，そこで情報共有ができることから，2012年に法人化している。

出資金は405万円で，受託組合と同じ９人の組合員が出資している。農地中間管理機構を利用し，集落の水田面積10.5haのうち9.5haで10年の利用権を設定している。残る１haは１人の個人が自作している。かつて小作料は10ａ当たり30kgの現物支払いが標準であった。しかし米価が下落した2014年に，地権者に対し小作料引き下げのお願いをし，地権者からは「管理さえしてくれれば小作料は不要」，逆に「60kg必要」との声もあったが，最終的には半額の10ａ当たり15kgで決着している。

オペレーター３人が機械作業に従事するが，専従者は法人代表（78歳）のみで，残り２人（いずれも65歳）は兼業農家のため作業は土・日に限られる。そこで，2018年には一部作業を長門西に委託している。草刈り・水管理は不在地主を除き，基本的には地権者に再委託していた。ところが地権者も高齢化し，作業に従事することが難しくなったため，18年から草刈りはシルバー人材センターに委託（面積ベースで委託率80％）している。他方，水管理は代表が1人でこなしている。

作付品目は，主食用米2.2ha，飼料用米2.6ha，裏作小麦3.3ha，大豆4.4haである。大豆は受託組合時からはじめ，土地条件に応じて固定とBRの組み合わせでつくっている。また，飼料用米の前は大豆であったが，水はけが悪い水田や8万円の交付金を契機に，飼料用米に転換している。出荷先はすべてJAであり，経営も従事分量配当のため問題はない。農業経営基盤強化準備金も積み立てており，常勤1人の雇用は可能である。

法人化後も労力不足を解決できないことから，代表は地域内で最初に法人化し，かつ大規模で，同じ明治合併村内で活動する集落営農（＝河原）と合併することを模索していた。相手からは対等合併で構わないとの言質までとったが，同時に行政・JAから地域内の集落営農を糾合した連合体設立の話がもちあがった（2016年）。そのため河原，浅井ともに合併ではなく，連合体に意識が移り，最終的には両法人ともに連合体に参加することとなった。

5．まとめ

（1）合併ではなく連合体

過疎問題が早くから顕在化し，かつ中山間地域の多い山口県は，集落営農による協業を通じて地域農業の「延命」を図ってきた。その一方で近年は，集落営農にたずさわる人たちの減少や高齢化，世代交代が進まないこと，他界等による組合員数の減少など今後の労力確保の困難性に起因する集落営農の継承問題が深化し，集落営農自体の存立危機への懸念が増している。そうしたなか，必ずしも集落営農構成員に固執しない後継者の確保に乗り出し，県も農業大学校との連携を通じてサポートしていた。後継者の確保に際しては，常勤の雇用契約を結び，一定の生活水準が可能な給与体系や各種社会保険の整備が求められるが，条件不利地域をベースとする個々の集落営農では面積規模の小ささや収益性確保など雇用を支える経営・財政基盤の確立が大きな問題であった。

こうした問題を解消すべく取り組む場合，一般的には複数の集落営農による広域合併が想起され，第２章でみたように４・５期の基本計画でも期待し言及していた。しかし，本章で取り上げた２事例が選択したのは，集落営農法人の連合体であった。現場の声にもとづき，合併を選択しなかった理由を整理すると，大きくは政策誘導と条件不利性及び実態対応による。すなわち第１は，国による集落営農支援の事業メニューや予算規模が縮小するなか，県が連合体を推奨し，連合体に対する事業支援を講じているためである。第２は，各集落営農によって農地の条件不利性－例えば萩アグリでは畦畔率の格差が大きいことから，投下する労力及びそれにともなう賃金水準の相違，さらには小作料も一定水準から使用貸借までバラバラである。そのため，仮に１つの集落営農に合併・再編しても，これら異なる水準を均一化，統一化することは難しく，無理な一本化は各集落営農やそれを構成する農家からの不満・反発を引き起こす懸念がある。逆に第３は，合併した集落営農に対しては経営を圧迫し，かえって存立を脅かす懸念などが想起されるためである。

第４は，集落営農の合併の形が対等・吸収を問わず，合併されたと感じた集落営農あるいはその構成農家が，新たな合併集落営農に管理作業を丸投げすることが懸念され，むしろ地域農業から農家を遠ざけてしまう危険性があることである。いわゆる「集落営農のジレンマ」である[16]。その結果第５は，新たな集落営農も負担が過重となり，存立が維持できなくなる可能性を否定できないためである。ただし，第４・５は条件不利地域を問わず，集落営農一般に該当する問題である。

いずれにせよ以上の理由から，集落営農間で合併し１つの広域合併法人になるよりも，従来どおり個々の集落営農が責任をもちつつ，個別では負えきれない部門や活動に対し連合体が責任をもつという相互補完の関係，責任の連帯を選択したということである。

---

(16)伊庭治彦「近畿地域の農業構造変動」安藤光義編著『農業構造変動の地域分析』農文協，2012年，pp.226-229。

(2) 連合体のポイント

①雇用

県の連合体要件では，設立後数年内に専任従事者を１人雇用することを必須としており，常勤雇用を図るためには所得（収益）の確保が不可欠である。それが「所得と雇用の拡大」という連合体目標である（先の**図4-1**）。そして，連合体は常勤従業員を通じて，構成する集落営農の「何か」をサポートする。つまり連合体のポイントは，a）雇用，b）所得，c）「何」の３点に整理することができる。

a）は，どこでどのような人を探し，常勤雇用につなげることができるのか，さらには定着させることができるのか，ということである。本章で取り上げた２つの連合体では，２人の常勤従業員（B・Eさん）を雇用していた。さらにいえば，構成する２つの集落営農でも３人を常勤雇用していた（A・C・Dさん，離職者を含む）。連合体に限らず５人の従業員の特徴を整理すると，①Bさんを除く４人はいずれも県農大の卒業生であること，かつ②20代と若いこと（Bさんも30代），③１人であるが女性もいること，④連合体を構成する集落以外の出身者が多いこと，⑤Eさん以外は非農家の出身であること，である。①から法人への就職に結び付いた結果が②であり，③～⑤の特徴も結局は①の農業を志し学んだ県農大生の多様性に帰結しよう。こうした県農大による若手の人材輩出は，近年の県と県農大との連携の成果の１つであり，山口では県農大が人材供給の一翼を担う形がつくられつつある。

その一方で，離職（転出も含む）に至った従業員がいるのも事実である。離職（転出）の事情はセンシティブな問題もあり明記は控えるが，根底にあるのは現実とのギャップである[17]。そのギャップも，就農自体のギャップと法人で就業することのギャップとがあろう。前者であれば，根本的な農業という職業との相性の問題であるが，後者は働き場所あるいは働き方といっ

(17)その他にも一般的には女性の場合，更衣室や休憩室，トイレといった設備面での遅れも大きく影響している。

た副次的な問題である。先に県農大による法人就業コースの設置に触れたが，同コースは社会人対象であり，いわゆる一般の学生が所属するコースではない。あくまもで一般学生は，従前どおり２学科（園芸・畜産）のなかの５コース（野菜や肉用牛等）を選択し，将来は個別農家・自立経営が基本である。もちろんその場合も，希望学生には短・長期での法人研修を支援し，あるいは雇用を希望する集落営農法人の代表等が県農大で説明会を開くなど，県農大を媒介に両者が結び付いている。そうした点で，先述したように県農大が人材供給の一翼を担っている。

だが，法人での就業希望が増加傾向にある昨今，一般学生も法人就業コースとの連携等本格的な教育体制の整備が求められよう。同時に，法人側もほとんどがはじめて常勤従業員の雇用を経験するなか，人を雇用することに対する懸念や困惑，さらには田代洋一が指摘する高齢の集落営農役員・構成員と20歳前後の若者との人間関係[18]，すなわち世代間ギャップの問題など課題は少なくない。そしてこれらが，先の法人で就業することのギャップの原因といえる。それを回避するためにも，法人側に対する研修やレクチャー，相談等ソフト面での支援も必要であろう。なお，a）の雇用の問題では，連合体と構成集落営農とがともに常勤従業員を雇用したことによる両者の関係性が問われることになる。これについてはc）で後述する。

②所得（収益）

ポイントの２つ目のb）は，常勤従業員を雇用するための経営基盤となる所得（収益）確保は可能か，ということである。さらに踏み込めば，常勤従業員を雇用することが個別の集落営農では難しいのに対し，連合体であればそれが可能となる根拠は何か。金銭面では，各集落営農は連合体に出資金を拠出するだけである。その額も萩アグリを構成する集落営農は各130万円，同じく長門西は各30万円にとどまる。また出資金である以上，人件費等のラ

(18) 田代洋一「集落営農法人と連合体の展開－山口県」『土地と農業』No.49，2019年，p.144。

ンニング・コストをフォローする性格のものでもない。したがって，常勤従業員にかかる給与等は，連合体自体が収益を生み出す必要があり，株式会社である連合体であれば，ヒト・モノ・カネ・土地・技術などを集積し，自由な経済活動を展開することで，その経営・財政基盤を見い出せるのではないかということである。県は，その方向性として連合体に，「規模拡大・コスト削減」と「複合化・多角化・多業化」の２つを提示している。

前者は，規模拡大によってスケール・メリットを発揮し，コストの削減と所得の増加を図るものである。ただし，それが最大限発揮できるのは平野部に限られ，条件不利地域では農地の団地化がむしろ現実的であろう。いま１つの複合化・多角化・多業化は，各連合体の基盤地域に適した農産物，労力に応じた農産物加工，地域産業との関係・連携など地域性や特質性，優位性により多様な展開が考えられる。

しかし問題の１つは，この所得（収益）を見込める２つの方向性に，常勤従業員がどの程度労力を専従化，集中化できるかである。萩アグリでは，所得確保及び常勤従業員の年間就労の確立として，施設トマト及びその加工を計画し一部は進んでいた。この施設トマトの作業期間は，１年のうち約９カ月に及ぶ。仮に，構成集落営農の水田作業を常勤従業員がフォローするとすれば，労力的かつ時間的にトマト作業の足かせになる可能性がある。したがって水田農業の農繁期に，施設トマトにかかる労力配置をパート等を通じた調整で両者の棲み分けができるかがポイントとなる。その一方で，最終的には常勤従業員１人で100haを超える水田作業をフォローするのは現実的ではない。中・長期的には，新たに常勤従業員を増員することも考えられるが，その前提条件として収益の拡大による確固たる経営基盤が求められる。だが，収益源のトマトも着手したばかりであり，現時点では未知数といえよう。

一方，長門西では，所得確保の手段をドローンの導入・習得とそれを活かした共同防除及び教習所の運営としている。ドローン関連は，水田農業の農閑期対策として導入したこともあり，時期的にバッティングすることは回避できよう。だが萩アグリとは異なり，長門西はすでに２つの集落営農から作業を受託しており，今後さらなる受託の作業数・受託面積の拡大も否定できない。それ故，長門西も作業料金水準の設定を通じて集落営農による長門西への作業の丸投げに予防線を張りつつ，管理作業を受託する際も草刈り作業にとどめること，さらにはあくまでも最終手段としての利用権設定であることに言及していた。要するに現有の常勤１人で，構成する集落営農の全面積をカバーすることは現実的ではないということである。それへの対応の１つとして，構成集落ごとに品種の団地化をおこない作業時期の分散を模索しており，限られた常勤従業員で効率的に作業従事できる体制づくりをいまから進めていくということであろう。

いま１つの大きな問題は，この２つの方向性が常勤雇用の財政基盤となりうるかである。条件不利地域に位置する萩アグリ・長門西は現時点では，連合体による本格的な規模拡大・農地集約（団地化）のステージには至っておらず，むしろ萩アグリは農地の受け手としての「保険」，長門西も連合体丸投げの予防線を張るなど，それにより所得を確保しようとするのではなく，連合体範域における地域農業の維持を目的としている。そのため複合化・多角化・多業化が所得確保の源泉となる。両連合体ともそれに着手したばかりであり，トマト関連・ドローン関連の事業がどの程度の収益をあげ，従業員雇用の財政基盤となるのかは今後トレースし考察していく。

ところで萩アグリでは，構成集落営農である日の出が，単独で常勤従業員を雇用していた。それが可能であったのは，集落内の農地を日の出に集約して利用権を設定し，飼料用米を中心に交付金も集約化したことにある。飼料用米を主食用米とは異なるという点で複合化とすれば，日の出の実践は県の２つの方向性のミックス型ということになる。交付金額や政策自体の継続性等農政に大きく左右されるという問題はあるが，これも１つの方向性であろう。しかし，連合体にとっては，構成集落営農の農地を引き受けて利用権設定に至らなければ，交付金を受給することができないため，集落営農が自己完結できている間は，連合体の収入源にはならない。逆に，集落営農が限界に直面し連合体が利用権を設定したとしても，常勤従業員でカバーできる範囲・面積に限られ，作業可能面積と経営に必要な面積（交付金）とのバランスが問われる。

③「何」をサポートするのか

最後のc）は，所得確保による常勤従業員の雇用によって，連合体は構成集落営農に対して「何」をサポートするのか，あるいはできるのかという両者の関係性の問題である。そもそも連合体に期待したものは，集落営農の高齢化や労力不足，後継者不在のもと，連合体従業員による集落営農の水田作業のフォローであった。先の県のポンチ絵では，「守り」の構成集落営農の想定する役割は，農道・水路の維持，草刈りといった管理作業にとどまるものであり，その他の基幹作業は「攻め」の連合体が担う構図であった。

しかし現実的には，①構成集落営農からの一部作業受託からはじまり，②労力不足がさらに進めば，連合体による一部農地の利用権設定・経営権の移動，③労力の困窮化にともない，構成集落営農ごとでの大部分もしくは全部農地の利用権設定と構成集落への管理作業の再委託，④最終的に労力枯渇に至れば，連合体による完全経営・作業完結，といった①～④の段階を経て進んでいく。

①は，長門西では小規模，かつ作業従事者数の不足と高齢化に直面する構成集落営農－ゆや中畑と浅井がその段階にあった。他方，萩アグリを構成する集落営農法人は，現時点ではいずれも自己完結で作業をこなしているが，弥富５区はオペレーターの高齢化により自己完結が困難なため，５年後には萩アグリによる最低でも①に期待していた。

②の対応をおこなう連合体は本章ではなかったが，萩アグリでは構成集落営農が隣接集落の借地を展開するケースはみられた。連合体への農地集積を最終手段とすれば，そうならないよう展開する集落営農の後方支援が不可欠である。例えば，先述した集落営農間（日の出，小川の郷等）での農地・借地の入り組みに対し，連合体が農地調整機能を発揮することで，構成集落営農の農地集約・団地化を後押しして，集落営農の効率化と負担の軽減をサポ

ートすることが考えられる。

③はポンチ絵で想定したものであり，その先には想定を超える④が存在し，④に至れば連合体と集落営農（集落）との関係は途切れることになる。連合体は，それでも集落の「想い」を継承して「守り」・「攻め」の両方を担うのか，「攻め」に特化した経営体に収斂するかの岐路に立つ。前者であれば，地域内の全農地をフォローするためには，加えて先の収益事業への常時従事を加味すると，さらなる常勤雇用の増員と収益性の確保が求められ，後者では連合体が収益性を基準に守るべき農地の選別をおこなうことになろう。これは，常勤雇用した集落営農法人の行く末について，田代が「(常勤従業員に―筆者注)『継がせる』のは集落営農なのか（圃場と地域資源の管理），経営体なのか[(19)]」という命題と重なる。集落営農でいえば，萩アグリの日の出も独自に常勤従業員を雇用しており，同じくこの命題に直面する。日の出の場合，将来常勤従業員が経営者になることも視野に入れており，仮に経営者に就いても地域の農地を守るのか，経営体に特化するのかは彼らの判断次第である。その一方で日の出では，設立時に用水が困難な不利地は対象外としており，将来を見据えた判断を集落自らが先行しておこなうことで，新たな将来の経営者の経営的・心理的負担を除いている。

また，県のポンチ絵はあくまでもベーシックなイメージであり，「何」の具体的中身も各連合体や構成集落営農の現状，直面する課題によっても多様であろう。例えば，連合体が上述の労力面・作業面ではなく，経営面から構成集落営農を支援するケースである。経営面の支援では，コストを共同化することで構成集落営農のコスト削減を図る間接的支援と，連合体が稼いだ所得を構成集落営農に還流させる直接的支援とがあげられる。

前者の取り組みは，連合体では株式会社「アグリ南すおう」が該当する[(20)]。そこでは，構成集落営農がそれぞれ後継者となりうる常勤従業員を雇用できる経営基盤を確立するために，連合体が一括で資材を共同購入し，あるいは

---

(19)前掲「集落営農法人と連合体の展開－山口県」pp.144-145。
(20)前掲「集落営農法人と連合体の展開－山口県」pp.139-140。

機械装備を一手に引き受け（集落営農は機械更新せず），さらには連合体の常勤従業員が構成集落営農の作業を受託するなど，集落営農の経費抑制に重点をおいている。

他方，直接的支援では，b）を通じた所得のうち，連合体が雇用する常勤従業員の給与を除く所得（の一部）を，構成集落営農の収入に直接注入して支援するものである。そこでは，注入の根拠とその金額が問われる。構成集落営農は，連合体の出資者・株主であることから，根拠と金額は出資配当と定められた配当金に規定される。

しかし，直接的間接的支援の両方に共通する問題は，では連合体の常勤従業員は何のために勤労するのか，換言すれば，連合体それ自体の将来的発展の姿がみえないということである。そのような状況下で，連合体は常勤従業員の確保と，中・長期的な継続雇用（定着）を期待できるのかという問題である。また，アグリ南すおうのような連合体従業員による構成集落営農の作業受託も，各集落営農が後継者たる常勤従業員を雇用した場合，集落営農の農作業をめぐり両従業員は競合関係に陥ることになる。もちろん，各集落営農が常勤従業員を雇用する理想的な形に至る可能性がどの程度あるのか，そこに至るまでは構成集落営農の雇用状況に応じて，連合体従業員による作業受託を展開するであろう。だが，あくまでも構成集落営農に規定された展開であり，連合体従業員の自律性や独自性を発揮できないという本質的な問題は残る。

連合体は，現段階では労力面・作業面，あるいは経営面から構成集落営農を支援する現状対応にあるが，その対極には④を念頭に将来の連合体が担うもの（「攻め」か「守り」か，あるいは両方か），各集落営農が従業員を雇用した場合の連合体のあり様などを突き詰めた結果も予想される。結局のところ，現状対応の極からその対極に向かう現実のなかで，最も適した連合体の将来像を模索しつづけるであろう。

第5章

小規模集落営農の担い手連携－高知

1．はじめに

第２章で触れたように「農林水産業・地域の活力創造プラン」では，メインの１つに農地中間管理事業を据え，担い手への農地集積を促し，農業構造の改革と生産コストの削減を進めていくことを打ち出した。具体的には，事業開始後10年間で，全国の担い手に全農地の８割を集積させ，米の生産コストを全国平均比で４割削減するという大きな目標を掲げている。

2015年農業センサスをみると，農業経営体による経営面積は345万haである。農業地域類型別では，都市的地域が47万ha，平地農業地域168万ha，中間農業地域95万ha，山間農業地域34万haである。したがって，後２者を合算した中山間地域は全農地の37.4％を占め，担い手に８割集積する農地には必然的に中山間地域も含まれることになる。つまり，政府が進める農業構造の改革では，農業生産条件の厳しい中山間地域をいかに取り込むことができるかがポイントになってくる。

その中山間地域でも借地面積は増えているが，経営面積もこの５年間で6.1％減少している。これは全国平均（5.0％減）を上回っており，都市的地域につづく減少幅である。農地の減少は，地域農業の後退や地域社会の停滞，多面的機能の低下などの問題に結び付くため，その防止が喫緊の課題となっている。

また中山間地域では，担い手に農地を集積したとしても，圃場や農道の狭さ，水はけの悪さなどの不利性のため，生産コストの低減，特に政府が掲げた４割カットは現実的には厳しい。とはいえ，集落営農を通じた個別農家の限界の打破，集落営農の連携による組織間でのコスト分散・カバー，コストの低減が難しければ，逆に収入アップの追求などの工夫が中山間地域では求められよう。

本章は，上記の課題を念頭におきつつ，全国で林野率が最も高く農業生産条件の厳しい高知県の四万十町を対象に，中山間地域での小規模集落による地域農業継承の可能性を探る。

2．株式会社・サンビレッジ四万十

（1）地域概要

高知県の南西部に位置し四万十川の中流域にある高岡郡四万十町は，2006年に窪川町・大正町・十和村の３町村が合併した町であり，農業地域類型では山間農業地域に該当する。四万十町の人口は17,409人（2018年），農業集落数は132，農家数は1,471戸，組織経営体22組織，農地面積は1,904haで，そのうち水田が88.0％を占める水田地帯である（2015年農業センサス）。品目では米を中心に，肉用牛や養豚といった畜産，さらにはミョウガやショウガ，ニラといった野菜類が盛んな地域である。

本章で取り上げる株式会社「サンビレッジ四万十」は，旧窪川町の旧仁井田村（明治合併村）のなかにある影野村（藩政村）に属し，同地域は中間農業地域に該当する。旧仁井田村には11の藩政村（大字）があるが，その多くは農業センサスにおける農業集落と一致している。したがって，概ね１集落＝１藩政村の関係にある。また旧仁井田村の小学校は，影野小学校と仁井田小学校の２つに分かれ，この小学校区は後述する集落活動センターや一般社団法人「四万十農産」で関係してくる。

対象とする影野地区（以下，藩政村の区域を「地区」とする）は，１藩政村＝１集落の関係ではなく，影野地区がさらに影野上と下に分かれ，それぞれが農業集落にあたる。例えば，自治会は各集落で分かれており，生産調整も別々におこなってきた。また，氏神の祭礼及びそれに係る会計（財布）は１つであるが，祭礼の当番は影野上・下ごとに隔年でおこない，神社の掃除も別々におこなう。以上を整理すると，影野上及び下が集落であり「むら」である。そして，この影野下集落を土台にサンビレッジ四万十は設立され，活動を展開している。

（2）集落営農の設立

影野下集落の現在の農家数は17戸，農地はすべて水田で15haある。本集落では，親世代時に機械利用組合をつくり共同化に取り組んでいた。しかし，ほとんどが兼業農家であるため，機械の利用が土日に集中し回らなくなり，設立から４～５年で組織を解散する事態が繰り返されてきた。その結果，個別経営のまま，高齢化と後継者不在問題に直面することとなった。加えて，影野下集落を含む旧仁井田村の水田は，基盤整備がおこなわれておらず，そのため圃場が小さく不整形であること，農道も狭く軽トラックが入れず，エンジン付きリアカーで圃場に行くような状況であった。

このような人・土地の問題を抱えるなか，後者に関しては旧仁井田村での合意のもと，1997年に県営担い手育成基盤整備事業を活用し，水田100haで基盤整備を実施した（基盤整備率96％）。事業要件として40ａ以上の区画が一定割合必要であったため，影野下集落では水田面積の50～60％が40ａ区画であるが，残りの山際の水田ではそれ以下の区画（10ａ区画など）もある。ただし，無理をして40ａ区画としたため，畦畔の傾斜がきつい水田も少なくない。また換地に際し，可能な限り換地前の場所に水田の名義を残すことを事前に決めていたことも，集落で基盤整備の実施に合意を得ることができた要因である。

他方,「ひと」の問題については,影野下集落の50代で兼業農家の５人が「影野の農業を考える会」を立ち上げ，集落に対しては自分たちが中心となって集落の農地を守っていくことを条件に，基盤整備に参加してもらうとともに，基盤整備を前提として，その体制づくり・組織づくりを進めることとなった。この時点ですでに，集落の水田の過半を５人でカバーしていたため，集落からも反対の意見はなかった。その際，これまでの機械利用組合の運営方法，すなわち共同所有する機械を構成員個々人が利用し作業する体制ではなく，オペレーターが機械作業をおこなう協業体制の構築を目指すこととなった。

そこで，５人を中心として，2001年に任意組合「ビレッジ影野営農組合」を設立している。営農組合には，当時の集落農家29戸のうち26戸が参加している。このなかには，昔から集落外に居住するが，集落内に水田を所有する不在地主も数戸含まれる。構成員はいずれも兼業農家であり，26戸中18戸が0.5ha未満と小規模な農家である。出資金は10ａ当たり１万円の計122万円であり，営農組合がカバーする水田面積は15ha中12.2haと，集積率81.3％に達する。残り３haは２戸が個人で営農している。ほとんどの構成員は農業機械を一式所有しているが，小型の機械が多いため各自で処分することとし，営農組合が大型機械を購入・所有することとした。また，先の５人が中心的なオペレーターを務めつつ，他の構成員もオペレーターや補助作業に従事するなどの協業体制をとっている。

しかし数年が経過し，構成員の高齢化が進むにつれ，オペレーター及び補助作業への参加者の減少が顕著となった。その結果，営農組合に完全に任せて作業から離れる構成員が増え，代表理事に過重な負担が集中する事態となった。このままでは代表理事も支えきれず，営農組合も崩壊する危険性が高まったため，営農組合の後継者・作業従事者の確保問題に直面することとなった。

営農組合では，集落内で後継者がみつからないのであれば，従業員を雇用することも視野に入れ，それを前提に営農組合の法人化を検討した。また，雇用のためには収益性の確保が不可欠であり，稲作から高収益作物を中心とした作物体系の転換，水田の畑作利用も同時に進めることとした。

（3）「こうち型集落営農」

営農組合が法人化の検討をはじめたこの時期，高知県では「こうち型集落営農」の事業化を進めていた。「こうち型集落営農」とは，園芸作物の導入・拡大による収入の確保と経営の安定化を図るものであり，水稲依存からの脱

表5-1　こうち型集落営農の推移

（単位：組織，％）

	実績							目標
	2011	12	13	14	15	16	17年	19年
集落営農数	164	179	190	199	204	209	213	
面積カバー率	9	9	10	12	13	14	16	21
こうち型集落営農	17	17	22	24	32	47	57	80
集落営農法人	2	3	5	9	16	19	28	40
総収入２千万円以上	－	－	－	－	2	4	6	10

資料：「高知県資料」より作成。

却である。

表5-1は，こうち型集落営農に関する数値をあらわしたものである。2011年の集落営農は164組織で，これらが県内の農地面積の９％をカバーしている。このうち，こうち型集落営農が17組織と全体の１割が該当し，法人化したものが２法人である。これが15年には，集落営農は204組織へ1.2倍に増え，カバー率も13％へ高まり，こうち型集落営農は約２倍の32組織へ，集落営農法人も８倍の16法人へ大きく増えている。また15年には，こうち型集落営農の発展型として，総収入2,000万円以上の目標を掲げており，16法人中２法人が該当する。この総収入には，水稲を含む農産物の販売収入や農業関連の交付金を含むが，農業関連部門以外の収入は含まない。

高知県の第３期産業振興計画（2016～19年度）でも集落営農を推進するとし，表中の右端にあるように目標数値を掲げ，こうち型集落営農の育成，ならびに法人化へのステップアップを強化するとしている。そのため集落営農塾によるこうち型集落営農及び法人化を目指す集落代表者等の研修，園芸品目等の導入に関するレクチャー（実証圃場の設置），集落営農法人の経営安定に向けた経営アドバイザーの派遣や，運営に必要な情報提供（会計，税務，労務管理等）など，県単の集落営農支援事業を通じてサポートしている。また，集落営農とは異なる経営体（市町村農業公社，第三セクター，JA出資型法人）で，中山間地域の核となる法人は「中山間地域農業複合経営拠点」とし，農業機械・施設などのハード事業や経営強化支援・雇用確保支援のソフト事業などが受けられる。

このように県では，集落営農や園芸品目を中心とするこうち型集落営農，さらにはその法人化，総収入2,000万円以上を推進しているが，県全体を俯瞰した場合，集落営農及びこうち型集落営農の３分の２が県西部にあり偏りがみられる。それは，県東部は施設園芸が盛んであるため，水稲のように集落でまとまって組織化する動きが展開せず集落営農が少ないこと，他方県西部は水稲を中心とした地域でありまとまりやすいこと，基盤整備も比較的おこなわれていること，中山間直接支払いと連動して集落営農を設立していることが背景にある。

県西部のなかでも四万十町には最も多い80の集落営農が集中しており，なかでも旧窪川町に集中している。その理由は，１つには集落営農担当の普及員が窪川町管内に赴任したことである。いま１つは先述したように中山間直接支払いを画期に，集落活動分を活用して機械の共同利用を進めたことであり，四万十町では2000～03年の間に50の集落営農を立ち上げている。その後，当該普及員が幡多地域（四万十市，黒潮町，宿毛市，土佐清水市，大月町，三原村）を担当しており，幡多地域でも集落営農が増加している。

また，集落営農法人も９割弱が県西部に集中し，総収入2,000万円以上はすべて県西部にある。後者の多くは四万十町に集中しており，そのなかの２法人が本章で取り上げるサンビレッジ四万十及び四万十農産である。

（4）法人化と活動

①農事組合法人から株式会社へ

県がこうち型集落営農を推進するなか，2010年に営農組合を法人化し，名称も農事組合法人「ビレッジ影野」に変更している。構成員は25戸で，この時の集落農家17戸を差し引いた８戸は，不在地主（先述した当初から集落外居住もしくは離農）である。出資金は営農組合から引き継いだ122万円に，役員（理事３・監事１人）等の増資を合わせた299万円である。

ところが，2014年には農事組合法人から株式会社へ移行している。その背景には，農事組合法人ではじめたエコテンライト農法が関係している。これはLEDを使用した防蛾灯であり，それにより殺虫剤を用いずに虫除けを可能とするものである。エコテンライトの利用だけではなく，その販売代理店もおこなうなど，農協法上で認められる事業の範囲を超える展開や事業の多角化を進めるために，株式会社「サンビレッジ四万十」へ移行している（以下，農事組合法人の時代も含め「サンビレッジ」と略称）。

②従業員

農事組合法人同様に，集落農家25戸が出資者＝株主であり，資産の再評価の結果，出資金は853万円に「増資」しており，役員もそのまま継続している。従業員は，農事組合法人であった2011年に１人，12年に２人を常勤で雇用し，年齢は30代２人・40代１人と若い。このうち30代の２人は集落出身者であり，もともと従業員として目星をつけていた人たちである。雇用に際しては，「ふるさと雇用再生特別基金事業」や「農の雇用事業」などを活用している。その後，16年に常勤雇用を１人増やしたが，他方１人（40代）が独立するということで退職することとなった。その補充として，17年に２人を雇用した結果，現在５人の従業員を抱えている。

５人は男性４人・女性１人であり，女性は主に事務を担当するが農作業にも従事する。年齢は19～40歳と若く，集落内２人・旧窪川町内３人といずれも地元の出身者である。前職は，教師や福祉相談員，飲食店店長，自動車の組立工，デザイナーと多種多様であり，全員農業経験はなく，サンビレッジで習得している。従業員は，すべてハローワークを通じて募集するが，当初は必ずしも応募があったわけではない。そのため実際は，役員や従業員の知人を通じた採用である。だが最近では，サンビレッジも有名になったため，募集をすると少なくない応募があるなど，農業あるいは農業法人に対する視線も変化してきている。

③水田の畑作利用と農外事業

営農組合時と同じく集落の水田15haのうち12haをカバーし，2018年から

表5-2　サンビレッジ四万十における栽培品目の推移

（単位：ha）

	2009	2014	2017年
水稲	5.5	5.7	5.6
大豆	4.5	–	–
サトイモ	0.5	0.4	0.5
ブルーベリー	0.3	0.3	0.3
ショウガ	–	1.5	1.4
雨除けピーマン	–	0.3	0.2
飼料用イネ	–	2.6	1.2
その他	–	0.3	0.7
モチ米	–	–	0.2
日陰栽培	–	–	0.8
太陽光発電	–	–	1.0
計	10.8	11.1	11.9

資料：「サンビレッジ四万十資料」より作成。
注：集落内の水田のみを記載。

は集落外の２集落から１haずつ借地した結果，サンビレッジの借地面積は計14haである（所有地はない）。農事組合法人時から利用権を設定し，農地中間管理事業の開始にともない11haで付け替えをしている。利用権は，地権者と農地中間管理機構，機構とサンビレッジともに10年で設定し，小作料は10ａ当たり１万円と米30kgを支払う。

表5-2は，集落内の水田における栽培品目を示したものである。営農組合時の2009年は水稲と大豆で11haに及んでいる。このうち大豆は，旧窪川町内で活動する営農支援センター四万十株式会社に委託している（後述）。その他にサトイモとブルーベリーも栽培しており，前者は作業負担が軽いことに加え，この地域の泥土への反発で品質がよいためである。後者は，観光農園用と，冬場の仕事を確保するためのジャム加工に用いている。このように2010年の法人化までの営農組合は，水稲を中心としたいわゆる土地利用型がメインであった。

その後，法人化したのちも，水稲の面積はほとんど変化はみられない。水稲はすべて乳酸菌入りの堆肥を入れ，農薬も県の指針の半分に抑えるなどエコ米に取り組んでいる。その分，平均反収で１俵落ちの７俵にとどまるが，低タンパク米であるため30kg9,000 ～ 10,500円で販売している。すべて直販であり，個人が買いに来る，ネット販売，サンビレッジによる配達など多様である。高知市内の顧客が最も多く，特別養護老人ホームや喫茶店などの事業主も少なくない。また個人の場合，保管場所の問題から，サンビレッジでは30kgの米を10kgの袋にし，３回に分けて販売するなどの工夫もしている。近年は，口コミで評判が広がり，米が不足する状態にあるため，新規の消費者は断るケースもある。そのことが，後述する四万十農産に結び付く。

米以外には，まず2012年にショウガ（露地）を導入している。ショウガは，エコテンライト農法による無農薬栽培に取り組んでいる。販売は，県内及び関東の２企業との契約栽培であり，エコショウガのため通常よりも１貫（４kg）当たり100円高い価格で販売している。また，連作障害を避けるためブロック・ローテーション（BR，３年に１回）をおこなっている。ショウガは病気に侵されると，水田が10年使用できなくなるといった特性がある一方，集落内の水田面積も少ないため，サンビレッジにとってはリスクをともなう品目である。しかし後述するように，サンビレッジの経営にショウガは大きく貢献しており，現在の従業員体制では適正規模に当たる1.5haを栽培している。

ショウガの翌年に着手したのが，雨除けピーマンであり，レンタルハウス（14年間）を活用している。雨除けピーマンは従業員２人を配置し，５人のパートとともに５～10月まで毎日（日曜日を除く）収穫作業をおこない，全量JAに出荷している。５月から毎月，安定的に販売収入があることから，それを従業員の給与に充当している。当初30ａで栽培していたが，後述する太陽光発電の開始と，その安定的な収入を人件費に充当することとしたため，10ａはショウガ（ハウス）に転換している。

また，2014年には飼料用イネを，17年からモチ米を開始している。モチ米は，代表の親類が営む高知市内のお菓子屋さんに提供するものであり，今後増加を見込んでいる。

さらにサンビレッジの特徴は，2015年から１haの水田で太陽光発電を取り入れたことである。太陽光発電では，農協を含め金融機関からの融資を受けるのが難しかった。だが，適切な将来計画をアピールすることで，最終的には高知銀行から融資を受けている。なお，農業生産法人が地銀から借りた最初の事例がサンビレッジである。太陽光発電は，水田１haのうち太陽光パネルの支柱にかかる部分のみが転用扱いとなることから，それ以外はパネルの下で作物を栽培し，慣行栽培の８割以上の収量が課せられる。そこで，日陰食物で葉が大きく太陽光を吸収しやすいサトイモなどを栽培している。

その他，表にはない集落外の借地田２haでは，主食用米や飼料用イネ，サトイモやキャベツなどを栽培している。また，育苗や水稲の収穫作業などの受託が数haある。

このように法人化以降，水稲の面積はほぼ不変であるが，株式会社の売り上げアップと従業員の給与確保のため，大豆から多様な園芸作物に変更するなど水田の畑作利用・転換を進めており，サンビレッジはこうち型集落営農の代表的事例である。

④売上

こうした特徴は株式会社の売り上げに，よりダイレクトにあらわれている。１年目の2014年の売上高は約3,700万円である。そのうち水稲が16.9％を占めるのに対し，最も多いショウガが64.8％と，水稲の４倍近くに達する。また，当初従業員の給与に充てていた雨除けピーマンは14.6％を占める。他方，営業外収益は，国及び県の雇用事業にかかる交付金等を含め1,000万円台である。

太陽光発電開始後の2016年の売上高は約7,500万円である。このうち太陽光発電が47.2％，ショウガが32.1％と両者で８割を占めるのに対し，水稲は１割に過ぎない。また営業外収益は14年よりも少なく，そのうちの約４分の１が水田活用交付金と中山間直接支払いである。また当時は米の直接交付金も受給しているが，営業外収益の数％に過ぎず，米の依存度は小さい。太陽光発電を中心とした減価償却費が数千万円単位と大きく，その結果，当期純損益のマイナスは大きい。

⑤「労働者バンク」

サンビレッジの米及び畑作物の農作業は，従業員５人と役員２人が主におこない，管理作業の一部は地権者も担う。パートは，雨除けピーマンの５人と，その他野菜等に従事する５人の計10人であり，集落内あるいは影野地区内の人が中心である。その他，サンビレッジのなかに「労働者バンク」を設けている。屋内・外の農作業や管理作業，袋詰作業など従業員の手が回らない作業をサポートする。現在15人ほどが登録しており，時給が支払われる。「労働者バンク」は，農家・非農家を問わず誰でも登録が可能であり，彼らは旧窪川町内の出身である。水田の畑作利用と多様な園芸作物の導入により，女性や高齢者の新たな就業先の創出に寄与している。

３．集落営農の連合体

（１）集落活動センター・仁井田のりん家

高知県は，農村生活のサポートを地域住民が主体的におこなう拠点づくりとして集落活動センターを推進している[(1)]。影野小学校区でもスーパーの閉店にともなう買物難民の懸念，消防法改正を契機とするガソリンスタンドの廃止，さらには保育所の閉鎖などが立て続けに起こるなか，生活に必要なものは自ら確保すべく，仁井田小学校区にも声をかけ，旧仁井田村全体で2016年に集落活動センター「仁井田のりん家」を設立している。出資金は，集落単位で出資し計20万円である。このように２つの小学校区で構成されるが，影野小学校区の方が地域内の結び付きが深く，昔から自主的に動く地域であったため，実活動は影野小学校区に偏重している。

図5-1に記すように，仁井田のりん家は５つの部会を設けている。このう

（１）高知県の集落活動センターについては，玉里恵美子「超高齢社会の自立と地方創生」『農業と経済』（第81巻第５号，2015年），高知県産業振興推進部「集落活動センター（高知県版小さな拠点）を核とした中山間対策」『人と国土21』（第42巻第６号，2017年），玉里恵美子「高知県の人口動態と農村地域経済」『2015年農林業センサス　総合分析報告書』（農林統計協会，2018年）を参照。

図5-1　集落活動センター「仁井田のりん家」の組織図

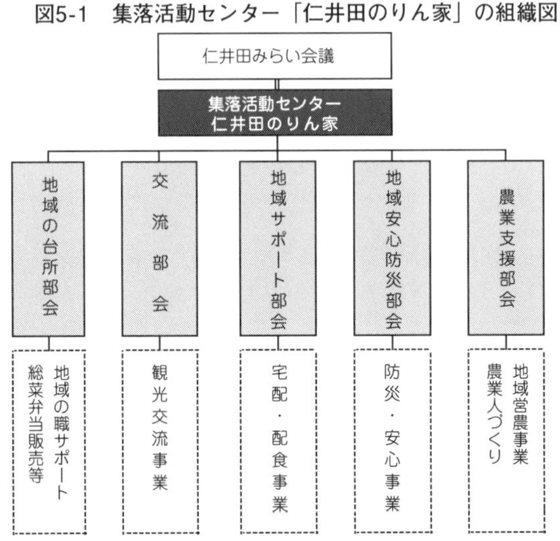

資料：「仁井田のりん家資料」を加筆・修正。

ち「防災部会」は計画段階であり，残り４部会が稼働している。各部会には約20人の部会員が所属し，台所部会は地元農産物を使用した惣菜の店舗販売や，高齢者向けの弁当を調理・販売（１個300円），さらには配達などもおこなっており，2019年に部会の法人化を計画している。交流部会はビヤガーデンや女子会など地域内及び都市との交流を，地域サポート部会は健康体操や小旅行など高齢者の見守り活動がメインである。各部会の活動は，参加費や実費等を徴収してカバーしている。残る農業支援部会は，次の一般社団法人「四万十農産」の形で展開している。

（2）一般社団法人・四万十農産

農業労働力の高齢化と後継者不在が進むなか，作業委託や農地貸付の要望が増加し，集落営農のある地域は集落営農が，集落営農のない地域は「営農支援センター四万十株式会社」がカバーしてきた（後述）。しかし，集落営農はその強靭度合いがバラバラであり，サンビレッジ以外の集落営農は数年しか維持できないおそれがあることに加え，後者も面積的に限界に近づいて

図5-2　四万十農産を中心とした地域農業体制

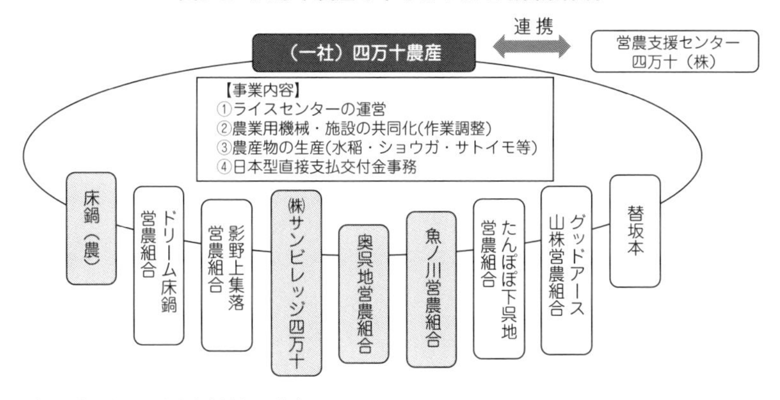

資料：「(一社)四万十農産資料」より作成。
注：９つの集落営農のうち「網掛け」は，現在四万十農産に参加している集落営農を指す。

いた。そこで，農業支援部会では，10年後でも地域農業を支えることのできる体制をつくるため，2017年に四万十農産を設立している。

図5-2には，９つの集落営農（法人）が記されており，いずれも影野小学校区に属する。組織名の漢字部分のほとんどは，集落名をあらわしている。９組織のうち現在四万十農産に参加しているのは４組織である。この他に「替坂本」も，近々参加する予定である。

出資金は１組織100万円とし，替坂本を含む５組織の500万円に，JA四万十も40万円を出資している。四万十農産が農業機械を購入する際は，水田の面積割りで資金を徴収する。また役員は，参加した４組織の集落から２人ずつ出しており，できるだけ50代～60代の相対的に若い人をお願いしている。

まず四万十農産は，ライスセンター（RC）を建設している。影野小学校区では，個人所有の乾燥機の故障や，更新しない場合の作業委託が増えている。その際，米が混ざるJAのカントリー・エレベーターではなく，サンビレッジを選択する傾向が強まっている。しかし，サンビレッジは水田を畑作利用しているため，現有の乾燥機では処理能力が不足していた。そこで，今後もこうした傾向が強まること，広域の四万十農産が影野小学校区をカバーする体制を構築すること，その一歩としてRCを建設すること，その賛同を得るためにRCの建設費用はサンビレッジがすべて負担するという条件を他の３組織に提示して[(2)]，2018年の春にRCが完成している。

現在四万十農産は，水田５haを借地している。小学校区という広域で集積率のアップに結び付かないことから，農地中間管理機構を通さず，すべて相対で利用権を設定している。この５haは，サンビレッジ同様に畑作利用をしており，ショウガやサトイモ，ジャガイモ，カットネギなどを栽培している。四万十農産では常勤従業員を３人（40・47・60歳）雇用している。すべて男性で，60歳は兼業農家，40代の２人は農業経験がない。２人が影野小学校区，１人が地区外の出身で，月給制を採用している。ただし設立して日が浅いため，借入金で運営しており，農業機械や労働力もサンビレッジが支えているのが現状である。

４．営農支援センター四万十株式会社

営農支援センター四万十株式会社（以下「支援センター」）は，転作関係で設立した組織である。1997年に旧窪川町内で大々的な基盤整備をおこなった結果，30ａ区画を中心に整備率は80％に達した。基盤整備の補助金要件に転作の実施が課せられており，一定面積を転作できる作物として大豆を選択し，町及びJAを中心に，作業受託組織として立ち上げた任意組織「窪川町営農支援センター」が前身組織である[(3)]。

その後1999年に，同組織を市町村農業公社へ移行する検討がおこなわれ，

(２)連合体である四万十農産を立ち上げるための集落営農間での話し合いには，かなりの時間と労力をともなったようであり（図司直也「都市農村対流時代に向けた地方分散シナリオの展望」『農業経済研究』第92巻第３号，2020年，p.254），合意を得るための積極的なコスト負担という意味もあるのだろう。

(３)当時の状況については，古谷幹夫「営農支援センター四万十有限会社の取り組み」（『農業協同組合経営実務』第62巻第１号，2007年）を参照。

2003年にはその具体化まで進んだが，市町村合併により頓挫することとなった。ところが，品目横断的経営安定対策の導入により認定農業者への選別政策が導入されること，現場からは借地への期待があることから，2005年に有限会社へ法人化し，2011年には役員の権限強化を図るために株式会社へ移行している。

株式会社の出資金は，社員４人で90万円，町及びJAが各150万円の計390万円のいわゆる市町村農業公社である。常勤従業員は，法人化に際し出資者を募った際の４人である。現在の年齢は63歳，54歳，36歳が２人で，従業員の身分とともに自家農業からは引き上げてもらっている。その他に，日給月給制で年間雇用の臨時社員が12人（作物担当８人・事務員４人），オペレーター約30人（大豆の機械作業等），作業員のべ140人（水稲や大豆・ショウガ等の臨時雇用）がいる。農業機械は，水稲や大豆，ショウガの収穫機など一式をフル装備している。

支援センターの借地面積は98haに達し，すべて旧窪川町内の農地である。農地中間管理機構を通じた借地は20haにとどまる。地権者の諸事情により団地化は進んでおらず，今後は機構を通じて団地化を図りたいと考えている。98haのうち旧仁井田村（明治合併村）にある農地８～９haは，今後四万十農産に任せる予定である。そのことによる支援センターのメリットは特にないが，支援センターは公的組織であること，四万十農産と当該農地の集落との結び付きが強いこと，何よりも支援センターのキャパシティの限界が大きく影響している。

2015年頃まで地権者は，優良地は親戚に，不利地は支援センターに貸し付ける傾向が強く，支援センターの経営を圧迫していた。そのため現在は，優良地と不利地のセットで借りるようにしている。小作料は，土地条件によって異なり，10ａ当たり最高で1.3万円から使用貸借まで様々である。借地のなかには石だらけで作物ができず，草刈りと１回の田起こしのみをおこなう農地が20～30ａあり，地権者との話し合いの結果，10ａ当たり1.5万円の農地管理料を徴収している。借地期間は１～10年と多様であり，利用権設定

表5-3　営農支援センター四万十株式会社の事業推移

（単位：ha）

		2006	11	14	15	16年
大豆	直営栽培	14	42	52	62	49
	作業受委託	88	55	14	6	10
	黒大豆	0.34	−	−	−	−
ショウガ		1.4	2.9	3.1	2.9	2.9
米	主食用	−	1.1	9.4	2.0	−
	飼料用	−	4.8	5.4	3.9	14.3
飼料用イネ		−	−	18.0	24.5	32.0
水稲育苗(枚)		50	3,611	12,270	12,941	15,801
水稲作業受委託		−	25	−	−	−
無人ヘリ防除		−	503	590	581	628

資料：「営農支援センター四万十株式会社資料」より作成。
注：「無人ヘリ防除」は，のべ面積である。

や相対など地権者の状況に応じて異なる。

支援センターの事業実績を示したのが，**表5-3**である。2006年の大豆は，支援センターの借地に栽培する直営栽培14haと播種から収穫までの一貫作業受託の88haがあり，面積では最大である。また，経営の中心であるショウガを1.4ha栽培している。その他には水稲の露地育苗と試験的に導入した黒大豆があるが，後者は土壌が合わず１年でやめている。

株式会社となった2011年は，大豆の作業受託が減少し，直営栽培が42haまで増えている。つまり，委託農家の離農による借地への転換が進んだことを意味している。ショウガも2.9haに倍増し，育苗も大きく増えている。また，大豆の不適地や収量低下への対応として，新たに主食用米及び飼料用米に取り組むとともに，水稲の作業受託25haと無人ヘリ防除をのべ503haおこなっている。

2016年実績では，大豆の直営栽培が15年のピークと比較すると10ha強の減少，作業受託も10haまで減少している。これは，大豆の収穫時期が短く，労力が追いつかないこと，BRが難しく連作障害のため収量が減少していること，獣害による皆無面積の発生などが影響している。また，転作対応組織が主食用米をつくることに疑問が呈されたため，16年から廃止している。大豆及び主食用米の減少分は，飼料用米と飼料用イネを拡大することで吸収している。飼料用米・イネの取り組みは，交付金が大きいのが理由であるが，実需者との兼ね合いもあり，これ以上面積を増やすことはできないのではないかとみている。

また，管内での飼料用米・イネの拡大にともない，水稲育苗と無人ヘリ防除も増加している。前者は２万枚に近づき時間と手間がかかることから，20ａ程度のハウス育苗に転換し，作業倉庫も併設する計画を立てている。無人ヘリ防除の作業料金は，中山間直接支払いの集落配分を原資に支払われるケースが多い。ショウガは３ha前後とここ数年は変化がみられない。それは，病気にかかると全滅するリスクがあり，かつ労力的にも面積の拡大が難しいためである。いずれも収穫物はすべてJAに出荷している。

また，労力及び作業時間の不足から，これまで引き受けていた水稲の作業受託は，集落に再委託するようにしている。同じく，飼料用米・イネの作業受託が約50haあるが（表略），32haは支援センターが引き受け，残りは集落営農や個別農家に再委託（平均各２haほど）している。つまり，支援センターは受託組織であると同時に，仲介・調整組織としての役割も果たしており，サンビレッジも耕耘５haを支援センターから受託している。

草刈りは30の個人・グループに委託している。これは，男性同士，女性同士，友達同士，さらには個人で引き受けて周辺の仲間と一緒にするケースなど多様である。支援センターが場所を指定し，受託者は空いた時間に草刈りをおこなう。支援センターは日報で確認し，時給1,700円を支払う。また水稲の水管理は，農地の周辺の農家や住民に10ａ当たり3,000円で委託している。これは面識のない人がすると，集落からの反発や摩擦が生じる懸念もあるため，地元の人に任せるようにしている。草刈り・水管理の労賃は，中山間直接支払い及び多面的機能直接支払いの交付金を充当している。

上記の事業以外にも支援センターは，滞在型市民農園の指定管理者であり，中山間直接支払いの事務局も兼務している（いずれも臨時社員２名を各配置）。

2015年の売上高は１億円強であり，そのうちの46％がショウガの販売，42％が水稲育苗や無人防除ヘリなどの利用料が占める。従業員の給与を含む当期製造原価を差し引くと数千万円の営業損失となる。これに戸別所得補償等の補助金収入を含む営業外収益を加えると経常利益は数千万円のプラスとなり，その６割ほどを経営基盤強化準備金として積み立てている。他方，町やJAから特別な補填は受けていないが，先述した県の「中山間地域農業複合経営拠点」に指定されている。

支援センターは，中山間地域における農地保全の機能を果たしている。県全域をみても，農地保全を前面に打ち出した，いわゆる「駆け込み寺」的公的機関は少なく，それを支援センターが担っている。その一方で支援センターは，現在過渡期にある。その理由の１つが，条件不利地が集中することによる経営への圧迫をどうするかということである。第２は，収益性の高いショウガや育苗を拡大するには，現有人員では困難であること，第３は，軟弱野菜をしていないので調製や出荷など雨天時の作業がないことであり，新たな作物の研究・普及が必要とみている。

5．まとめ

本章では，中山間地域における小規模集落の地域農業継承の１つの方策として，高知県の四万十町，なかでも株式会社サンビレッジ四万十を中心に実践実態をみてきた。

サンビレッジの基盤である影野下集落の水田は14haのみである。全国平均の１集落当たり農地面積は26haであり，単純に比較しても，同集落は半分程度の規模でしかない。集落農家１戸当たりの面積でみても，１haを下回る水準である。したがって，農地の量的な条件不利，かつ傾斜度等質的な不利性を有した地域といえる。

こうした不利性対策として集落営農に取り組んだが，１つの集落営農が集積する面積の全国平均は33ha，中山間地域に限定しても26ha（山間地域は22ha）である。これに対しサンビレッジは14haと，それらよりも規模が狭小という農地の量的質的な条件不利問題を引き続き抱えていた。加えて，集落営農内部でもオペレーター等専従者の高齢化と従事者数の不足という「ひと」の問題にも直面することとなった。それらを打破すべく，水田の畑作利用・転換，農外事業の本格的着手，それを遂行しうる株式会社化をおこなった。県も「こうち型集落営農」と称し，土地生産性の高い園芸作物を視野に入れた集落営農を推進・サポートするなど，サンビレッジの方向性と政策とがマッチしていた。

したがって，サンビレッジは農地の条件不利性を，規模の拡大ではなく不利性を受け入れた上で，その条件内で可能な収益アップを追求しながら，それを原資に新たに，かつ青壮年層を中心とした常勤雇用を入れることによって，農地条件及び「ひと」の二重問題をクリアし，集落営農や地域農業の継承を図っていた。

その一方で，明治合併村，事実上は旧小学校区の範域において，農村生活をサポートする集落活動センターに取り組みつつ，生活連携を入り口とした集落営農の連携もみられた。すなわち，生活連携の一部会である農業部会を法人化したのが株式会社四万十農産であり，集落営農連携の法人組織＝連合体である(4)。四万十農産に参加した４つの集落営農のうち，サンビレッジを除く３組織ならびにまだ不参加の５組織は，組合員やオペレーターの高齢化が進み，集落営農の後継者がいないという「ひと」の問題が共通している。その結果これら集落営農の組合員は，いずれ農地を誰かに貸し付けることが容易に想像される。その有力な候補がサンビレッジである。しかし，サンビレッジは水田の畑作利用への転換，すなわち労働集約型へシフトしており，サンビレッジがそれらの農地をカバーするには限界がある。むしろ，やや厳しい言い方をすれば，共倒れになる可能性もある。一方，市町村公社である支援センターもすでに限界を迎えている。

そうした事態への先行対応として，同じ小学校区内の農家や集落営農を巻き込み，四万十農産として連携かつ一体化し法人化することで，「ひと」「土

(４)県でも第４期産業振興計画（2020～23年度）において，小学校区をエリアとした複数の集落営農組織等で構成する「広域型集落営農法人」の推進に踏み出している。

地」「カネ」などを集約化しつつ，サンビレッジとしてはリスク分散，四万十農産としてはリスク共有を図り，集落及び小学校区における地域農業の維持に取り組んでいた。さらに積極的な動きが，四万十農産によるRCの建設である。サンビレッジでは販売する米が不足状況にあり，新規消費者の注文を断る状況にあることは先述した。四万十農産がRCを所有し地区内の米を集約するとともに，RCを通じてサンビレッジがおこなうエコ米を地区全体に普及・徹底させることで，ロットを確保し新規消費者のニーズに応え，ブランド米としての販売戦略の構築と収益アップを追求している。

そしてその四万十農産と，新たな連携関係の構築をはじめたのが市町村農業公社の支援センターであった。旧窪川町を全域的にカバーする支援センターは，転作対応組織を出発点とし，かつ現地からの声もあって，2016年以降主食用米はやめ，大豆や交付金の高い飼料用米・イネの生産ならびに，すべての稲作に関わる育苗・防除の作業受託をおこなっていた。その一方で，サンビレッジへの作業委託，四万十農産への農地貸付などもおこなっていた。つまり，支援センターも労力的に厳しい状況にあるなかで，作業受委託・貸借を問わず農地調整機能も果たしており，この先労働力問題が解決しない以上，調整機能がより求められることになろう。さらに，現在の支援センターは当初の転作対応組織にとどまらず，主に集落営農のない地域からは離農農家の「駆け込み寺」としても期待され機能しており，事実100ha近い借地面積を有していた。その「駆け込み寺」的機能を求めるとすれば，実際に経営面において支援センターが選択するかどうかは別として，主食用米を扱うべきではないという形で支援センターの活動を縛ることは無用といえよう。

ところで，水の管理や草刈り作業などのいわゆる地域資源管理について，サンビレッジでは旧窪川町を範囲として組合員以外を登録した労働者バンクを組織内部に設け，支援センターは組織の外部で地域の個人及びグループを糾合し，対応していた。他方，これまでの法人化し借地を通じて農業経営をおこなう集落営農法人の多くは，労力面やコスト面等各集落営農の事情を反映した形で機械作業は組合員総出で，あるいは特定のオペレーターが従事しながら，管理作業は組合員に再委託するケースが主流であった。つまり，管理作業に従事し得る労力を，組合員あるいは集落で確保できていたということである。しかるにサンビレッジにおける労働者バンクの内部化は，組合員の高齢化が超高齢化となり，管理作業さえも担えない状況を意味しており，それ故に組合員あるいは集落を超えた範域での「労働者」の糾合とその組織化が求められているということである。そのことは，形態は異なるが支援センターにも共通する。こうした地域資源管理の別組織化による対応は第３章でみた福井県小浜市の事例と共通しており，近年増えつつある。

第6章

カントリー・エレベーター単位による広域合併法人－佐賀

1．はじめに

佐賀県では，1970年代後半と早くから集落営農（＝機械利用組合）を立ち上げ[1]，90年代には生産調整面積の拡大に応じた大豆のブロック・ローテーション（BR）とその共同作業に取り組むなど，機械の共同所有・利用の活動実績を蓄積してきた。しかし，2000年代中葉の品目横断的経営安定対策（以下「品目横断」）の導入により，集落営農をめぐって大きな変化が生じた。

1つは，統計面での変化である。全国的な動きとして，品目横断の導入年を挟む2005～10年における農業センサスの販売農家数が16.9％と大きく減少した。その要因は，品目横断の面積要件をクリアするために集落営農を設立し，国農政は集落営農としての体裁を整えるため経理の一元化を求めたことで，販売農家の「販売」が集落営農へ移行し販売農家ではなくなったことによる。同時に，彼らの農地の統計的把握も集落営農へ移行している（販売農家の経営面積は7.4％減）。こうした一連の動きが最もドラスティックにみられたのが佐賀県である（販売農家数40.9％減，同経営面積46.0％減）[2]。

逆に集落営農からみると，同期間の集落営農数は全国34.9％増・佐賀102.2％増，同様に集落営農の構成農家数30.6％増・104.3％増，集積面積40.2％増・

（1）戦後の佐賀県における農家集団対応の展開については，小林恒夫『営農集団の展開と構造』（九州大学出版会，2005年）を参照。

（2）全国における佐賀の特異性については，橋詰登「集落営農展開下の農業構造と担い手形成の地域性」（安藤光義編著『農業構造変動の地域分析』農文協，2012年），安藤光義「2010年センサスの概要とポイント」（安藤光義編著『日本農業の構造変動』農林統計協会，2013年）を参照。

199.7％増と，この間の佐賀における集落営農の「吸収」が大きい。つまり，実際は集落営農で何らかの活動に参加しているにもかかわらず，センサス上，販売農家としてみえなくなったということである。加えて，集落営農による農地集積率も全国の05年9.6％→10年13.6％に対し，佐賀は20.7％→62.5％へ急騰しており，佐賀の農業構造変動の主役は集落営農といえよう。

いま１つが集落営農の形の変化である。面積要件をクリアするために，既存の集落営農（機械利用組合）を広域合併して新たな集落営農を立ち上げている。合併の範囲も，佐賀ではカントリー・エレベーター（CE）を農家が運営する体制がほとんどであり，その結び付きからCE単位（その多くが明治合併村の範域）での合併が中心である。こうしたCE単位での既存の集落営農の広域合併は現在も継続しており，佐賀的特徴の１つである。

しかし2010年以降，佐賀では全国ほどの販売農家及びその経営面積の減少はみられないが，一方で集落営農はその数，構成農家数，集積面積のいずれも全国を上回って減少している[(3)(4)]。したがって，05～10年のような統計上の「離農」ではなく，集落営農の構成員から離脱し，所有農地も他者（主に集落営農法人）へ貸し付けるなど本当の離農が進んでいるということである。集落営農による農地集積率は依然60％台前半で推移しており，引き続き集落営農が農業構造変動の中心である。

このように佐賀の集落営農は農業構造の主役である点は変わりないが，集落営農自体も変容を重ねてきている。問題は，その変容が集落営農の活動にどのような作用・反作用をもたらしているかということである。すなわち，構成員は減少しつつも，集落営農の活動は従来どおり維持できているのか，逆に集落営農内部で様々な積極的な取り組みが展開しているのか，それとも

（３）2015年までの動きは，拙稿「九州水田地帯における農業構造の変動と集落営農」（『農業問題研究』第48巻第１号，2017年），拙稿「九州水田農業における農業構造変動と集落営農の展開」（『縮小再編過程の日本農業－2015年農業センサスと実態分析－』（農政調査委員会，2018年）を参照。

（４）2010～20年の集落営農数は，全国9.2％増・佐賀15.6％減，同じく構成農家数8.7％減・27.6％減，集積面積5.1％減・18.6％減である。

構成員の減少が集落営農活動の停滞・後退に直結し，集落営農による地域農業のカバー力が弱まっているのか，さらにはそれがより進み，少数型＝東日本型の集落営農に収れんする過程にあるのか，ということである。

このような点を意識しつつ以下では，簡単に県内の集落営農の概要を整理したのち，現地調査を通じて佐賀的特徴であるCE単位の集落営農の実態とその特徴をみていく。

2．佐賀の集落営農法人

佐賀の集落営農の特徴の１つが，任意組織が多いことである。例えば『集落営農実態調査報告書』によると，2015年の集落営農数は全国14,853組織，佐賀は605組織と全体の4.1％を占める。そのうち法人が全国3,622法人，佐賀11法人とそのシェアは0.3％まで低下する。その結果法人化率も，全国の24.4％に対し佐賀は1.8％に過ぎない。しかし翌16年には，佐賀の法人は４倍強増え48法人となり，最新の21年には86法人，法人化率も16.9％へ上昇している。その詳細な要因は別稿に譲るが(5)，品目横断的経営安定対策の法人化要件の延長期限を迎えることや，活用した補助事業に法人化要件が課されていること，農地中間管理事業の地域集積協力金を受給すること，などが法人化を後押し，あるいは法人化に追い込んでいる。

一方，佐賀県農協中央会も集落営農法人の概況を把握している。そこで，その法人化資料（2021年10月時点）に依拠して，佐賀の集落営農法人の概況を簡単に整理したい。ただし県中央会では，品目横断以前に立ち上げた８法人を除く82を集落営農法人としてカウントしているが，本稿では８法人も含めてみていく(6)。

90の集落営農法人の構成員をみると，１法人当たりの平均は47.9人である。

---

(5) 前掲「九州水田地帯における農業構造の変動と集落営農」。
(6) ８法人のうち２法人は，構成員数が不明のため経営面積のみのカウントである。

階層別では，最も多いのが「10～19人」の29法人で全体の３分の１を占めている。次に「30～39人」の16法人，「20～29人」13法人，「100人以上」の12法人とつづく。このうち100人以上の法人が多いことが佐賀の１つの特徴であり，最多の集落営農法人は342人，その他にも１法人が300人を超えている（最少は４人）。

同様に経営面積は，「30～39ha」と「50～99ha」が17法人と最も多く，次が「10～19ha」と「20～29ha」及び「100ha以上」がともに16法人で並んでおり，どの階層にも一定程度の集落営農法人が存在している。最小規模は6.1haであるが，品目横断以前に設立した法人である。

一方，最大規模は653haであり，これが先の構成員300人を超える法人の１つである。この集落営農法人「ほくめい」は，CE単位で15の集落営農が合併した県内最大の法人である(7)。100haを超える16法人のうち15法人は，CE（地域によってはライスセンター）単位での集落法人である。県中央会では，15法人のうち８法人が複数の既存の集落営農が広域合併してできたものと把握している。しかし，第３節で取り上げる事例のように，〈①既存の集落営農（主に機械利用組合）→②CE単位での特定農業団体（複数の集落営農による広域合併）→③CE単位での集落営農法人〉というプロセスも少なくない。つまり，広域合併という視点で捉える本書では，①・②の経緯も抑える必要がある。こうした直近及び前段階での集落営農の広域合併併が，近年佐賀において県内の集落営農数が減少する一因と推測される(8)。いずれにせよ，福井のいうメガファームが複数存在することもあり，１法人当た

(7)ただし設立２年目には，構成員であった大規模農家が法人から脱退している。理由は，法人を経由した販売代金や交付金のため個人経営の時よりも入金が遅れること，また作業従事に見合った収入であるかという点で疑問を感じている。しかし法人から脱退後も，広域合併前の集落営農が作業班として従事する機械作業には個別農家として参加している。このような動きが，CE単位の集落営農法人のいくつかで生じている。

(8)その事例としては，前掲「九州水田地帯における農業構造の変動と集落営農」を参照。

りの平均面積は83.1haと大きい。

また，把握できた71法人に限られるが，経営面積のうち集落営農法人のベースとなる集落・地域内での農地集積率をみると，10割が23法人，９割13法人，８割５法人，７割８法人，６割８法人，５割６法人，４割以下が９法人である。したがって，全体の過半が９割以上の農地を集積した法人ということが分かる。こうした農地集積を後押ししたのが，当時の農地中間管理事業の地域集積協力金であり，受給したのは29法人，そのうちの２法人のみ新規対象での受給である。したがって，集落営農が早くから展開した佐賀では，特定作業受委託から利用権設定への切り替えによる受給がほとんどといえる。

さらに，集落営農法人の会計処理をみると，82法人のなかでプール計算に至っているのが６法人と少なく，残りはいわゆる枝番方式による会計処理である。多くの法人では，JAが会計処理を担っており，JAが法人の経理面で大きな役割を果たしている。

3．農事組合法人・かんざき

(1) かんざきの実践実態

本節で取り上げる農事組合法人「かんざき」は，明治合併村にあたる旧神埼町（以下「神埼地区」）をベースとした組織である。神埼地区には，集落が14集落あり，農家数は400戸（土地持ち非農家が55%），水田面積は400haで，圃場は平均すると一区画約30ａで整備されている。神埼地区を範域に，1983年に設立した米・麦のCEがあり，全14集落で設立したCE共同利用組織がCEを運営している。また，米・麦・大豆の一部作業を共同でこなす集落もあり，特に６つの集落では集落営農（＝機械利用組合）を立ち上げていた。この活動組織の数や形態は集落によって様々である。大きく分けると，①集落で１つの組織を立ち上げ，それが複数の機能（例えば，防除や収穫などの協業作業）を発揮する形態，②機能ごとに組織を設立したため，１つの集落のなかに複数の組織が併存する形態とがあり，神埼地区では両者がほぼ半分ずつである。これらの具体的な実践状況については，のちに確認する。

その後，品目横断的経営安定対策で面積要件をクリアできない集落をカバーするため，2006年に活動をともにするCE全体の14集落で神埼地区営農組合を設立した。ただし，14集落については，次の点に注意が必要である。先に神埼地区には14の集落があると記したが，そのうちの１集落は営農組合に参加していない。同集落には米農家が２戸しかおらず，彼らが離農（１戸の農地は佐賀市内の親戚が借地，もう１戸の農地は他集落の認定農業者が借地）したためである。したがって，神埼地区の参加集落は13集落である。残る１集落は，旧西郷村（明治合併村）の１集落４戸の参加によるものである。この４戸は，昔の河川改修工事の結果，集落が河川を挟んで分断されることになり，河川を横断しなくてすむ神埼地区のCEや営農組合に参加している。

出資金は１人１万円で，構成員は175戸（土地持ち非農家３戸を含む），集積面積は290haである。先述した６つの集落営農は解散せず，これまでどおりそれぞれが機械作業をおこなう。現場では，これら集落営農を「作業班」と呼んでいるため，ここでは作業班と表記する。経理は，特に麦・大豆の収量・品質差も小さくないことから枝番方式を採用している。営農組合は，活用した補助事業に法人化要件が課されていたため，2015年４月に法人化（農事組合法人「かんざき」）している。

かんざきの出資金は，営農組合と同じく１人１万円である。法人の構成員は，他界や病気，後継者不在による離農等で営農組合時に比べ30戸近く減少している。その一方で，先の営農組合は麦が関係する品目横断対応であったため，今回は麦をつくっていない小規模農家や園芸農家，高齢農家の５戸が新たに参加し，計154戸（約７割が60代～70代）となっている。経営面積は，営農組合時と大きな変化はなく282haであったが，2017年には１ha減少している。これは，１つには神埼地区の認定農業者が50ａを購入したためである。いま１つは，構成員の家族が新規就農するために，法人との50ａの借地契約を解消したことによる。同農地は，地域集積協力金の受給対象であったため，協力金の一部を返還している。この新規就農者は，県の農業大学校の卒業生

(20歳）で，６haのタマネギ生産を計画しており，裏作でつくる米は法人へ期間借地する。

281haのうち257haで利用権を設定しており，先述した機械利用組合のある６集落が各20～30haと大きい。このうち，農地中間管理機構を通した借地は234ha（農地集積率70％）である[9]。残りの農地は機構を通しておらず，それらは宅地周辺の農地で，機構を通じた長期の借地を地権者が忌避したケースや未相続農地などである。そのため法人と地権者との間で直接利用権を設定（２～５年）している。小作料は，農地中間管理機構を通じたものは10ａ当たり２万円とし，その他はCEの固定費の関係で統一が難しく1.8万～2.5万円の間である。品目別の面積はBRにより変わるため，概ね米が180ha（ヒヨクモチ６割・ヒノヒカリ４割），大豆は100haで３年に１回の集落単位によるBRに取り組み，両者の裏作麦が240ha（小麦６割・大麦４割）である。

機械作業は，これまでどおり集落ごとの14の作業班がおこなう。ただし，販売農家が２戸しかいない集落が２つあり，これら集落では個々に作業をおこなっている。そのため，厳密には作業班は12となる。それぞれの作業をどの程度作業班が従事するのかは，集落によってやや異なる。その詳細はのちの２集落の事例で確認するが，総体的には概ね米のうち耕起・代かき及び田植えは30～40％で，防除及び収穫は80％以上で作業班がおこない，管理作業はもとの耕作者がおこなう。麦及び大豆は，防除と収穫作業のみ作業班がおこなう。機械作業は２～３人のオペレーターが従事し，残りは作業の補助をするなど原則全員参加の体制がほとんどである。作業労賃は，作業班により徴収する利用料金やオペレーター賃金等も異なるため，会計処理も実質的には作業班ごとにおこなう。その各作業時間等の資料を法人に提出させ，法人は従事分量配当で処理している。また，各種補助金も構成員個人に交付しており，実態はどの集落も「枝番方式」である。ただし，オペレーターによる協業体制が整いつつある４つの作業班では，近々プール計算に向かう可能

(９)その他に2019年から期間借地へ移行したものが４haほどある。

性が高い。

法人は，５年間を一区切りとして，３段階（15年間）で将来の見通しを立てている。第１段階は現状の形でも構わないが，共同作業の数及び各共同作業の割合を広げていく。第２段階は，作業班ごとのオペレーターの過不足が予想されるため，作業班間でのオペレーターの融通あるいは作業班の統合，それに合わせた広域でのBRや品目・品種の団地化，さらには法人に参加していない大規模農家との農地調整・交換分合を視野に入れている。第３段階は，集落で異なる小作料やオペレーター賃金等の統一化を図るとともに，法人としてプール計算したいと考えている。また，いずれは新たな品目（キャベツ・タマネギ等）や６次産業化の導入も視野に入れている。

ところで，神埼地区には約38haの最大農家の他に[(10)]，４～10ha規模の大規模農家が５戸（40歳１戸，残りは70歳前後）おり，６戸は６集落にバラけて営農していた。そのうち２戸は，高齢化や後継者不在を理由に法人設立ののちに参加し，１戸は後継者不在のため将来どうするか－法人への参加もしくは最大農家への借地，を検討しているようである。残る２戸のうち１戸は40歳と若いこと，もう１戸は後継者を確保していることから，法人には参加しない意向である。

（２）A集落

①集落の概況

以下では，法人を構成するA集落を取り上げてみていく。ただし，集落の全農家の概況まで踏み込んでみていくため，個人が特定されないようここでは集落名を伏すことにする。

A集落は，氏神の祭礼や生産調整を実施するなどの基礎単位であり，同集落の農家数及び経営面積の推移を示したのが**図6-1**である。1970年の農家数は35戸，経営面積は49.0ha（ほぼ水田）である。佐賀市に近いことから兼業

---

(10) 前掲「九州水田地帯における農業構造の変動と集落営農」を参照。

図6-1　A集落の変遷

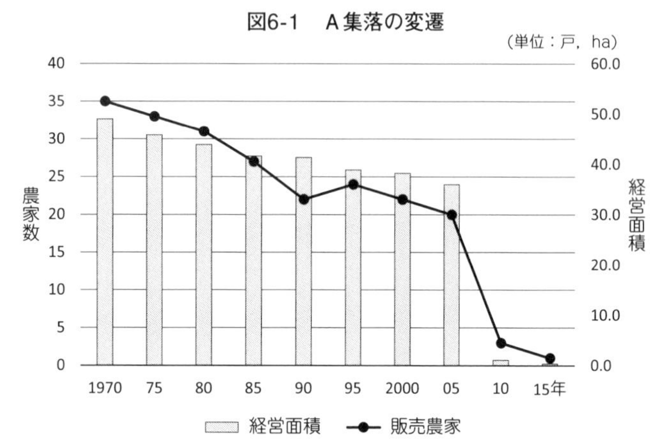

資料：『集落カード』(各年版)より作成。
注：1985年までは総農家，90年以降は販売農家の数値である。

農家（Ⅰ兼25戸，Ⅱ兼４戸）が多く，兼業化率は82.9%に達する。80年代に基盤整備をおこない，一区画50ａに整備している。その際に離農した農家も少なくなく，2000年には総農家25戸（うち販売農家22戸），経営面積38.8ha（同38.2ha）に減少し，05年には販売農家20戸，経営面積36.0haへ後退している。

先に触れたように，販売農家が大きく減少した佐賀であるが，その動きはA集落からも確認できる。2005～10年の農家数及び面積はともに大きく減少し，販売農家３戸・面積1.1haとなっている。さらに15年センサスでは，販売農家１戸･経営面積38ａ（別に貸付面積が113ａある）まで縮小している。では，統計上の動きに対し，実際のA集落では農家数や経営面積の賦存状況，さらに活動実態はどうであるのかみていくことにする。

ところでA集落については，別稿において2016年の状況を確認しており[11]，**表6-1**はそれを新たにブラッシュ・アップした21年の集落概要を示したものである。そこで，16年については必要な部分以外は別稿に譲り，本節ではこの５年間の変化と21年の状況に焦点をあてることにする。

(11)前掲「九州水田農業における農業構造変動と集落営農の展開」。

表 6-1　A 集落の農家構成と組織への参加状況（2021 年）

番号	構成員			後継者				面積（a）						組織参加				
	年齢	就業	農業従事	年齢	就業	居住	農業従事	16 年経営	経営	米	大豆	裏作麦	その他	機械利用組合	大豆利用組合	防除機械利用組合	トラクター耕起組合	CE
1	87	専業農家	○	55	自営業	同居	○	250	250	80	170	250		○	○	○	○	○
2	74	もと会社員	○	45	－	同居	×	87	87	51	36	87		○	○	○	○	○
3	84	専業農家	○	55	会社員	同居	○	247	247	137	108	245	苗置場 3	○	○	○	○	○
4	62	会社員	○	31	公務員	近隣	○	150	150	38	112	150		○	○	○	×	○
5	67	もと会社員	○	38	会社員	県外	×	145	227	82	140	222	花壇 5	○	○	○	○	○
6	63	自営業	○	32	会社員	県外	×	303	407	254	153	407		○	○	○	○	○
7	64	もと教員	○	36	公務員	近隣	○	188	188	49	138	187		○	○	○	×	○
8	60	会社員	○	娘のみ			×	210	210	210	0	210	苗置場 1	○	○	○	○	○
9	65	自営業	○	34	会社員	同居	○	279	368	244	124	368		×	○	○	×	○
10	68	もと会社員	○	34	会社員	近隣	○	207	207	140	65	205	苗置場 1	○	○	○	×	○
11	55	教員	○	学生他				146	146	146	0	146		○	○	○	×	○
12	65	団体職員	○	36	会社員	県内	○	173	173	109	64	173		○	○	○	×	○
13	55	福祉関係	○	31	会社員	県外	×	220	220	220	0	220		○	○	○	○	○
14	69	もと会社員	○	娘のみ				103	103	57	47	104		○	○	×	×	○
15	55	公務員	○	27	公務員	県内	×	281	281	223	58	281		○	○	×	×	○

資料：ヒアリング調査から作成（2021 年）。
注：1）構成員及び後継者の年齢は，単純に 2016 年の数値に 5 歳加算している。
　　2）「面積」は四捨五入しているため，合算すると合計と一致しないものもある。

統計上，15年センサスはA集落を販売農家が１戸しかいない集落としたが，16年の農家数は16戸であった。つまり，実際の農家数は05年センサスの20戸に近似したものであり，10年以降の数値は実態を反映したものではないことが分かる。そのA集落の農家数は，表中では農家数が15戸に減少している。この減少した農家は，16年時点では83歳の高齢専業農家で作業に従事していたが，17年にはそれも難しくなり，かつ後継者（62歳）も県外で会社員をしていることから17年に離農し，20年に他界している。所有する水田240ａは，農地中間管理機構を通じて法人に貸し付け，実際の耕作は５・６・９番農家がおこなう。

表中の構成員15戸は，全員が自家農業に従事している。就業状況は，会社員や公務員などが６戸，自営業２戸，さらに定年退職等のいわゆるリタイア組が５戸おり，このうち７・10・14番農家が前回調査以降この間に，定年退職を迎えている。その他に専業農家が２戸（１・３番農家）いるが，彼らも定年退職により専業農家に転じたものである（定年退職から時間がずいぶん経過しているため，表中では専業農家とした)。なお，A集落には認定農業者はいない。

構成員の年齢構成は，80代２人，70代２人，60代９人，50代３人で，平均年齢は66.2歳である。最高齢の１番農家も，実際の作業のほとんどは後継者（55歳）がおこなっており，いまのところ次世代への継承は比較的スムースに進んでいる。とはいえ，構成員も年齢を積み重ね，またその親世代も2016年以降３人が他界しており，後継者世代の農業への関与が重要になっている。

表中には，後継者として主な息子の就業等の概要を記している。学生等その他の３戸（８・11・14番農家）を除く12戸をみると，居住先は同居が４戸，近隣３戸，県内２戸，県外３戸と後継者の３分の１が同居，近隣まで含めると６割弱にのぼり，４分の３が県内在住である。また，居住形態ごとに自家の農作業に従事したものをみると，同居３人，近隣３人，県内１人，県外０人の計７人である。このうち同居の10番農家は，16年調査でも同居していたが自家農業に従事していなかった。それは，祖母が父親と一緒に作業をしていたからであるが，その祖母も高齢となり従事できなくなったことから，今回の表中では農業従事に変わっている。

これら後継者の作業従事の内容までは把握していないが，その程度は様々であろう。しかし，県内在住の後継者の約８割が自家農業に従事しており，A集落ではいまも「いえ」が強固に存在し，その機能が継続しているといえる。

また2016年と比較すると，後継者の居住形態が変わったのが１番農家（近隣→同居），５番農家（同居→県外），12番農家（県外→県内）である。１番農家は，近隣に居住していた時も自家の農作業に従事していた。しかし，構成員である父親が高齢となり，農作業に従事できなくなったことから同居をし，現在は後継者がメインで自家農業をおこなっている。５・12番農家は就業先の転勤によるものであり，両者とも県内在住時は農作業に従事している。

後述する様々な機械利用組合の共同作業等への出役は，構成員では高齢のため１番農家のみ出ず，同じく高齢の３番農家も出役はするが回数は減っている。そのため両農家の出役の中心は，同居する後継者に移っている。後継者世代では，自家農業に従事する７人のうち１・３番農家に限られる。ただし９番農家は，父親が病気で出役できない間は，後継者が代わりに出ていた。

表6-1には集落農家の経営面積と品目ごとの作付面積も示しており，前回の16年の経営面積も併記している。表中の面積を合算すると，16年と同様に集落の水田面積に比べ約３ha少ない。これは，他集落からの入作を意味する。また16年時とは異なり，先述した17年に離農した高齢専業農家の農地は，表中では実際に耕作している５・６・９番農家の経営面積に加算している。

2016年では，集落で最大の面積が６番農家の３ha，以下２ha台が７戸，１ha台６戸，１ha未満１戸であった。21年には面積を上乗せした６番農家が３ha台から４ha台となり[(12)]，９番農家は２ha台から３ha台へ，５番農家も１ha台から２ha台へ１階層上昇している。このなかの６・９番農家が集落での中心農家である。

---

(12)高齢専業農家からの借地以外に，入作農家から借地した30ａ分が増えている。

米はヒヨクモチとヒノヒカリをつくっており，作付面積は集落全体で前者6割・後者4割の構成である。転作は，集落で3年に1回のBRに取り組んでいる。転作作物はほとんどが大豆（フクユタカ）で，作付面積は12.2haである。また，米・大豆の裏作として麦を作付けしている。麦の作付けは，現在も小麦6割（ミナミノカオリ，チクゴイズミ）・大麦4割（サチホゴールデン）の構成である。その他に，16年では3番農家がハウスイチゴを34aつくっていた。それが，先の15年センサスで販売農家としてカウントされた農家と推測される。しかし，高齢化を理由にイチゴの栽培は17年でやめ，3aを苗置場として利用し，残りは水田に戻している。推測が正しければ，20年センサスでは集落農家がゼロになる可能性が高いが，執筆時点ではまだ未公表のため確認ができていない。このようにA集落は，米・麦・大豆の土地利用型に特化した地域である。

②機械利用組合の活動実態

A集落のすべての農家は，法人に参加している。先述したように法人において実際の作業に従事するのは，集落ごとの作業班である。A集落には，以前から4つの組織－A機械利用組合，A防除機械利用組合，大豆機械利用組合，トラクター耕起組合があり，これら1つ1つが法人のいう作業班に該当する。

【A機械利用組合】

「A機械利用組合」（以下「機械組合」）は，設立して30年ほど経過し，先述した基盤整備と設立時期がほぼ一致している。機械組合は，圃場が一区画50aと大きくなったのをきっかけに，大型の米・麦コンバインを導入するために立ち上げ，現在米・麦コンバインを3台（いずれも4条）所有している。当初は，コンバインを個人で所有する農家は参加していなかったが，コンバインの更新をきっかけに加入し，現在は9番農家以外のすべてが加入している。その9番農家も，いまのコンバインが使用できなくなれば自分で更新せず，機械組合に参加するようである。

出資金はなく，徴収する利用料で運営している。10ａ当たりの利用料は，2016年では米7,000円，麦3,500円であったが，21年はそれぞれ5,000円，4,000円に変更している。これは任意組織のため，財政状況に応じて利用料を変え剰余金が出ないよう調整しているからである。逆に，財政状況が厳しいときは500円ほど多めに徴収することもある。収穫作業はオペレーターがおこなうが，構成員全員が原則オペレーターとなる。コンバイン１台に付きオペレーター兼補助員２人を配置し，３台６人で作業をおこなう。オペレーター等の出役日は，各農家から希望をとるが，基本的には土・日は兼業農家に，平日は高齢専業農家が従事する。オペレーターは，自分の農地の作業をするわけではなく，計画した農地の収穫作業をおこなう（以下の「防除」と「大豆」の利用組合も同じ）。オペレーター賃金は時給1,500円で，１日10時間程度従事するため，日当換算で1.5万円になる。

【A防除機械利用組合】

もともと乗用管理機は，集落の６～７戸が集まって共同購入・利用していた。乗用管理機の更新を迎えた際，組織を立ち上げれば補助金の対象になるということで，約10年前に設立したのが「A防除機械利用組合」（以下「防除組合」）である。構成員は１～13番農家である。不参加の２戸のうち，14番農家は後継者がおらず，しかも面積も小さい。そのため自分で作業をすれば１時間程度で終わるが，防除組合に参加しみんなで作業をすると半日を要し，むしろ負担が増えるため参加していない。15番農家は規模が大きく，かつて父親が参加していたがすぐに脱退しており（理由は不明），その延長で現在も参加していない。

出資金は毎年10ａ当たり2,000円を支払い，それを原資に乗用管理機を１台購入している。大豆の防除は，集落で農薬を散布する必要のある農地を定め，当該農地の構成員個人が，防除組合の機械を利用して作業をする。その際利用料として，10ａ当たり100円（ガソリン代）のみ支払う。

他方，米・麦の防除は，構成員全員がオペレーターとして出役し作業に従事する。作業は３人１組で半日交替でおこない，半日で米は６ha，麦は７～８ha作業する。構成員は出資金の他に，利用料として10ａ当たり700円を支払う。使用する薬剤は，法人で一括購入したのち構成員個人で清算するが，それ以外の諸経費は利用料に含まれる。また，オペレーターには時給1,000円が支払われる。

【大豆機械利用組合】

「大豆機械利用組合」（以下「大豆組合」）は，約10年前に立ち上げた組織である。当初，A集落だけで組織を設立しようとしたが，JAから複数集落でなければ補助金が出ないという指導を受けた。結局，JAから提案のあった４集落で設立したが，この４集落には歴史的な交流は特にない。だが，A集落を含む３集落は同じ大字に属するが，残る１集落のみ大字が異なる。同集落は河川で分断されており，河川を挟んで３集落の大字サイドにある４戸のみが大豆組合に参加している。４集落のうち最も規模の大きな集落がA集落（約36ha）であり，それ以外の集落は15ha程度しかない。

大豆組合の出資金はなく，構成員から10ａ当たり8,000円の利用料を徴収している。大豆組合には大豆コンバインが１台しかなく，作業は集落単位でおこなう。それに加え，収穫作業の可能な日が限られているため，集落間での調整が難しい。大豆は生産調整と関係してきたため集落の全農家が大豆組合に参加しており，構成員全員がオペレーターとなる。まず，大豆の収穫スケジュールを決め，スケジュールごとに出役可能な構成員に挙手してもらい，オペレーター兼補助員を割り当てている（大豆コンバイン１台に付き２人）。ただし，転作大豆が当たっていない構成員はオペレーターから外すが，オペレーターの確保が困難な場合には出役してもらうこともある。オペレーター賃金は，時給1,500円である。

2016年調査時では，作業日の縛りを解消するため，A集落独自で大豆コンバインを購入しようという話があがり，補助事業の対象となる法人かんざきが大豆コンバインを購入し，それをリースしてもらうか，A集落で地域集積協力金を原資に補助金なしで購入するか，検討していた。その後，18年に地域集積協力金を活用して大豆コンバインを１台購入している。それとともに先の４集落による大豆組合から離脱し，集落単独による「A大豆機械利用組合」を立ち上げている。作業手順やオペレーター，その賃金等は大豆組合時と同じであるが，利用料は地域集積協力金を用いるため5,000円に引き下げている。

【トラクター耕起組合】

「トラクター耕起組合」（以下「耕起組合」）の設立は2013年と，４つの組織のなかでは最も新しい組織である。これは，法人の前身組織である神埼地区営農組合から，補助金受給の打診があったことがきっかけである。構成員は１～３番農家，５・６番農家，８・14番農家の７戸と，他に比べ参加戸数は少ない。多くの農家は各自でトラクターを所有していることに加え，耕起組合では作業時間の短縮を目的に，大型トラクター（80馬力）を購入したため，比較的大規模な農家の参加に限られている。

構成員は，出資金として毎年10ａ当たり6,000円を支払う。だが，大型トラクターの利用料は徴収せず，出資金ですべて賄っている。作業は，構成員が個々におこなう。通常のトラクターでは，50～60ａの作業で3.5時間を要すが，大型トラクターでは1.5時間しかかからない点が耕起組合のメリットである。

③小括

A集落では，その時々に必要とした農業機械と，それを必要とする農家が異なることから別々に４つの組織を設立し，その構成員も異なっていた。それを踏まえつつ，米・麦・大豆の作業従事状況等を整理する。

まず米について，a）組織が存在せず，かつ各農家が個人で作業を完結しているのが育苗，田植え，草刈り，水管理である。ただし，２番農家のみ田植機を所有していないため，３番農家に作業委託している。b）組織はあるが構成員は少数であり，組織の性格も機械の共同利用に限られ，不参加の農家はもちろん，構成員も作業を個人で完結しているのが耕起・代かきである。c）組織が存在し，大部分の農家が参加しており，オペレーターによる協業体制に取り組んでいるのが防除と収穫である。

他方，麦及び大豆の作業状況は，ほぼ一致している。すなわち，先のa）と同様に播種と管理は個人で作業をおこない，防除と収穫もc）のとおりである（ただし，大豆の防除は個人）。また，d）経理の一元化は，米・麦・大豆ともに枝番方式である。

以上のように，投下する労働力の形態が個々による作業か，組織を介した協業かの相違はあるが，総じていえば，「いえ」がしっかり残っており，個々の農家が労力を保有しているなかでの組織化であり，逆に組織をはじめたが故に，個々の労働力を確保し得ているともいえる。そしてその特徴は，次のことからもみてとれる。

第１に，親世代から現世代への継承が確実におこなわれていることである。例えば，11番農家は父親が84歳のとき（2016年）に，子供に組織の名義を変更している。それに際し，４～５年前から組織での作業に従事させるなど，世代交代に向けた準備を進めてきた。こうした形で世代交代をしたのが，表中の50代～60歳までの構成員である。

第２に，組織内でのつながりも，同級生など比較的年齢の近い層が複数形成されている。例えば，９・12番農家は同級生である。１・11・13番農家も同級生であり，15番農家はその１つ下である。このような気心の知れた同級生を中心とした層の厚みが，組織の原動力であると同時に強みでもある。

第３は，さらに第１の特徴の次世代への継承である。A集落において，後継者世代で農作業に従事するのは７戸であった。いずれも親世代と同居あるいは近隣に住居を構えており，兼業地帯の強みといえる。彼らのうち現在組織の作業に従事するのは１・３番農家のみであり，残る５戸は自家農業の作業に限られる。しかしその多くは，親世代がまだ60代と若く組織の作業に従事できているためである。むしろ，親世代が病気で従事できない際に出役した９番農家のように，自家農業への従事が不測の事態に際しての組織での活躍を担保するものであり，それが今後の集落営農の後継者予備軍に結び付く。

（3）B集落

同じく**図6-2**には，法人の構成集落かつ「むら」にあたるB集落の農家数及び経営面積の推移をあらわしている。1970年の農家数は36戸あり，A集落と同じくほとんどが兼業農家（Ⅰ兼26戸・Ⅱ兼９戸）である。農家数は85年まで30戸台をキープしており，90年から05年も若干減少するが26～27戸で変化はない。だが，10年に７戸，15年には４戸へ減少している。これに対し経営面積は，70年から00年まで50ha台前半を維持し，05年には約60haとなり（いずれもほぼ水田である），10年以降は30haへ減少している。

これに対し現地調査（2015・17年）では，B集落の農家数は19戸，水田面積は60haである。19戸のうち15戸がⅡ兼農家，残りは高齢を含む専業農家であり，年齢では60代以上が過半を占める。集落には認定農業者が２人いたが，１人は先述した神埼地区の最大農家で，世帯主（70歳）と息子（45歳）の２人で営農し，経営面積38haで米･麦･大豆をつくっている。もう１人（50

図6-2　B集落の変遷

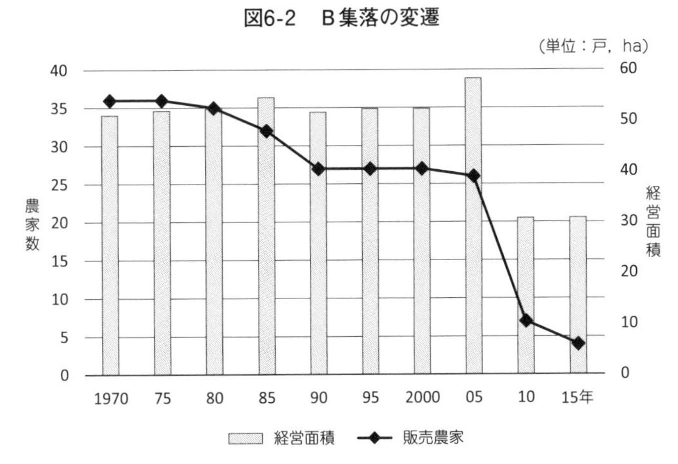

資料：『集落カード』（各年版）より作成。
注：1985年までは総農家，90年以降は販売農家の数値である。

歳）も個人でしていたが，後継者の確保に不安があったため，組織及び法人に参加している。

B集落では，1987年頃に「B機械利用組合」（以下「利用組合」）を立ち上げ，現場ではこの利用組合を作業班と呼んでいる。設立のきっかけは，一区画30～40ａの圃場整備をおこない，それに合わせた大型コンバインの導入と，そのための補助金の受け皿組織が必要であったからである。当初は，個人で作業ができない農家や，コンバインの購入が困難な農家のみが参加し，必ずしも多くの農家が参加したわけではない。出資金はなく，利用組合で購入したコンバインの補助残額を，構成員で負担するのが出資金に相当する。

その後，2007年の品目横断的経営安定対策の面積要件がネックとなり，先述した神埼地区営農組合を設立し，B集落では認定農業者以外が利用組合，営農組合及び法人に参加している。それ以降，利用組合でトラクターや田植機など必要な機械の装備を進めたため，A集落のように役割に応じた複数の組織は併存していない。現在利用組合では，トラクター，乗用管理機，米・麦コンバイン，大豆コンバインを所有している。田植機は，構成員が所有する４台をリースしてきたが，このうち状態の良い２台をこれまでどおりリースし，新たに１台（８条）を，B集落の地域集積協力金を活用して購入する予定である。

現在，利用組合及び法人には18戸が参加し，集落の水田の２分の１にあたる30haをカバーしている。そのうちの約８割を農地中間管理機構に貸し付け，それを法人が利用権の設定（10年）をし，残りの２割は機構を通さず直接法人と利用権を設定している。小作料は，いずれも10ａ当たり2.5万円である。

作業は，基本的には60～70歳の高齢専業農家を中心とした４戸のオペレーターがおこなう。だが，田植えと米・麦・大豆の防除及び収穫作業については，４～５人の若手の構成員（30代～40代）にも，土・日にはできるだけ出役してもらい，技術指導や作業経験を積ませることで次世代を育成している。また田植えや収穫作業では，機械１台に付き補助員を２～３人配置するため，必ず各戸から１人出役してもらうとともに，不足時には規模の大きい構成員から若干多めに出役してもらう。オペレーター賃金は時給1,300円で，補助員は1,000円である。

作業別に従事状況を整理すると，米について，①育苗はかつて個々の農家がおこなっていたが，2014年から作業班で共同育苗に取り組んでいる。②２回おこなう耕起は，麦あとの水稲の１回目は，利用組合が所有するトラクターでオペレーター４戸がおこない，構成員は利用料として10ａ当たり1,500円を支払う。２回目は，構成員が自己所有のトラクターで個々に作業をする。③代かきは，２回目の耕起と同じである。④田植えは，従来個々の農家でおこなっていたが，15年から作業班による共同作業に取り組んでいる。共同作業はオペレーター４戸がおこない，構成員は実費を利用料として支払う。⑤防除は，利用組合が所有する乗用管理機でオペレーター４戸がおこない，構成員は10ａ当たり1,000円の利用料を支払う。⑥収穫も，利用組合のコンバインを用いてオペレーター４戸が作業をおこない，構成員は利用料として10ａ当たり5,000円を支払う。⑦草刈りや水管理はすべて個別の構成員がおこなっており，これら管理作業を委託する構成員はいない。

他方，麦及び大豆の場合，⑧播種及び管理作業は個々の農家がおこなう。なかでも大豆の播種は，雨等天気の問題で作業期間が限られるため共同作業が難しく，かつ大豆の発芽は播種に大きく左右されることから，高齢者が共同作業に否定的である。⑨防除と収穫は作業班でオペレーター４戸がおこなう。利用料は，防除が10ａ当たり1,000円，麦の収穫は4,000円，大豆は6,000円である。

以上のことから，利用組合ではほとんどの作業を固定した４戸のオペレーターが従事する協業体制がとられている。経理の一元化は，利用組合でもプール計算は進んでいない。だが，オペレーターを中心とした協業体制が広がりつつあるため，法人のなかのモデルケースとして，プール計算に向かう予定である。また構成員の女性は，播種や補助作業での関与はあるが，それ以外では利用組合や法人との接点はほとんどない。他方で，作業班のなかからタマネギやキャベツ等の園芸作物に取り組みたいとの声も出ており，女性が参画できる野菜部門の導入も喫緊の課題としている。

4．農事組合法人・もろどみ

佐賀市諸富地区（昭和合併村）には集落が21あり，米・麦・大豆やタマネギ，ハウスイチゴが盛んな地域である。諸富地区では，1994年にライスセンターを統合してCEを建設している。また，圃場整備は30～40年前におこない，一区画の平均面積は20ａである。

農家数は，農業センサスによると2005年で281戸であったが，品目横断的経営安定対策を経た10年は110戸へ６割減少し，さらに15年は91戸へ減少している。同様に農地面積は，05年の541haが10年には６割減の211haへ，15年は大きな変化はなく202haであり，そのほとんどが水田である。

21集落のうち14集落で任意の集落営農が10組織ある。集落営農の前身組織はなく，品目横断を契機に米・麦・大豆の集落営農が設立された。10組織の構成農家数は全部で140戸，水田面積は336haである。したがって，センサスの数値と比較すると，諸富地区においてもこれまで触れたように，統計上の変化と実態とが一致しているわけではない。オペレーターがおこなう作業は，組織により若干異なるが，概ね米の収穫，麦の防除と収穫，大豆の防除である。大豆の収穫作業は，大豆コンバインを所有する５組織はオペレーターの共同作業で，その他は1990年代後半にJAの青年部が立ち上げた大豆のコンバイン組合に作業委託している。なお転作大豆は，地区全体でBR（３年に１回）に取り組んでいる。経理は，米・麦・大豆ともに枝番方式である。その後，①オペレーターの高齢化と集落営農の存続の問題，②大規模農家の不測の事態（病気等）への対応の必要性，③若手オペレーター（多くが施設園芸）の労力負担の問題と施設園芸への影響，④集落営農の状況に応じて個別に集落営農を合併することの煩雑性，⑤農地中間管理事業の地域集積協力金を受給できることを踏まえ，CE利用率が高いことからCEを範域に10の集落営農を広域合併して，2015年に農事組合法人「もろどみ」を設立している。

構成員は，集落営農時よりも18人減の122人，水田面積も26ha減の310haでスタートしている。減少した18人のうち16人は，集落営農時に高齢化等で離農している。残り2人（65歳前後）のみ裏作でつくるタマネギの出荷名義の関係で[13]，法人化に際し離脱している。他方，スタート後に集落営農のない3集落の農家10戸・16haが新たに法人に参加し，現在132人（約半分が60歳以上）・326haとなっている。326haのうち295haで農地中間管理事業を活用し（農地集積率53%），残りは未相続農地等のため相対で借地している。小作料は上・中・下田に分かれ，上田（2.1万円）が約85%を占める。地域集積協力金は，集落営農が所有する機械の買い取りと機械の新規購入に充てており，各構成員は新たな機械更新をしないことで合意している。

品目別の面積は，概ね米200ha（モチ米が5割），大豆は110haで地区のポンプごとに農地を割り当てており，両者の裏作麦が310ha（約4分の3が大麦）である。うるち米の約4分の1が保有米で，構成員は60kg当たり1.4万円で法人から購入する。法人化後，各集落営農は解散したが，実質的にはそれらを作業班と位置付けている。構成員122人のうち59人がオペレーターとして従事している。だが，作業班によってその人数は異なり，10の作業班のうち2つは全戸出役，残りは4～10人体制である。オペレーターは，4割が兼業農家，3割が施設園芸（イチゴなど）等の専業農家，残り3割が高齢専業農家であり，少しずつ高齢専業農家が増えてきている。共同作業の内容は集落営農時とほぼ同じであり，集落営農時にはバラバラであったオペレーター賃金を，法人では時給1,500円，補助員は1,000円に統一している。管理作業はもとの耕作者がおこない，労賃は従事分量配当である。なお，経理は枝番方式のままである。

諸富地区には大規模農家が，15haの最大農家1戸の他に，8haクラスが9戸いる。最大農家（56歳）は，米・麦・大豆に加え，ハウスイチゴをつくる複合農家であり，後継者が福岡県のハウスイチゴのメーカーで研修を受け

(13) タマネギの一部は，農協以外の業者にも出荷しており，法人に参加すると個人名での出荷ができなくなることから参加を見合わせている。

ている。同農家は集落営農に参加していなかったが，本人の年齢及び後継者がイチゴに特化することから法人のなかに「個人作業班」を設け，同農家の借地を法人との利用権設定に切り替えて法人の作業を引き受けつつ，所有地は自作する形にして共存・連携している。8ha規模の9戸のうち6戸は，高齢化や後継者不在などを理由に法人に参加している。残り3戸のうち1戸(50代後半）は様子をみており，もう1戸（60代前半）は自分で農業をしたいということで不参加である。最後の1戸（70代前半）は，米・麦・大豆とハウスイチゴをつくっており，後継者もすでに就農していることから法人に参加する意向はない。

5．まとめ

佐賀では，品目横断的経営安定対策の導入を契機に，集落営農をめぐって統計上の変化と集落営農の形態の変化がみられた。前者は，①販売農家の減少，②集落営農の設立とその構成員として販売農家を吸収し，③集落営農の農地集積率が突出して高く，その点で④集落営農が農業構造変動の主役的位置にあった。しかしその後は，⑤販売農家の減少が緩やかとなり，⑥集落営農数とその構成員・農地集積面積も減少に転じるが，⑦農地集積率には大きな変化がみられず，⑧集落営農を中心とした農業構造は継続していた。

このうち②～④は，統計上の変化だけではなく，本章で取り上げた調査事例を通じても確認できた。すなわち，集落のほとんどの農家が集落営農（法人）の構成員となり，集落「ぐるみ」型の集落営農（法人）が集落農地の多くを集積するなど，集落営農（法人）が構造変動の主体であった。他方，①及び⑤は現場の実態とは異なっていた。A及びB集落，さらには諸富地区では，2005年センサスに近似した，あるいは10年センサスを上回る農家が現存するとともに，集落営農の構成員でもあった。彼らはその形態こそ様々であるが，集落営農のオペレーターや補助員，さらには自己による管理作業の従事など実態は農家そのものであった。つまり，当初からいわれたように販売農家の減少は，実態と乖離した統計上の問題であることが再確認できる。

だが統計上の問題は，それ以外にもみられる。法人のかんざきやもろどみは，CE単位で集落営農を広域合併したが，農家－集落営農（作業班）－集落－CE－広域合併法人という重層性を有し，それらを内部組織化したものが合併法人の本質であった。農家は一部の機械作業及び管理作業を自己でおこない，集落営農（作業班）では構成員がオペレーターあるいは補助員となって作業に従事し，集落では生産調整・BR及び農地利用の調整をおこない，法人は経理の一元化と利用権の設定，補助事業の受け皿機能を発揮し，CEで乾燥調製していた。つまり，ハード面＝実作業部隊である農家・集落営農（作業班）・CE，ソフト面＝経理及び法的制度的対応の法人，そして両者の調整役である集落という，主体の重層性と機能分化がみられる一方で，センサスでは経理の一元化を基準に把握するため，先述した販売農家はもちろん，集落営農（作業班）といった外形的な把握に加え，実作業の主体もスルーするなど実態の把握に追い付いていない。

⑦は，調査事例でも実質的な量的変化はあまりみられなかった。だが，法人化にともなう利用権の設定及び農地中間管理事業の活用といった法的かつ制度的対応がみられた。

他方，⑥に関しては調査事例では，かんざきは既存の集落営農（機械利用組合）がそのまま組織として残存しているが，もろどみでは集落営農は解散していた。ただし，前者も販売は法人名義のため，既存の集落営農（機械利用組合）が集落営農としてカウントされていないものと思われる。佐賀ではこうしたCE単位による集落営農の広域合併が少なくなく，それが集落営農数の減少に影響していると推測できる。

いま1つの集落営農を構成する農家数の減少は，かんざきでももろどみでも確認できた。すなわち，かんざきでは法人化の際に前身の集落営農（＝神崎地区営農組合）から30戸近くが，同じくもろどみでも設立時に18人が離脱していた。それらの多くは，他界や病気，高齢化にともなう体力の限界といったやむを得ない事由であった。そのような構成員の減少がみられつつも，集落営農法人自体は実作業部隊である個別農家や機械利用組合（作業班）が相互にカバーし合うことで，⑧のとおり集落営農が地域農業の中心的な担い手として活躍していた。

その集落営農も，機械利用組合からはじまりCE単位の広域合併法人へと展開するなかで，構成員の農地を集積し規模を拡大してきた。ただし，農地集積の意味は各段階に応じて異なっていた。第1は，農地への機械投資を抑制するための農地集積，裏返せば機械の単位当たり稼働面積を高めるための農地集積であり，A集落の機械利用組合がこれにあたる。第2は，オペレーターがほとんどの作業をおこなう協業化がみられ，第1に加え，実作業面積を集約して作業効率を高める農地集積であり，B集落の機械利用組合があてはまる。第3は，法人化を通じて，権利関係をともなう経営面積としての農地集積である。これは，法人化したかんざき及びもろどみが該当する。だが，両者ともに既存の集落営農の残存・解散を問わず，事実上それらが実作業部隊であり，経理面では枝番方式であった。したがって，法人経営としてみれば，作業及び経理双方において，権利関係をともなう農地集積のメリットを必ずしも享受しているわけではない。

このようにみると，法人化し経営の視点が入ることでクリアすべき課題も少なくない。だが，農政が描くような集落営農の法人化という「器」と，作業の協業化やプール計算といった経営の内実とをほぼ同時に兼備する集落営農も，全国的にはいまだマイナーな存在である。それぞれが直面する状況あるいは環境に応じて，緩やかであるかもしれないが，確実に変容してきている法人化した集落営農内部での多様な取り組みを後押しし，実らすことが求められよう。

第Ⅱ部

韓国

第7章

グローバリゼーションと韓国農業

1．グローバリゼーションの進展

第１章で述べたように，1990年前後から動き出したグローバリゼーションは，すべての国家が有する主権の裁量性を制限することで，貿易に関しては「例外なき関税化」を錦の御旗に，農産物貿易の自由化と市場開放を強力に推進するとともに，農業政策に関してはWTO農業協定による国際ルールへの一本化が進められた。

国際政治では，東西冷戦の終結もグローバリゼーションの推進に大きく寄与したが，休戦状態にあり朝鮮戦争の当事者である韓国は，敵対関係にある中国・ソ連との個別の関係改善が求められた。なぜならば，全体として冷戦が終結しても，朝鮮半島には局地的な緊張関係が残るからである。そこで，1988年のソウルオリンピックにソ連・中国が参加したことを契機に，韓国は90年には韓ソ首脳会談をおこない国交を樹立し，中国とも92年に国交樹立を果たした[(1)]。北朝鮮との緊張関係は依然継続しているが，北朝鮮が最も頼る中国・ソ連との国交樹立は，朝鮮半島全体の緊張緩和につながり，韓国も世界の潮流に乗ることとなった。

しかしWTO体制下における韓国は，農産物の市場開放に関して日本とは大きく異なる。すなわち，韓国の農業分野はWTOでは「途上国」扱いとな

（1）五島隆夫「冷戦から脱皮する朝鮮半島」斎藤志郎･高野孟編『新世紀のアジア』サイマル出版会，1991年。

っているからである(2)。途上国扱いは，先進国よりも求められる関税削減率や農業補助金の削減額が小さく(3)，その結果，韓国の平均関税率は119.8％と日本の12.5％を大きく上回る（2010年）(4)。

また米については，日本と同じく関税化を回避する代わりに，最低限の輸入機会の提供であるミニマム・アクセス（MA）を受け入れることとなった。しかし，関税化までの猶予期間は，日本の場合1995～2000年の６年間であるのに対し，「途上国」扱いの韓国は1995～2004年までの10年間と期間が長い。さらに，輸入すべきMA米の量も，日本は国内消費量の４％（42.6万トン）から開始し，00年には８％（85.2万トン）まで拡大しなければならないのに対し，韓国は95年で国内消費量の１％（5.1万トン）を，最終年の04年には４％（20.5万トン）を輸入することにとどまる。

このように農業分野では「途上国」扱いの恩恵を享受しつつ，世界的なグローバリゼーションの潮流にのった韓国であるが，1997年のアジア通貨危機の直撃を受け，IMF主導による経済構造の新自由主義化が強力に進められた。

（2）韓国はOECDに加盟した1996年に，農業分野のみ開発途上国の地位であることを主張し，開発途上国としての優遇措置を受けている。しかし，アメリカ・トランプ大統領が2019年７月に，開発途上国を上回る経済力を有する国が，WTOで開発途上国扱いされ優遇措置を受けているのは不公平であるとして，当該国に是正を求めるとともに，是正されない場合はUSTRが開発途上国としての優遇を中断すると宣言している。

韓国政府は，今後のWTO交渉では農業分野への影響も避けられないであろうが，これまで実施してきた関税措置，農業補助金は維持できるとし判断，途上国扱いの放棄を2019年10月に決定・公表している（「朝鮮日報」2019年10月25日付け，「中央日報」2019年10月25日付け）。

その一方で，2008年のWTO農業交渉の提示にもとづけば，仮に韓国が先進国扱いになると，米の関税率は513％から393％へ，AMS（助成合計量）も１兆4,900億ウォンから8,195億ウォンへ減少するとの報道もある（「朝鮮日報」2019年10月26日付け）。

（3）農産物の関税率は，先進国は10年間で36％削減しなければならないのに対し，途上国は24％の削減にとどまる。同様に，農業補助金も20％削減しなければならない先進国に対し，途上国は13.3％の削減にとどまる。

（4）国家戦略室「開国フォーラム資料」2011年。

その影響により韓国の貿易スタンスは，従来のWTOを中心とした多国間協議から，より自由貿易を柔軟に推進できる二国間協議に切り替え，2000年代中葉以降，FTAの締結・発効を急速に進めている。特に2010年代は，アメリカやEU，オーストラリア，中国といった農産物輸出大国とのFTAを発効するなど，韓国をフィルターに巨大経済圏や新興国と経済的に結び付く「FTAハブ化」を進めている。締結したすべてのFTAでは，米を生産していない国も含め，米は例外品目扱いとしている。これは，WTOでのMAの受け入れとの整合性だけではなく，韓国農業の中心である米は死守するという政治的シンボルとしての意味がある。FTAによる自由化率は締結国によって様々であるが，アメリカ・EUとは米以外のすべての品目に対し，最終的には関税を撤廃するなど極めて高い水準のFTAを結んでいる(5)。

では，新自由主義的経済構造への転換や自由貿易の急進は，韓国農業にどう作用しているのか。**図7-1**は，2000年を100としたときの農産物輸入・国内農業生産・農産物価格の動きをみたものである。なお，韓国はアジア通貨危機前後で経済構造が大きく変容しているため，2000年を基準として指数化している。

農産物輸入額は1990～95年にほぼ倍増している。しかしそれ以上に，FTAを推し進めた2000年代中葉以降，特に近年大幅に増加しており，20年は2000年の５倍強を記録している。

他方，国内生産に注目すると，農業生産では1990年代は前半・後半ともに10ポイント近く増えており，農産物の輸入増と並進していることが分かる。ところが，2000年以降の数値は概ね100とほとんど変化はみられず，これまでのような拡大傾向がストップしている。さらにいえば，20年は95.6と近年のなかではより減少しており，それが一時的なものなのか，新たな傾向のはじまりなのか，今後慎重に吟味する必要がある。とはいえ，日本のような傾

(５)IMFコンディショナリティーからFTAまでの動きは，拙著『FTA戦略下の韓国農業』（筑波書房，2014年）第１章を参照。

図7-1　韓国における主な農業指標の推移

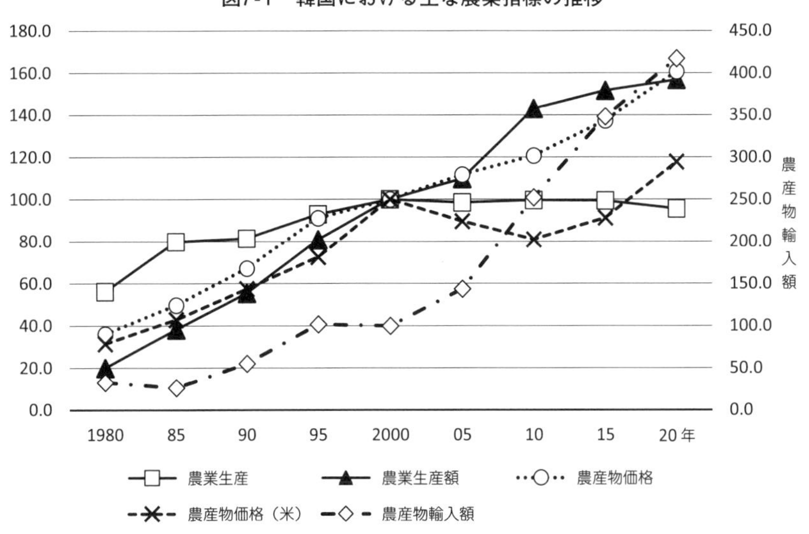

資料：『農林畜産食品統計年報』(各年版)より作成。

向的低下には至っていない点が大きく異なる。他方，生産額ベースでは一貫して増加傾向にあり，20年は156.8を記録している。生産額は国内生産に農産物価格を乗じたものであり，前２者の動きを踏まえると残りの価格が上昇した結果といえる。実際に図中の農産物価格をみると，いずれの期間も上昇しており，特に1990～2000年，ならびに2000～20年はともに４～６割増を記録している。

その一方で，米価は後述する国家管理（価格支持政策等）から需給動向を反映する市場メカニズムでの決定に転換して以降，低下傾向にあり(6)，2000年に対し10年で２割，15年でも１割ほど低い水準にあった。特に15年前後は米過剰が問題となり，その解消として畑作物への転換を推進していた。だが，ここ最近はそれに加え，米の不作が続いたことで20年の米価は上昇し

(６)韓国における米の価格支持政策については，キム･ビョンテク『韓国の米政策』（ハヌル，2004年）第４章を参照。

表7-1　食料自給率の推移

（単位：%）

		1990	95	2000	05	10	15	19年
カロリー		62.6	50.6	50.6	45.4	46.8	42.5	34.6
重量	米	108.3	91.1	102.9	96.0	104.5	101.0	82.3
	豆類	24.5	11.7	8.2	10.7	11.0	10.8	8.0
	野菜類	98.9	99.2	97.7	94.5	90.1	87.7	87.4
	果実類	102.5	93.2	88.7	85.6	81.0	78.8	74.5
	牛肉	53.6	50.8	53.2	48.1	43.2	46.0	36.5
	豚肉	100.3	96.6	91.6	83.7	81.0	72.8	74.0
	鶏肉	100.0	98.1	79.9	84.3	83.4	86.6	89.1
	鶏卵	100.0	99.9	100.0	99.3	99.7	99.7	99.5
	牛乳類	92.8	93.3	81.2	72.8	66.3	56.6	48.7

資料：韓国農村経済研究院『食品需給表』（各年版）より作成。

ている。

つまり韓国の場合，2000年以降，輸入の大幅増，生産の停滞と価格の上昇（米を除く），その結果生産額も増加するといった関係にあり，日本のように国内生産・価格・生産額の全面的後退に陥っていない点が大きな特徴である。

次に，カロリーベース及び品目別（重量ベース）の自給率をみたのが**表7-1**である。カロリーベースでは1990年に6割を超えていたが年々低下し，2000年代に入って4割台となり，19年には34.6%まで後退している。品目別では，米は15年まで一貫してほぼ100%の自給を達成していたが，関税化したのちMA米のカウント方法が変わり8割台へ落ちている。野菜類は15年に9割を切り，果実類と豚肉も7割台に突入し，牛乳類は4割台へ低下，牛肉も3割台へ落ちるなど，概ね農産物輸出大国とのFTAを発効した2010年以降に低下を強め輸入依存が高まっている。

2．担い手

（1）農業・農村基本法

韓国では，1967年に農業経営の近代化や生産性向上を追求した農業基本法を制定したが，1999年にWTO対応として新たに農業・農村基本法を制定・移行している。その点は，同年に食料・農業・農村基本法を制定した日本と同じである。

農業・農村基本法の目的は,「国家と国民経済の基盤である農業と農村の発展を図る」(第1条) ことである。その「基盤」とは, 国民への食料安定供給と国土環境保全を指し, そのために農業では農業者に対し他産業従事者と均衡した所得を実現し, 農村では固有の伝統と文化を保存する豊かな産業・生活空間へ発展させるとしている (第2条)。特に他産業との所得均衡は「農業構造改善 (経営規模の拡大—筆者注) を通じて」(第7条) としており, それらは日本のかつての農業基本法と類似している。

その他, 同法の特徴的な条文には, ①環境親和的農業の育成 (第9条), ②統一対比農業政策 (第10条), ③農業者に対する所得支援 (第39条) などがある。①は日本よりも先に, 有機や無農薬の農産物など環境にやさしい農業の育成を明記している。②は南北統一に備え, 北朝鮮農業の調査・研究を図るものであり, 分断された国家・民族独自のものである。③は, 同法の付則第2条において農産物価格維持法を廃止し, それに代わる所得支援としての直接支払いの導入を意味している。つまりは, 農業・農村基本法がWTO対応を意識したものであることを示している。具体的には,「零細農などのための支援」,「農業経営の規模化など構造調整のための支援」,「条件不利地域に対する支援」,「その他農業生産と直接関連しない所得補助」などを列記しており, 実際経営移譲や米所得補填, 親環境農業, 条件不利地域など多岐にわたる直接支払いを導入している [7]。この直接支払いの一部については第8章で取り上げるが, さらにこれらの直接支払いはのちに公益直接支払いへ一本化することになる (第11章)。

以上が, 韓国の農業・農村基本法のアウトラインとその特徴である。そのなかで, 日本の食料・農業・農村基本法と部分的に異なる点については指摘したとおりである。だが最も大きな相違は, 日本のそれには名称に食料がつ

(7) 直接支払いについては, 拙著『条件不利地域農業』(筑波書房, 2010年, 第7章), 前掲『FTA戦略下の韓国農業』(第5章) を参照。

いており，しかもその順番も先頭にくることである。日本では，農家のマイナー化と圧倒的多数の消費者という構図のなか，消費者の最大の関心は食料の量的・質的（安全・安心）及び価格面での安定供給にある。それ故の最初の食料への言及であり，農家はそれらに対応する位置関係におかれる。

他方，韓国でも文中では食料の安定供給に言及しているが，法律のメインは農業及び農村の発展である。やや大雑把に整理すると，農業・農村のなかでも農業者の所得増大が大きな目的に位置づけられており，そのための主要手段が規模の拡大と直接支払いである。すなわち，〈経営規模の拡大→農業者の所得増大→安定的な生産あるいは増産が可能→食料の安定供給プラス農村の発展・多面的機能の確保→それらを直接支払いでさらにサポートする〉という流れである。その点で，農家のマイナー化が日本のように際だった状況下にはない韓国では，消費者よりも生産者重視の関係がみてとれる。

ところが農業・農村基本法は，2007年に農業・農村及び食品産業基本法へ移行している。農業・農村部分は，基本的には農業・農村基本法を継承しつつ，食品産業が新たに加わったものである。それは，この間の生産者から消費者への比重の変化や，FTAの展開にともなう農産物の市場開放と消費者への関心の高まりなどが影響していよう。だが，日本の食料・農業・農村基本法と重複しないよう食品産業を選択している。食品は通常，調製や加工等人の手が加わる前の農産物を指さないことや，人間の食べ物を指すため家畜の飼料等は対象外であること，食品産業としたことで食品（＝消費者）が主ではなく，産業（＝企業）が主といった点で問題はある。

いずれにせよ，農業・農村部分において共通する所得の増大につなげる規模拡大は，それを希望する農家に農地が動き，集積されなければならず，そのための農地の流動化に関する具体的なルールが求められる。だが韓国では，憲法で農地の所有についての大原則はうたっているが，それを具体化する農地に関した法整備がなされないまま農業基本法が制定され，1994年になってようやく農地法が制定された。このようにみると，韓国における農業政策が制度的に体系化したのは20世紀末といっても過言ではない。では，憲法の大原則と農地法は，農地の流動をどのように定めているのか，第10章の実態調査でも取り上げる農業法人の要件なども含め，簡単に整理しておく。

（2）憲法

韓国では，憲法の第121条で農地の所有についてうたっている。その第1項で，「国家は農地に関し耕者有田の原則が達成されるように努力しなければならず，小作制度は禁止される」とする。すなわち，農地（田）は耕作する者が所有する（＝耕者有田）ものであり，自作農主義を原則とする。それ故に，農地の賃貸借（小作制度）は原則禁止される。

その一方で，第2項では「農業生産性の向上と農地の合理的な利用に加え，やむを得ない事情で発生する農地の賃貸借と委託経営は法律が定めるところによって認められる」ともする。つまり，借地人の効率性・合理性と貸付人の「やむを得ない事情」といった双方のメリットが一致した場合のみ，農地の賃貸借や委託経営（日本でいう作業受委託）が認められるということである。

では，例外的に農地の賃貸借や委託経営が認められるやむを得ない事情とは何か。それを明記したのが，1994年制定（96年施行）の農地法である。

（3）農地法

農地法の第6条第1項では，「農地は，自家の農業経営に利用するものであり，利用できないものは農地を所有することはできない」と規定している。すなわち，耕者有田の再確認である。そして，農地所有資格が与えられるものが，個人では農業者に加え，農業者になろうとしている者も含まれる。

一方で，次のいずれかに該当する場合は，農地所有資格がなくても農地を所有することができる。すなわち，①農地法施行日（1996年1月1日）以前から所有する農地，②週末・体験農業目的で1世帯当たり10 a 未満の農地，③相続による1 haまでの農地，④8年以上農業経営したものが離農時に所有していた農地のうち1 haまでの農地を継続して所有する場合，などである。

所有する農地は自作しなければならないが，農地法では自作を「農業者が所有する農地での耕作・栽培に従事し，農作業の２分の１以上を自己労力で耕作・栽培する」こととしている。しかし，憲法121条第２項にあるように，農地の賃貸借や委託経営がまったく認められていないわけではない。例えば，上述の①・③・④の農地は賃貸借が認められる[8]。その一方で理由に関係なく，国の機関である農漁村公社を介せば，基本的には農地の賃貸借は可能となり，必ずしも賃貸借等が例外的というわけではない[9]。

いま１つの委託経営は，部分委託と全部委託に区分される。部分委託経営は，自家労力が不足する場合，作業の一部を他のものに委託できるが，主要農作業の３分の１以上を農地所有者（もしくは世帯員）がおこなうか，または１年のうち30日以上を主要な農作業に直接従事しなければならない。他方，全部委託経営は，３ヶ月以上の海外旅行及び疾病・負傷等の治療などに限り，農作業の全部を委託するものである。したがって全部委託経営は，一時的なやむを得ない事由に限定されるため，賃貸借とは異なる。

また農地法では，農業法人にも農地所有資格を与えている。資格を得られる法人は，営農組合法人と農業会社法人であり，その定義及び要件を整理したのが**表7-2**である。営農組合法人は，農業生産だけではなく，流通や加工，さらには輸出まで射程に入れた組織である。構成員は農業者または農業生産者団体に限定され，議決権は１人１票である。したがって，日本の農事組合法人に類似した組織といえ，営農組合法人も農地を所有することができる。

他方，いま１つの農地所有資格が認められている農業会社法人は，商法を根拠とすることから，法人形態は株式会社も可能であり，その場合１人でも

（8）③・④のケースも，１haを超える農地を農漁村公社を通じて貸し付ける場合，貸付期間中は１haを超える農地の所有が認められる。

（9）ただし，農漁村公社を介した借地について地権者は，①小作料の10％前後を手数料として農漁村公社に徴収されること，②行政に貸付面積を把握されることに対する警戒，③契約書を交わすことにより農地をとられるのではないかという不安などを抱えており，ハードルが低いわけではない（前掲『条件不利地域農業』第９章）。

表7-2　農業法人の定義

①営農組合法人
【民法上の組合】
　農産物の生産・出荷，流通，加工，輸出などを共同でおこなう農業者または農業生産者団体で５人以上で設立可能。
　議決権は，１人１票。農地の所有に制限はない。

※非農業者も出資限度なく出資できるが，議決権のない准組合員となる。

②農業会社法人
【商法上の会社】
　農業の経営や農産物の流通，加工，販売を企業的におこなうもの，または農業者の農作業を代行するもの。
（合名・合資会社２人以上／有限会社２～50人／株式会社１人以上）
　議決権は出資資本による。農地の所有は，業務執行権者である農業者が1/4以上いる場合に可能。

※非農業者も出資が可能で，議決権を有する。
・総出資額が80億ウォン以下→総出資額の90/100を超えて出資できない。
・総出資額が80億ウォンを超過→総出資額から８億ウォンを差し引いた金額を出資限度とする。

資料：「農漁業経営体の育成及び支援に関する法律」より作成。

設立できる。事業は，農業経営や農産物の流通，加工，販売であり，それを「企業的」におこなうものとしている。敢えて「企業的」を明記するのは，商法・株式会社から類推すると，効率性・経済性ファーストということであり，それが営農組合法人との対置である。また事業では，農業者の農作業の代行も認められ，日本でいえば農業サービス事業体と重なる。

　さらに，農業者（農業生産者団体）に出資を限定した営農組合法人に対し，農業会社法人では非農業者の出資が可能である。すなわち，総出資額が80億ウォン以下の場合，最大その９割まで非農業者が出資することができる。一方，80億ウォンを超えるケースでは，総出資額から８億ウォンを除く金額まで出資が可能である。仮に，総出資額が100億ウォンであれば，92億ウォンまで非農業者は出資が可能であり，その率は80億ウォン以下の場合の９割を超えることになる。つまり，総出資額が増えるほど，そのシェアを高めることができる。また，どちらのケースにせよ，必ず農業者が１人は必要であり，株式会社の場合，最低２人（農業者＋非農業者）から立ち上げることができる。加えて，最低２人のケースでも，「業務執行者である農業者が１／４以上」をクリアすることから，農地の所有も可能である。

以上のように農業会社法人では，非農業者の出資制限は緩く，非農業者が経営権を有す株式会社も農地を所有できるということである。

（4）農業者・農業法人・トゥルニョク経営体

図7-2は，1990年前後以降の担い手の推移をみたものである。なお，構造改善の結果としての大規模農家の形成状況については第９章で詳述することにして，ここでは基本的特徴のみトレースする。総農家数は一貫して減少しており，2020年は74.8まで低下している。韓国の農業センサスでは，農業従

図7-2　韓国における主な担い手指標の推移

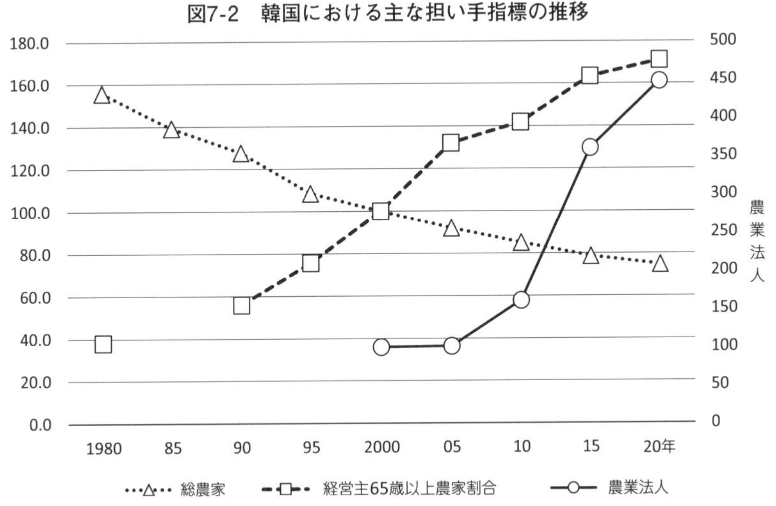

資料：『農業センサス』（各年版），『農漁業法人調査報告書』（各年版）より作成。
注：1）「経営主65歳以上農家数」のうち，1980年は60歳以上の数値である。また，85年は調査対象年ではなかったため，データはない。
　　2）「農業法人数」は，2000年から把握することができる。また，「20年」の数値は執筆段階で把握することのできた2019年の数値を用いている。

事者など個別労働力を把握していないため[10]，経営主年齢に依拠して高齢化状況をみたのが図中の経営主年齢65歳以上の農家割合である。なおデータの制約上，1980年のみ60歳以上の数値であること，また90年までは10年ごとにセンサス調査をおこなっていたため85年は空白となっている。65歳以上の割合をみると継続して上昇し，20年は2000年の1.7倍まで高まっている。割合でいえば，20年で56.0％の農家が65歳以上の経営主と過半を占めている。つまり日本と同じく，農家数の減少，経営主の高齢化が進んでおり，それは同時に後継者不在，次世代への継承という問題が顕在化している。

他方，**図7-2**には，家族経営の対極に位置する資本主義的経営の一指標として，先の農業法人の動きも併記しており，農業法人数は2000年から把握することができる。農業法人数は，2000～05年はほとんど変化がみられないが，10年には2000年の1.5倍，19年には４倍強まで増加しており，近年農業法人の設立が盛んである。

農業法人を営農組合法人及び農業会社法人に分けてみると，2017年までは営農組合法人の方が過半を占めている。すなわち，17年の数値でみると，農業法人21,659のうち営農組合法人が61.7％を占めていた。ところが18年には，21,780の農業法人のうち46.7％と農業会社法人が逆転し，さらに19年には43.9％まで低下している。

この間，農業会社法人が増えた事業分野は，農業生産，加工業，流通業に集中している。これに対し営農組合法人数はどの事業もほぼ横ばいであった。なお，営農組合法人のうち農業生産を事業とするのは全体の４割，同じく農業会社法人では３割にとどまっており，農業法人イコール農業生産というわけではない。実際，19年の１農業法人当たりの経営面積は9.5ha（営農組合法人13.9ha，農業会社法人5.3ha）と必ずしも大きくない。加えて先述したように，営農組合法人は農業者及び農業生産者団体しか出資できないが，農業

(10) 韓国の農業センサスでは，農家人口は把握している。また，彼らの年齢及び学歴別把握等をおこなうなど韓国社会の特徴を反映したセンサスという点で日本とはやや異なる。

会社法人は非農業者も多額の出資が可能なため，農業生産以外の事業が７割を占める結果となったということであろう。

こうした農業法人拡大の転換点が2009年である。農業法人自体は，WTO体制による農産物市場の開放を受け，90年代には農業法人制度を導入し，国際競争力の強化として協業的・企業的な経営体の育成を打ち出している。これに加え，2000年代の韓国政府によるFTA戦略の推進と，さらなる農産物市場の開放拡大，また先にみた国内での農業者の離農や高齢化にも対応するため，09年に「農漁業経営体の育成及び支援に関する法律」を制定し，「農業・農村及び食品産業基本法」にあった農業法人関連規定を同法に移している。そして，農業法人の育成を促進するために，様々な補助事業の対象要件に法人化を課したことが，近年農業法人が増加している要因の１つである。

この既存の農業法人に加え，2009年はトゥルニョク経営体の育成も新たに推進している。「トゥルニョク」とは，日本語に訳すと野辺や野原という意味である。トゥルニョク経営体の詳細は次章以降で改めてみるが，50ha以上の集団化した範域の水田を共同生産・管理する組織である。したがって，トゥルニョク経営体が農業法人と大きく異なるのは，農業法人は農業生産を事業とするものが少なかったが，この農業生産を強く意識していること，またトゥルニョク経営体は水田，基本的には米を対象としていること，さらに面積・規模を絶対的指標としている点といえる。なお，トゥルニョク経営体は，法人形態（営農組合法人，農業会社法人）を選択することもできる。

３．まとめ

韓国も朝鮮半島問題を抱えながら，1990年代以降のグローバリゼーションによる国家主権の制限と農産物貿易の自由化，農業政策の国際ルール化を進めてきた。すなわち，国内農業を守るべく国境措置と価格支持政策がなし崩しにされることで，韓国の農産物輸入は増大していた。韓国の場合，さらにFTAの積極的な推進が，それに拍車をかけることとなった。

しかし，国内農業への影響は，第1章でみた日本のように国内生産や農産物価格が明確に減少・低下するのではなく，韓国では農産物価格は上昇傾向，農業生産は停滞気味でとどまっていた。価格上昇は，韓国では寒波や台風など気象条件の悪化による供給不足が価格にダイレクトに反映されたことが影響しているものと思われる(11)。

一方，米だけは，WTOでの「途上国」扱いと長期のMAの受け入れ，全FTAでの例外品目扱いといった盤石な国境措置に加え，次章でみる米所得補填直接支払いなどの多様な直接支払いを講じて守ってきた。

だが韓国政府は，その一角であるMAを2015年に自由化・関税化へ移行している。そもそも日本は，先述した6年間の猶予期間中の1999年に関税化に踏み切ったが（関税率778%），韓国は10年間の猶予期間が終了したのちも，改めて2005年から10年間の猶予期間の延長を選択した。だが，延長に際し2つの条件，すなわちMA米の輸入量の拡大と飯米用への義務化が課されることとなった。前者は05年のMA米輸入量を国内消費量の4.40%（22.4万トン）とし，最終年の14年には7.96%（40.9万トン）まで増やすこと，後者はMA米輸入量の10%を飯米市場に流通させるとともに，その流通量を10年には30%（12万トン）まで拡大すること，である。

この猶予期間の延長も2014年に最終年を迎えたが，WTOでは再延長の規則を設けていない。そこで，バナナでMAを受け入れ，同じく猶予期間の延長が終了したフィリピンが選択した一時的義務免除交渉の結果を検討し，これ以上MA米の輸入が増えることは得策ではないとして，韓国は15年から米を関税化している。関税率は，これまでMA米以外の輸入実績がないことから，国際価格は隣国である中国の平均輸入価格を，国内価格は韓国農水産食品流通公社の卸売価格を用いて算出した結果，基準年度（1986～88年）の平均で571%となった。これにWTO協定で定められた途上国削減率10%を加味し，関税率513%でWTOに通報している。関税化に際し韓国政府は，急激な米輸

(11) 企画財政部『経済白書』各年版。

入量の増大に対しては特別セーフガードを発動できること，今後もすべてのFTAでは米を例外品目とすることを国民に約束している。他方，MA米40.9万トンの輸入は関税率５％で継続して輸入し続けることになるが，飯米用の義務化規定は削除される(12)。

ところで，関税化によってアメリカ産及び中国産の米が，どのくらいの価格になるのかを示したのが**表7-3**である。関税ゼロでは，アメリカ産は国産価格の45％前後，中国産も30％強と極めて低い水準にある。他方，関税率513％を課すと，アメリカ産は国産価格の約2.8倍，中国産も約2.0倍となる。したがって短期的には，関税化による安価な輸入米の増加や国産価格の低下といった事態は回避されるものと予想される(13)。

とはいえ，米の関税化への移行に対し，米農家からは国内生産及び価格への影響に対する不安の声が寄せられ，さらに**図7-2**でみた農家数の減少と高齢化・後継者不在の問題，一方でその対極に位置する資本主義的経営（＝農業法人）は増加しているが，農業生産を事業とするものがメインではなかった。これらの問題を打破すべく打ち出したのが2015年の「米産業発展対策」である。同対策は規模の拡大，コスト削減といった競争力強化，すなわちグローバリゼーション対応を基軸とする。そして，その一手段が先のトゥルニョク経営体育成の本格化である。このようにWTO・FTAへの対応として，09年の同時期に政府が推進した農業法人とトゥルニョク経営体の２つの路線は，主要な米に限定していえばトゥルニョク経営体に重心を移している。第

(12) 40.9万トンのうち30％の義務化がなくなった2015年の飯米用は６万トンへ半減し，現在は４万トンが飯米用，残り36.9万トンが加工用で販売されている。しかし韓国政府の販売調整により，実際に市場に流通した飯米用は19年で約2,500トンにとどまる（キム・ジョンイン他「米需給の動向と展望」韓国農村経済研究院『農業展望　2020（Ⅱ）』2020年）。

(13) 最近では特に大手流通企業が，オンラインショップなどで上記の飯米用を販売しており，2019年の全国における国産米の平均価格5.5万ウォンに対し，飯米用（米国産）は4.6万ウォンと２割ほど安い（「韓国農漁民新聞」2021年２月４日付）。

表7-3　米の関税化による米価比較

（単位：ウォン／80kg）

	国産産価格	アメリカ産		中国産	
		国内価格	輸出価格	浙江省	黒竜江省
無関税	170,748	75,926	79,467	55,318	56,688
関税適用	170,748	465,426	486,949	339,099	347,497
無関税	100.0	44.5	46.5	32.4	33.2
関税適用	100.0	272.6	285.2	198.6	203.5

資料：キム・テフン他「米産業，関税化以降どうなるか？」（韓国農村経済研究院『農業展望2015年』p161）をもとに加筆・作成。

注：1）国産価格とアメリカ産価格は，2014年糧穀年度（2013年11月～2014年10月）価格の平均を適用。

2）中国産価格は，2014年1～3月の平均価格を適用。

3）中国産は，中粒種の中心地域である黒竜江省と，相対的に価格が低い浙江省の卸売価格を適用。

Ⅱ部の韓国でトゥルニョク経営体に注目するのもこうした理由による。

そこで次の第8章では，米産業発展対策がどのような内容を含むものであるのか，特に直接支払いの拡充や，大規模農家及びトゥルニョク経営体の育成方針などに注目してみていく。さらに，育成を目指す大規模農家等韓国の農業構造がどのような状況にあるのか，日本とは異なる韓国的特質を含め統計データにもとづき明らかにする（第9章）。以上を踏まえつつ，韓国農政が注力しているトゥルニョク経営体は，どのような設立背景や活動展開をしているのか，その実践実態を明らかにする（第10章）。さらに，農業・農村基本法において所得支援を前面に出し，韓国では多様な直接支払いを展開してきたが，2020年から直接支払いを改編し，公益性を前面に押し立てた「公益直接支払い」を導入している。この公益直接支払いの仕組み等を明らかにしつつ，これらが構造改善にどのような影響を与えるのかについても，若干の考察をおこないたい（第11章）。

第8章

米産業発展対策

1．はじめに

1995年のWTO発足により，農産物貿易も「例外なき関税化」が求められた。ところが，前章で触れたように，韓国は米の関税化の代わりにミニマム・アクセス（MA）を，1995～2004年の10年間受け入れ，05年から14年までさらに10年間延長してきた。しかし，15年には米の関税化に踏み切り，米農家による米の国内生産，あるいは米価への影響に対する不安・不満を払拭すべく，韓国政府は関税化と同時に米産業発展対策を打ち出した。

本章では，この米産業発展対策の内容を明らかにする。ところで，米産業発展対策は大きく３つの柱－農家所得の安定強化，米産業の体質改善，米の消費・輸出の拡大促進，で構成される。このうち農家所得の安定強化は，内容が豊富なため次節で独立して取り上げることとし，第３節で後２者の米産業の体質改善及び米の消費・輸出の拡大促進に焦点をあてることにする。

2．農家所得の安定強化

農家所得の安定強化では５つの方策を掲げている。すなわち，①米所得補填直接支払いの固定支払い部分の引き上げ，②冬季における水田二毛作の拡大・推進，③畑作農業直接支払いの改編，④零細農家及び高齢農家のセーフティーネットの拡大として，経営移譲直接支払いの申請可能年齢の緩和及び農地年金事業の加入要件の緩和，⑤有機栽培による輸入米との差別化，である。このうち本節では，水田農業・米及び構造改善に大きくかかわる①と④

(直接支払いに該当しない農地年金事業には触れない[1])・⑤に限ってみていくことにする。なお，それらの施策，ならびに残りの②・③の具体的な内容は，すでに前著で明らかにしている[2]。そのためここでは施策の概要に触れつつ，米産業発展対策を含む前著以降の動きに焦点をあてることにする。

（1）米所得補填直接支払い

①制度の仕組みと実績

米所得補填直接支払いは，2005年に米のMA延長に際し，輸入義務量の拡大と飯米用への義務化が課せられたことで，米価の下落が懸念されることから，米農家の所得を補償するために導入している。米所得補填直接支払いは，2001年に導入した水田農業直接支払いと，02年の米所得補填直接支払いを05年に統合したものであり，前者が米所得等補填直接支払いの固定支払い，後者が変動支払いとなる。

固定支払いは，統合した2005年には１ha当たり60万ウォン（１ウォン＝約0.1円）であったが，翌06年に70万ウォンに引き上げている。その後，李明博政権下で農林水産食品部が90万ウォンへ引き上げる予算案を提出したが，予算処との折衝の結果，13年に80万ウォンへの引き上げで決着している。固定支払いの単価は，実質的には農工間の所得格差，政治的配慮，予算制約の３つを総合的に判断して決定することから，政治的関心（集票）に左右されやすい。朴槿恵大統領も選挙公約で，任期中に固定支払いを100万ウォンに引き上げるとし，実際14年には90万ウォンへ増額している。そして，農家所得の安定強化を図るために100万ウォンに引き上げたのが米産業発展対策の中身の１つであり，それにより朴政権は選挙公約を果たしている。なお韓国政府は，予算制約や国民理解の側面から100万ウォンが上限とみており，これ以上固定支払いを引き上げることはないとした。

（1）農地年金事業については，拙稿「構造改善をめぐる施策支援」（『文化連情報』No.466，2017年）を参照。
（2）拙著『FTA戦略下における韓国農業』筑波書房，2014年，第５章。

変動支払いは，その年の収穫期米価が基準価格を下回る場合に発動し，基準価格と収穫期米価の差額の85%から固定支払いを差し引いた金額となる。したがって，両者の水準がポイントとなる。基準価格の決定には国会の同意が必要であり，当初80kg当たり170,083ウォンであったが，13年には188,000ウォンへ，さらに18年には214,000ウォンへ引き上げている。この基準価格の水準は18年の平均の米生産費105,485ウォンの2.0倍，最下層（0.5ha未満）の117,930ウォンの1.8倍に達するなど，当初から全階層のコストをカバーする水準に設定されている。つまり，小規模農家もある程度再生産が可能であり，彼らの存続を許容している。

ところでこの頃，韓国では米の過剰問題を抱えており，基準価格の引き上げは過剰を続伸させるものである。一方で，基準価格の引き上げ案を国会に提出した際，直接支払政策の抜本的改編（第11章で取り上げる「公益直接支払い」への移行）も同時に提案している。つまりは国会（議員）及び米農家に対して，米所得補填直接支払いの廃止を含む改編への反対を，基準価格の引き上げで相殺したものと推測される。

図8-1は，2005年以降15年間の80kg当たりでみた収穫期米価と固定及び変

図8-1　米所得補填直接支払いとカバー率

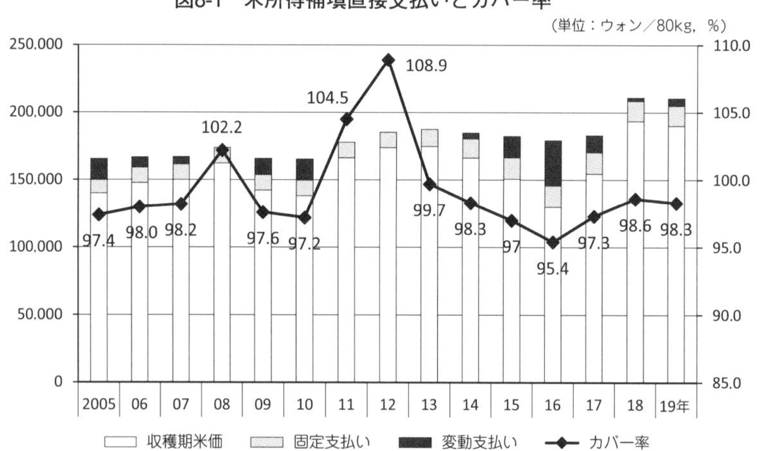

資料：『農業・農村及び食品産業に関する年次報告書』(各年版)より作成。
注：「カバー率」は，基準米価に対する収穫期米価と固定・変動支払いの合計の割合を指す。

動支払いの交付額，ならびにその交付額と基準価格との割合（カバー率）を示している。米価が好調のため変動支払いが発動されなかったのは，08年と11～13年の４回だけであり，カバー率も100を超えるなど基準価格を上回る水準である（ただし，13年は基準価格と固定支払いを引き上げたためカバー率が100を下回る）。その他の11回は，豊作等の理由で収穫期米価が基準価格を下回った結果，変動支払いを発動しており，特に14年以降は連続している。発動時のカバー率は，95.4％（16年）から99.7％（13年）の範囲にある。この最低を記録した16年については後述する。

②固定支払いの引き上げ効果

米産業発展対策による固定支払いの100万ウォンへの引き上げ効果について，収穫期米価＞基準価格のケースでは，米農家は収穫期米価と固定支払いを受け取るため，単純に固定支払いの増額分だけ収入が増えることになり，基準価格に対する割合も高まることになる。逆に，基準価格＞収穫期米価では，両者の差額の85％を固定支払いと変動支払いで補填するため，固定支払いを100万ウォンに増額しても，両者の構成比が変化するのみである。したがって，仮に米の関税化によって収穫期米価が大きく下落した際には，基準価格との金額差が開き，基準価格のカバー率が下がるため，所得安定の強化に必ずしも結び付くわけではない。

③変動支払い（2016年）とAMS

先述した過去最低のカバー率を記録した2016年は，低米価と変動支払い，助成合計量（AMS）との関係が注目された。AMSとは，WTOで削減対象に分類される「黄」の政策であっても，各国で定められたAMSの範囲内であれば認められるという国際ルールである。変動支払いは，現在の価格とリンクするため「黄」の政策にあたるが，それを１兆4,900億ウォンのAMSでカバーしてきた。

2016年当時は，収穫期の段階で豊作が確実視され，前年までの米過剰も加

表8-1　変動支払い（2016年）とAMS

韓国農漁民新聞			政府公式発表		
①	②		③	④	⑤
188,000	188,000	基準価格	188,000	188,000	188,000
129,710	131,000	収穫期米価	129,915	129,915	129,710
49,547	48,450	(基準－収穫期米価)×85%	49,372	49,372	49,547
15,873	15,873	固定支払い	15,873	15,873	15,873
33,674	32,577	変動支払い	33,499	33,499	33,674
63	63	カマ(/ha)	63	63	63
2,121,431	2,052,342	変動支払い(/ha)	2,110,453	2,110,453	2,121,431
726,000	726,000	加入面積	706,000	726,000	706,000
15,402	14,900	変動支払い総額(億ウォン)	14,900	15,322	14,977
14,900	14,900	AMS(億ウォン)	14,900	14,900	14,900
502	0	AMS超過額(億ウォン)	0	422	77

資料：「韓国農漁民新聞」（2017年2月3日及び10日付け），農林畜産食品部「報道資料」（2017年2月22日）を加筆・修正した上で作成。
注：1）表中で単位を付していないものは，「80kg当たり」の金額である。
　　2）「カマ」は，80kgを指す。

わり，米価の下落とともに，過去最大の変動支払いの発動が予想された。「韓国農漁民新聞」（2017年２月３日及び10日付け）では，16年の収穫期米価は129,710ウォンになると報道した。これは，この10年間ではじめて13万ウォンを下回る低水準である。この米価にもとづき，変動支払いを算定したのが**表8-1**の①である。その結果，変動支払いは80kg当たり33,674ウォン，１ha当たりで212.1万ウォンとなる。加入面積を15年と同じ72.6万haとすると，変動支払いの総額は１兆5,402億ウォンとなり，AMSを502億ウォン超過することとなる。他方，AMS内に収めるとすれば（**表8-1**の②），逆算によって，変動支払いは32,577ウォン，収穫期米価は131,000ウォンでなければならず，変動支払いは1,097ウォン圧縮されることになる。これが，AMSと変動支払いの機能不全としてクローズアップされた問題である。

ところが2017年の２月下旬に，農林畜産食品部は収穫期米価と変動支払いの交付額を公表している。それが**表8-1**の③である。収穫期米価は，新聞報道よりも205ウォン高い129,915ウォンであり，変動支払いは33,499ウォンである。これは，①とほぼ同額である。しかし加入面積が，前年よりも２万ha減少したため，支払総額は１兆4,900億ウォンとなり，AMSと一致することで問題が回避される結果となっている。仮に，前年と同面積とすれば（④），AMSを422億ウォン超えることとなる。２万haの減少については，作付面積の自然減少や，申請農家のチェックを通じて不適切な農地－米を作付けしていないにもかかわらず申請しているケース，を除外した結果と公表している。

さらに別のケースとして，加入面積は政府公式発表の③と同じとし，収穫期米価を韓国農漁民新聞の報道①のとおりとすれば（⑤），変動支払いは33,674ウォンで，総額１兆4,977億ウォンとなり，AMSを77億ウォン超過する。

変動支払いが，③ではAMSとちょうど一致することや，④・⑤のケースではAMSを超過するということを踏まえると，③はAMSの超過分を加入面積の圧縮あるいは収穫期米価の調整で帳尻合わせすることで，制度の機能不全に対する農家サイドの不満を生じさせない政治的判断（特にこれ以上の政権批判の回避）の結果であると推察できよう(3)。国際ルールにもとづくAMSの厳守と，国際ルールを前提に米所得補填直接支払いで定めた仕組みが機能不全に陥るなか，韓国政府は抜本的な米過剰への対策として，2017年に3.5万haの生産調整に乗り出している(4)(5)。

（2）経営移譲直接支払い

1997年に導入した経営移譲直接支払いは，韓国で最初の直接支払いである。

（3）のちに2020年に刊行された農林畜産食品部『公益直払い　総合指針書』には，「１兆4,900億ウォンの超過額77億ウォンを支給できなかった（p.57）」と記しており，表中の⑤が正しかったことになる。したがって，③に落ち着いたのは政治的結果ということである。

（4）「韓国農漁民新聞」（2017年２月10日付け）によると，「米生産調整制度の予算は確保できておらず，地方自治体及び農家の自主的縮小が，どの程度成果を上げることになるのかは未知数である」とみている。

（5）生産調整自体は，2003～05年に取り組んだ経験があるが，この生産縮小はMAの延長を勝ち取るための対外的アピールであった。そのため期間は，３年間に限られていた。この間，水田に米をつくらなければ，小作料に匹敵する１ha当たり300万ウォンの交付金が毎年支給された。当時は27,500haの計画に対し，約2.5万haが生産調整に取り組んでおり，達成率は90.9％であった。

これは，離農した高齢農業者が，専業農業者へ農地を売却もしくは貸し付けた場合，国が高齢農業者等へ交付金を支払うものである。それにより高齢農業者の所得補償を図るとともに，規模拡大をサポートする。対象農地や支給単価等は，韓国農業を取り巻く環境の変化に応じて変容してきたため，新しい要件のみを**表8-2**に記している。

経営移譲直接支払いの実績は，1997～2020年の24年間で，10.8万人の高齢農業者が8.1万haの農地を経営移譲している。面積ベースで経営移譲の中身をみると，売却が15%前後，貸付が85%前後の比重であり(6)，１人当たり年間677万ウォンを受給している。他方，7.6万人の専業農業者などが，農地の購入や借地を通じて農地を集積し，１人当たり1.06haの規模を拡大している。

経営移譲直接支払いは，対象者の年齢をその都度変更してきた。導入当初は65歳以上としていたが，ギリギリまで自作することで，制度としては経営移譲に結び付きにくいことから，2003年には上限を69歳に設定している（なお，韓チリFTA対策として一時的に上限を72歳にあげた期間もある)。他方，申請可能な年齢を63歳まで引き下げることで，下限年齢での対象枠を広げるとともに，63～64歳の経営移譲も促している。だが農家全体の高齢化が進み，

表8-2　経営移譲直接支払いの交付内容

対象農地	３年以上所有する農業振興地域内の水田・畑・樹園地 支給上限２ha→４ha
対象者	10年以上農業経営に従事した65～70歳→65～74歳へ※
対象行為	売却もしくは貸付（ただし，30aまで自作可能），貸付期間５年以上
支給期間	75歳まで最長10年間
支給単価	1ha当たり年間300万ウォン→売却330万ウォン，貸付250万ウォン
受け手	農業経営３年以上 ・専業農業者60歳以下→64歳以下※ ・一般農業者45歳以下→50歳以下※

資料：『農漁業・農漁村及び食品産業に関する年次報告書』(各年版)より作成。
注：「※」は，米産業発展対策により変更した内容を指す。

(6) 農漁村公社でのヒアリングでは，売却と貸付はほぼ半々とのことであったが，過去に数回記述のあった白書では文中の比重となる。

60代前半も貴重な担い手であることから下限年齢を65歳に戻すとともに，上限年齢を70歳とした。この上限年齢を，米産業発展対策では74歳まで拡大している。一方で，移譲先である受け手の年齢も５歳引き上げるなど対象を広げており，それだけ農業者の高齢化が進んでいることをあらわしている。

以上のことから経営移譲直接支払いは，紆余曲折を経つつ，高齢農業者の経営移譲を緩やかながら引き延ばす方向へ移行しており，構造改善に一定の貢献をしつつも，高齢農業者のギリギリまでの自作とその後の所得補償といった福祉政策的側面が強いといえる。

（3）有機栽培

有機栽培に関しては，1999年から親環境農業直接支払いを導入している。それは，一定の基準（化学肥料は標準施肥量以内，農薬は安全使用基準の２分の１以下）を満たすものを親環境農産物と認証し，当該農地に対し１ha当たり52.4万ウォンを３年間，交付するというものである。2003年からはこの基本単価に加え，親環境の取り組み内容に応じたインセンティブとして，有機39.2万ウォン，無農薬30.7万ウォン，低農薬21.7万ウォンを交付している。さらに，11年には低農薬の新規認証が終了するとともに，12年からは親環境による所得減少分を補填するために，有機及び無農薬のインセンティブ単価を50％引き上げている。加えて，有機に関しては交付期間を３年から５年に延長している。

その後，米産業発展対策では，有機栽培に取り組み，親環境農業直接支払いを交付期間の上限まで受給したもので，その後も継続して有機栽培をおこなうものに対し，新たに３年間，親環境直接支払いの半額を交付金として支払うことを提起している。その結果，2015年から有機栽培を５年以上実施したものに対し，親環境農業直接支払いの支給単価の50％を有機持続直接支払いとして３年間支給する新たな直接支払いを導入している。その支給期間が切れた18年からは有機持続直接支払いの支給期限を廃止し，永久に支給できるよう改編している。

表8-3　親環境農業直接支払いの実績

（単位：千戸，ha，億ウォン）

	1999～2001年	02	03	04	05	06	07	08	09	10
農家数	55	7	12	15	22	46	69	97	112	116
面積	31,208	5,274	10,459	12,827	20,780	34,896	53,682	76,352	90,132	93,318
支給額	171	28	30	45	82	141	208	287	345	376

	11	12	13	14	15	16	17	18	19	20
農家数	88	60	45	30	29	30	30	32	33	35
面積	71,766	48,921	37,080	25,383	26,100	26,444	26,853	29,370	31,197	33,904
支給額	305	294	247	167	170	169	167	210	220	232

資料：『農漁業・農漁村及び食品産業に関する年次報告書』（各年版）より作成。

以上の経緯による親環境農業直接支払いの交付実績を示したのが**表8-3**である。

2000年代は一貫して農家数・面積は増加し，2010年には11.6万戸・9.3万haでピークを迎えている。しかし，その後は減少に転じ，15～17年は3.0万戸・2.6万haで停滞している。その背景には，低農薬の認証ストップや交付期間の終了，新たに取り組むものの枯渇などがある。こうしたことが，有機持続直接支払いを導入した理由であり，特に永久支給に踏み切って以降徐々に回復し，19年には再び３万ha台を記録している。

3．米産業の体質改善と消費・輸出拡大

（1）米産業の体質改善

米産業の体質改善とは，主に規模拡大による競争力強化を指している。それは，①米専業農家の大規模化，②トゥルニョク経営体の育成，③RPC（米穀総合処理場，日本のカントリーに相当）の統合と流通の効率化，の３つからなる。

①米専業農家の大規模化

第１は，米専業農家の規模拡大であり，経営規模６ha以上の米専業農家

を3万戸創出し，彼らが米生産面積の40％をシェアする構造を2024年までにつくることを指している。こうした構造改善と農地集積を通じて，24年の米生産面積をトータルで75.7万ha維持するとしている。

この75.7万haは，次の2つの意味をもつことになる。1つは，75.7万haのうち40％を米専業農家に集積するとすれば，その面積は30.3万haとなる。これを3万戸の米専業農家がカバーすることから，1戸当たりの平均面積は10.1haとなり，実質的には10haが1つの基準となる。

いま1つは，直近10年間（2005～15年）における水田面積の減少率は22.2％である。この趨勢を単純に次の10年間（15～25年）にも援用すると，25年の水田面積は57.4万haとなる。したがって，24年に維持する目標面積75.7万haは，趨勢よりも約18万haの減少を抑制しなければならない。この減少抑制の一翼を需要面で担うのが，のちにみる米の消費・輸出の拡大促進ということである。

なお，米専業農家の形成状況等の統計的把握は，次章でおこないたい。

②トゥルニョク経営体

体質改善の第2は，トゥルニョク経営体といわれる組織を育成し，これを米生産の中心的な主体とするものである。前章で触れたように，「トゥルニョク」とは野辺や野原を指す。だが，「トゥルニョク」の政策的意味は，農地を集団化した一定の範域を指し，政府が定義するトゥルニョク経営体も50ha以上の集団化した範域の水田を共同生産・管理する経営体を意味する。

もともとトゥルニョク経営体は，2000年代前半の大規模化政策の一環として，日本農業を熟知する研究者が日本の集落営農を念頭に提起したものであり，当初は農林部（当時）も促進する方向にあった。ところが米の過剰が問題となり，また大臣が交代するなかで，米のみを対象とし，かつ増産につながる政策が退けられることとなった。その一方で，量ではなく高品質な米の生産促進として，08年に高品質最適経営体育成事業を導入し，正式にトゥルニョク経営体の育成が位置付けられた。ただし米過剰のもと，米の増産に結び付く施策は禁じられ，後述するコンサルティング支援に限られていた。そして，2011年にはコスト削減の手段としても位置付けられ，施策も共同防除や共同育苗などが含まれるようになり，その後米産業発展対策において，政府は本格的にトゥルニョク経営体の育成に動き出したという流れである。

トゥルニョク経営体になるには，基礎自治体に事業計画書を提出し，市や道，農林畜産食品部による審査を通過しなければならない。当初2010年までは，営農組合法人等の農業法人のみがトゥルニョク経営体として認められていたが，11年からは農業法人に加え，RPCなどもトゥルニョク経営体になることができるようになった。

米産業発展対策以前のトゥルニョク経営体の目的は，生産コストの削減と高品質な米の生産を促して国産米の競争力を高めることであった。それをサポートする事業がトゥルニョク経営体育成事業であり，同事業は①栽培技術や農業機械の管理，先進地への研修費用などの教育支援，②生産費の削減等のコンサルティング支援，③共同生産に要する農業機械・施設のリース料及び燃料費，共同育苗に必要な燃料費・種子費などこれらコストの30％前後の支援をおこなう。このうち①・②は，１経営体当たり合わせて2,000万ウォンの支援を受けることができ，支援額の30％は経営体の運営費に，残り70％は教育・コンサルティングに使用することとなっている。

一方，米産業発展対策後の2016年以降は，従来のコスト削減や品質向上といった競争力強化に加え，水田での他作物栽培の拡大やそれら農産物の加工・体験・観光などトゥルニョク経営体の多角化も推進している。しかしその目的は各段階で異なる。16年は，競争力強化の成果がみられるトゥルニョク経営体を対象とし，これらの新たな所得拡大を目的としている。ところが，19年からは米の過剰生産を強く意識し，水田で他作物栽培を拡大して事業を多角化することで，トゥルニョク経営体の所得構造の多角化に加え，経営体の参加農家の所得増大や地域経済の活性化なども図るということである。

このように経営体の収益強化を目的とした多角化から，最近はそれに加え，米の過剰生産の抑制，地域経済への貢献といったより大きな目的と結び付けた動きをみせている。そこでトゥルニョク経営体の支援事業も，2019年から新たに「食糧作物共同（トゥルニョク）経営体育成事業」を導入している。同事業は，水田での他作物栽培の拡大に加え，畑作物も対象に，その基盤造成など生産・流通条件の改善も図るものとし，支援内容も先のトゥルニョク経営体育成事業の内容に加え，事業多角化支援，すなわち二毛作及び畑作物栽培のための生産基盤整備，加工・販売・体験・観光などのための施設・装備支援を新たに設けている。支援対象も，集団化した農地50ha以上かつ25人以上が経営体に参加し，生産及び流通過程の全部または一部を共同でおこなうトゥルニョク経営体としており，同事業では面積に加え参加農家の要件を設定している。

③RPCの統合

第３は，RPCの統合による流通の効率化である。2014年のRPCは，農協運営のもの151と民間によるもの83の計234あり，これらで米流通量全体の64%をカバーしている。だが小規模なRPCが多いこともあり，RPCの３分の１が50%以下の稼働率しかない。そこで，234のRPCを2024年には120に統合し，RPCの稼働率の向上と施設負担の軽減等コストの削減に取り組むとしている。なお，17年のRPCは農協148，民間73の計221であり，民間を中心に13のRPCが統合・整理されている。

（２）米の消費・輸出の拡大促進

韓国でも食生活の変容，共働きや単身世帯の増加などにより米の消費量が低下傾向にある。**図8-2**は，1970年から５年ごとの，そして2000年以降は各年の１人当たりの年間の米消費量をあらわしている。韓国の70年の消費量は136.4kgであったが，90年代後半に100kgを割って00年には93.6kgとなっている。00年以降も毎年数%ずつ減少し，20年には57.7kgとなり，70年に比べ半分以下となっている。他方，図中には日本の米消費量も図示している。日本の70年の米消費量は95.1kgであったが，その後も韓国同様に減少を続け，20

図8-2　日韓の1人当たり年間米消費量の推移

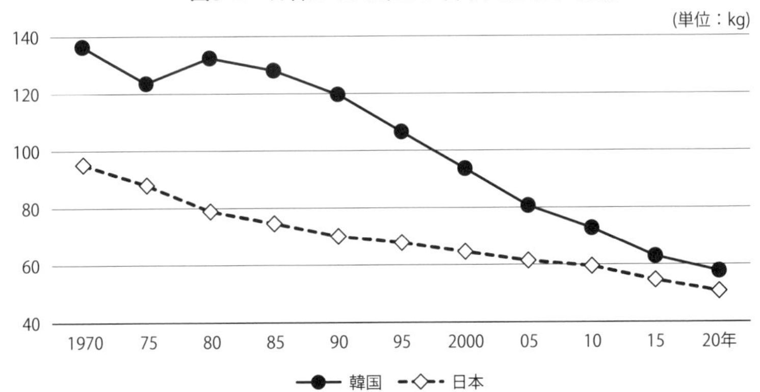

資料：『農林畜産食品主要統計』及び『食料需給表』（各年版）より作成。
注：日韓ともに20年のデータは暫定値である。

年は50.7kgまで減少している。

以上を踏まえ，日本と比較した韓国の米消費量の特徴を整理すると，第1に韓国は，1970年の消費量が半減したのが2013年であるが，日本は70年基準では半減していないこと（57％水準），第2にちょうど同じく70年の消費量の59.2％の水準まで低下したのが，日本は12年であるのに対し韓国は05年であること，第3に70年の韓国は，日本の1.4倍の消費量であったが，20年には1.1倍までその差が縮小するなど，この間韓国では，日本よりもかなり速いスピードで米の消費量が減少していることが分かる。

韓国政府は，この傾向が続くとすれば，2024年には消費量が51kgまで低下し，その結果必要となる米の生産面積も67.3万haになると試算している。これは，先に推測した25年の水田面積57.4万haとは10万haの差異が生じている。つまり，最近の水田の減少スピードは，韓国政府の予測よりも早いことを意味していよう。いずれにせよ政府は，24年目標として1人当たりの米の年間消費量を57kgで維持し，そこから逆算して算出したのが24年に維持すべき米生産面積75.7万haである。こうした目標を，米の消費拡大に向けた広報活動や，その費用を工面するために農家と政府とが一定額を拠出して基金化する自助金制度を導入するとともに，レトルトご飯など米の加工産業の育成や輸出の拡大等新たな販路の開拓にも力を入れることで達成するとしている[7]。

4．まとめ

韓国では，2015年から米の関税化に移行したが関税率を513％に設定しているため，短期的かつ急速的に米の輸入が増えるわけではない。とはいえ，米の関税化移行に対する農家の不安，不満への対応として，米産業発展対策を打ち出した。

そのなかの農家所得の安定強化の核である米所得補填直接支払いは，「収穫期米価＋固定支払い＋変動支払い（＝（基準価格－収穫期米価）×85％－固定支払い)」であった。これを整理すると，「基準価格の85％＋収穫期米価の15％」となり，米農家にとって基準価格の水準が絶対的な意味をもつ。それ故に，基準価格はすべての階層の米生産費を上回る水準に設定されていた。つまり，米所得補填直接支払い自体が，米農家の所得安定の役割を前面に打ち出した仕組みであり，さらに米産業発展対策が基準価格と固定支払いの引き上げにより所得安定を強化していた。

しかしその反面，基準価格の引き上げは一方では米過剰問題と衝突し，もう一方では米産業の体質改善，すなわち構造改善を後押しする力を削ぐことになる。もちろん，規模拡大するほど固定支払いの受給総額は多くなり，そのことが規模拡大の誘因にはなるが，総じて全階層の生産費をカバーする基準価格とカバー率の高さは，零細及び高齢農家による農地供給力を強める方向には作用しにくいといえる。

しかし同時に，米産業発展対策では経営移譲直接支払いを通じて，高齢農

（7）しかし，韓国全体の2019年における米消費量470.1万トンのうち，加工用は74.4万トン（15.8％），輸出に至っては0.2万トン（0.04％）に過ぎない実績のなかで，どの程度米の消費量を維持あるいは拡大できるかという問題がある。

業者の離農促進と専業農業者への農地集積を後押ししていた。このような高齢農業者等を明確なターゲットとする離農促進策は，日本ではあまりみられないものである。その背景の1つとして，おそらくは「むら」の有無が関係していよう。これについては終章で改めて論ずるが，日本の場合，「むら」機能を維持するには一定の世帯や人口が必要であるのに対し，韓国では「むら」として捉えるのではなく，あくまでも個々の生産者の育成に主眼がおかれるからである。

その一方で，高齢農業者等の切り捨てといった批判を回避するために，交付金による所得補償はもちろん，経営移譲直接支払いの申請上限年齢の延長や高齢農業者による一部自作を認めるなど一定の譲歩も認めていた。

また，米産業発展対策のいま1つの柱である米産業の体質改善では，個別農家では6ha以上の農家3万戸を創出し，彼らに面積の40%を集積するというものであった。これまでも韓国農政は構造改善を推し進めてきおり，その再確認と具体的数値目標の設定である。したがって体質改善の目玉は，トゥルニョク経営体の育成である。このトゥルニョク経営体は，先述したように当初，米のコスト削減や品質向上といった競争力強化を組織化によって追求することからはじまった。しかし米産業発展対策以降，米の競争力強化に加え，「発展」とは逆のベクトルである米過剰対応，そのための畑作物の振興とそれらによるトゥルニョク経営体及び構成農家の所得向上，さらには地域経済の活性化までトゥルニョク経営体に求めていた。つまり，米も含め総合的にトゥルニョク経営体それ自体を育成・発展させる方向に動き出しており，そのことが結果的に米とかかわるトゥルニョク経営体及びその構成農家に資することになるという逆説的ロジックである。こうしたトゥルニョク経営体の具体的な実践実態は，第10章で明らかにしたい。

いずれにせよ，農家所得の安定強化のねらいと政策の枠組み自体は，WTO体制に移行した2000年前後の韓国農政の転換期と重なる。すなわち，価格支持政策から直接支払政策への転換とそれによる所得補償であり，さらに米産業の体質改善もWTO体制による自由貿易に対応した競争力強化の追求，である。したがって，今回韓国政府が打ち出した米産業発展対策も，2000年前後以降の方針や政策が土台にあり，基本的にはグローバリゼーションへの対応が中心といえる。

第9章

統計からみる韓国農業構造

1．はじめに

本章の目的は，統計データに依拠し，韓国の水田農業の実像を明らかにすることである。

実像の第1は，前章の米産業発展対策が描く将来の水田稲作の農業構造に対し，実際の農業構造がどのように変遷しているのかを確認することである。韓国においても，最も幅広く網羅的かつ時系列的にみることができる統計資料は，農業センサスである。ただし，日本のセンサスとは異なり，次の点で制約もある。

第1は，日本のように詳細で多様な巻数は刊行しておらず，日本の1・2巻に相当する基礎的なデータしか得ることができない。第2は，各年によっては調査項目や定義のつながりが一部変容していることである（近年の日本も同じであるが）。第3は，「ひと」に関しては世帯員数や経営主の学歴等を把握しているが，基本的には農業就業人口などの農業労働力の把握はおこなわれていない。以上の制約を念頭におきつつ，2015年センサスを軸に[1]，直近10年間の構造変動を確認する。なお，2005～10年を前期，10～15年を今期とする。

実像の第2は，米の生産費についてである。周知のとおり日本では，2016年に農林水産業骨太方針策定プロジェクト（以下「PT」）において，米の生産コストにかかる日韓比較が議題となり，日本よりも韓国の米生産費が低い

（1）2020年のセンサス結果は，執筆段階では基本的かつ断片的な数値しか出ていないため，15年センサスを用いている。

点で注目された。PTはその要因を，日本の生産資材価格が韓国のそれよりも割高であるためとし，生産資材の価格引き下げとそれによる農家所得への還元を図るとした。本稿では，PTが着目した日本の米生産費比較から，逆に韓国の米生産費の特徴と，その根底にある韓国水田農業の特質を明らかにする。そのことは同時に，PTが指摘するように生産資材の価格差が米生産費の格差をもたらす真の要因であるのかの検証でもある。

実像の第3は，前章でみたトゥルニョク経営体の統計的把握である。ただし，トゥルニョク経営体の歴史が浅いため，把握可能な統計資料も限定的である。そこで，総体的な把握ではいわゆる『白書』に依拠しつつ，トゥルニョク経営体の推進に中心的な役割を果たしている全北大学の研究成果も用いながら，トゥルニョク経営体の概要とコスト削減効果等についても明らかにしたい。

2．水田農業の構造変動

（1）規模別農家数

まず，韓国の農家が規模別にみてどのような状況にあるのかを確認したのが，**表9-1**である。表は水田のある農家数を利用しているが，米を生産した農家数とほとんど差がないため，事実上，米生産農家を示しているとみてよい。

表9-1　水田規模別にみた農家数の推移

（単位：戸，%）

	農家数	0.1ha未満	0.1～0.5	0.5～1.0	1.0～2.0	2.0～3.0	3.0～5.0	5.0～6.0	6.0～7.0	7.0～10.0	10.0ha以上
2005	938,136	18,579	393,422	270,571	161,114	43,392	32,614	5,466	4,679	5,166	3,133
10	783,845	16,257	352,654	206,277	121,805	36,006	28,908	5,647	4,766	6,495	5,030
15年	642,872	15,061	299,806	158,552	92,185	27,680	26,444	5,154	5,420	6,770	5,800
2005	100.0	2.0	41.9	28.8	17.2	4.6	3.5	0.6	0.5	0.6	0.3
10	100.0	2.1	45.0	26.3	15.5	4.6	3.7	0.7	0.6	0.8	0.6
15年	100.0	2.3	46.6	24.7	14.3	4.3	4.1	0.8	0.8	1.1	0.9

資料：『農業センサス』（各年版）より作成。

2005年の水田のある農家数は94万戸であったが，15年には60万戸台へ突入し，全農家に占める割合は59.1％である。変化率をみると（表略），前期16.4％減，今期18.0％減と減少スピードはほとんど同じである。増減分岐点は，前期は5.0ha以上，今期は6.0ha以上に上昇しており，特に10.0ha以上では15.3％と大きく増加している。その一方で各階層のシェアには大きな変化はみられず，増加率の大きい10.0ha以上でも0.9％を占めるに過ぎない。また，前章で触れた米産業発展対策では，2024年までに6ha以上の米専業農家を3万戸創出することを提起していた。15年の6ha以上は17,990戸，全体の2.8％である。したがって，24年目標まで1.2万戸の増加，対15年で3分の2の増加が求められる。

（2）規模別面積

同様に，規模別の水田面積をみたのが**表9-2**である。韓国の農業センサスは，日本のような詳細なクロス集計をしておらず，その大部分も農家数による把握である。そのため表中の数値は，階級値による推計値である。

2005年の水田面積は95万haであったが，10年に84万ha，15年は74万ha（水田率56.3％）まで10万haずつ減少している。減少率は（表略），前期・今期ともに12％前後であるが，先の農家数よりはやや低い水準にとどまっている。増減分岐点は，前期は5.0ha以上で増加し，特に10.0ha以上では47.6％増加している。これに対し今期は，6.0ha以上へ階層が1つ上昇したが，10.0ha以上

表9-2　水田規模別にみた水田面積の推移

（単位：ha，％）

	水田面積	0.1ha未満	0.1～0.5	0.5～1.0	1.0～2.0	2.0～3.0	3.0～5.0	5.0～6.0	6.0～7.0	7.0～10.0	10.0ha以上
2005	948,345	929	118,040	196,566	232,800	107,764	123,832	30,063	30,414	43,911	64,027
10	839,996	813	102,918	149,245	175,747	89,118	110,433	31,059	30,979	55,208	94,478
15年	737,415	753	86,224	114,323	133,787	69,011	100,920	28,347	35,230	57,545	111,275
2005	100.0	0.1	12.4	20.7	24.5	11.4	13.1	3.2	3.2	4.6	6.8
10	100.0	0.1	12.3	17.8	20.9	10.6	13.1	3.7	3.7	6.6	11.2
15年	100.0	0.1	11.7	15.5	18.1	9.4	13.7	3.8	4.8	7.8	15.1

資料：『農業センサス』（各年版）より作成。

の増加率は17.8％と前期ほどの勢いはない。先の農家数と異なる動きは，各階層のシェアが上層で高まっている点である。特に，最上層の10.0ha以上では05年6.8％→10年11.2％→15年15.1％と10％を超えている。

米産業発展対策では，2024年に６ha以上の米専業農家に水田面積の40％を集積することを目標としていた。現在６ha以上の米生産農家には水田の27.7％が集中している。したがって，シェアベースで12.3％，面積ベースでは15年の水田面積に対し9.1万haの集積が必要である。ところで，米産業発展対策が2024年に維持すべきとした米生産面積は75.7万haであったが，15年センサスではすでにそれを２万ha下回っている。したがって，水田面積・米生産面積が縮小するなかでの集積目標，大規模化という点に留意が必要である。

ところで，水田の借地面積は2005年の37万haから10年34万ha，15年31万haへ年々減少している。しかし，水田面積の減少が大きいため，借地率は05年39％→10年40％→15年42％と微増している。センサスでは，規模別に借地状況をみることができない。だが米生産費調査では，抽出データという制約はあるが傾向を確認することができる。それによると，５ha以上では米生産面積の７割以上が借地である。このように，上層では借地による規模拡大が主流ではあるが，その一方で農家数を下回る水田面積の減少率，ならびに借地面積の減少を勘案すると，規模の拡大あるいは新規参入，投機目的を問わず，韓国では一定程度の水田購入もあるものと類推できる(2)。

（3）経営主年齢別

米農家の経営主年齢をみたのが，**表9-3**である。縦軸の品目別は，「販売金額上位１位の品目」でみたものである。そのため実際に各品目を生産している農家数は，表中より多いということであり，１つの傾向を確認すること

（2）韓国の農地流動，特に農地購入の動きについては，拙稿「韓国における農地流動と不在地主の可能性」『土地所有権の空洞化と所有者不明問題－東アジアからの展望－』（ナカニシヤ出版，2018年）を参照。

表9-3　品目別にみた経営主年齢別農家（2015年）

（単位：戸，%）

	農家数	農家数	20-24	25-29	30-34	35-39	40-44	45-49	50-54	55-59	60-64	65-69	70-74	75-79	80歳以上
合計	1,088,518	100.0	0.0	0.1	0.3	0.9	2.6	5.1	8.9	13.8	14.8	**15.7**	**15.2**	14.0	8.6
米	453,896	100.0	0.0	0.0	0.2	0.8	2.3	4.4	7.6	11.9	13.4	15.8	**16.7**	**16.7**	10.2
食糧作物	138,047	100.0	0.0	0.0	0.3	0.8	2.4	5.0	9.1	13.7	14.2	**14.5**	**14.8**	14.3	10.7
野菜	198,138	100.0	0.0	0.1	0.3	0.9	2.6	5.1	8.9	14.1	**15.5**	**16.2**	15.2	13.3	7.8
特用作物	38,576	100.0	0.0	0.0	0.3	0.9	2.2	4.5	8.5	13.7	14.8	14.3	**15.0**	**15.0**	10.7
果樹	171,836	100.0	0.0	0.1	0.3	1.1	3.1	6.1	9.9	15.3	**16.4**	**16.7**	14.1	10.9	6.0
薬用作物	10,454	100.0	0.0	0.1	0.3	1.3	3.6	7.6	13.4	**18.6**	**16.8**	13.9	11.2	8.4	4.7
花卉	14,257	100.0	0.0	0.1	0.4	1.4	4.3	9.0	14.3	**19.2**	**17.2**	14.0	9.4	6.7	4.0
その他作物	10,013	100.0	0.0	0.1	0.7	1.5	3.5	6.9	11.8	**15.8**	**15.3**	14.4	12.8	10.8	6.6
畜産	53,301	100.0	0.0	0.2	0.9	1.9	3.7	7.2	13.8	**21.8**	**19.7**	14.8	9.0	4.9	2.1

資料：『農業センサス』（2015年）より作成。
注：「太字・網かけ」は，シェアの多い2階層を示している。

が目的である。

農家全体でみると，農家数109万戸のうち経営主の年齢が65～69歳が15.7％と最も多く，次が70～74歳の15.2％である。65歳以上を合算すると，全体の53.5％を占める。他方，米は70代の前・後半が同率の16.7％と両者で3分の1を占め，先にみた農家全体よりも1階層高齢化が進んでいる。また65歳以上でも6割を占めるなど高齢化が顕著である。その他の主要品目と比較すると，野菜・果樹は60代前後半で33％を占め，薬用作物から畜産までの4品目は50代後半と60代前半で4割前後を占めるとともに，50代前半も1割強を占めるなど，経営主年齢が比較的若い点が特徴である。

したがって米は，高齢化の進展に加え，農家子弟ならびに青壮年層の参入による世代交代，新陳代謝があまり進んでいない品目といえる。

（4）農作業委託

韓国の水田稲作農業をみる上において注目すべきことの1つが，作業委託率の高さである。その現況をみたのが，**図9-1**である。図は，米の主要作業のうち各作業の全部または一部を委託した農家の割合を規模別に示している。

作業別にみると，作業委託率の高い作業がグラフの上位にある収穫・脱穀

図9-1　規模別にみた作業委託率

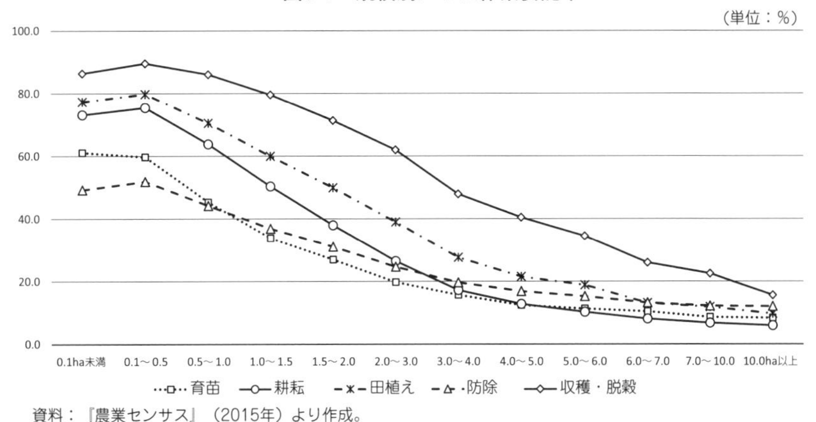

資料：『農業センサス』（2015年）より作成。

であり，全階層平均では委託率が81.4%に達する。次に田植え（67.6%），耕耘（61.2%）と続く。逆に，委託率の低いのが育苗（46.7%）と防除（43.5%）である。

いま１つの特徴は，規模の大小により委託率が両極化していることである。最も委託率の高い収穫・脱穀をみると，1.5ha未満の階層で委託率が８割を超える。それに対し，6.0ha以上の委託率は３割以下まで下がり，10.0ha以上に至っては15.6%に過ぎない。こうした格差は，委託率の低い育苗や防除に向かうほど縮まるが，両極化の傾向は共通している。

なお，表は略すが，経営主年齢別に委託率をみると，委託率の低い階層は20代～50代で共通しており，60歳を超えると委託率が高いという特徴がみられる。また作業では，収穫・脱穀及び田植で委託率が高い。これらの特徴と，先の規模が大きいほど委託率が低い結果を重ねると，委託率の低い大規模農家は経営主年齢が比較的若い層であるのに対し，委託率の高い小規模農家は高齢農家を中心とした層という傾向がみてとれる。

（5）農業機械保有

こうした韓国における作業委託率の高さは，農業機械の保有状況が大きく

図9-2　規模別にみた機械保有台数

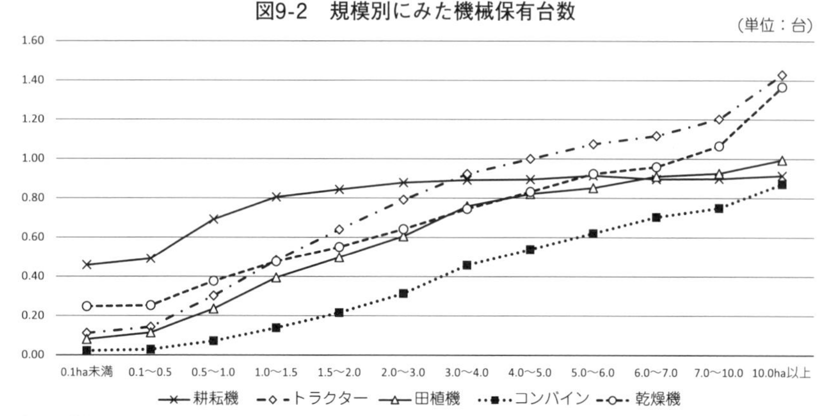

資料：『農業センサス』（2015年）より作成。

関係している。**図9-2**は，１戸当たりにおける農業機械の保有台数を規模別にみたものである。2015年の全階層平均では耕耘機0.63台，トラクター 0.34台，田植機0.27台，コンバイン0.12台，乾燥機0.39台であり，耕耘機以外はほとんどの農家が所有していないことが分かる。

規模別では，小規模農家は保有台数が少なく，大規模になるにしたがい保有台数が多くなる傾向は，どの機械にも共通している。しかし，機械別で保有台数が１台を超えるのは，トラクターで４ha以上，乾燥機７ha以上に限られる。保有台数のラインを0.9台まで下げると，耕耘機５ha以上，田植機６ha以上まで広がる。これに対し，コンバインはいずれのラインでもクリアできないが，最上層の10ha以上で0.87台と0.9台に近づく。

したがって大規模農家とはいえ，田植機やコンバインの保有が容易ではないのが現実といえる。なお，米産業発展対策が目標とする６ha以上では，必ずしも十分な機械を装備しているわけではないが，10ha以上になるとコンバインを含め，概ね機械一式を保有するといえよう。

以上の作業委託率と機械保有台数の結果を踏まえると，高齢農家を中心とした小規模農家ほど農業機械を保有していないため，各機械作業を他の農家に委託し，それを10ha以上を中心に，機械を一式所有する総じて若い大規模農家が受託するという関係をみてとれよう。そして，この農業機械の保有状況と委託率の関係が，次節にみる韓国の米生産費の特徴に大きくあらわれている。

3．米生産費

（1）日韓比較

自民党の小泉進次郎を部会長とする「農林水産業骨太方針策定プロジェクト（PT）」の資料（2016年２月）では，2013年の日韓の米生産費比較をおこなっている。PT資料の主張のポイントを整理すると次のようになる。日本に比べ韓国の米生産費は，①肥料・農薬費など生産資材にかかるコストが低いこと，その要因として，②１つは肥料や農薬，農業機械の価格が安く提供されていること，③いま１つは農業機械に関しては，農家が所有する農業機械が少なく，④それは多くの農家が作業を委託していること，⑤その結果，農家の投下労働時間が短く，⑥これらを通じて韓国の米生産費は日本よりも５割程度安い，という主張である。ただし，⑤と⑥の間に自家労働を含む労働費が安いことが欠落しているので，⑤' として付け加えておく。

以上の主張を念頭におきつつ，まず本節では各年の事情による生産費のバラツキを平準化するため，直近５年（2015 ～ 19年）のうち最高と最低を除く３カ年平均（以下「５中３平均」）の米生産費で比較をおこなう。それを示したものが**表9-4**であり，表から検討すべき論点について明らかにしたい。

表中のうち，韓国の米生産費と日本のそれとの格差を示しているのが「韓／日」である。それによると生産費合計では，韓国は日本の６割のコストで済んでいることが分かる。費目別では，韓国の直接生産費のうち種子代・肥料・農薬費は日本の４～６割水準，農機具費は２割，労働費も５割と低く，その他費用に至っては１割など，いずれも韓国の方が低コストであることが確認できる。これに対し間接生産費は，韓国は日本の1.3倍と高く，特に地代は日本の1.7倍であることが大きく影響している。

表 9-4　日韓の米生産費比較（10 a 当たり）

（単位：円）

	韓国		日本		韓／日	備考
直接生産費	46,310	64.4	112,524	86.9	0.4	
種子代	1,760	2.4	3,700	2.9	0.5	
肥料費	5,117	7.1	9,083	7.0	0.6	
農薬費	2,743	3.8	7,591	5.9	0.4	
その他材料費	1,313	1.8	1,944	1.5	0.7	
農機具費	4,167	5.8	24,622	19.0	0.2	償却費を含む。
委託営農費	11,160	15.5	−	−	−	
賃借料及び料金	−	−	11,812	9.1	−	
労働費	17,392	24.2	34,600	26.7	0.5	家族労働費を含む。
その他費用	2,658	3.7	19,171	14.8	0.1	注３）を参照。
間接生産費	25,571	35.6	19,723	15.2	1.3	
地代	24,604	34.2	14,400	11.1	1.7	
利子	967	1.3	5,323	4.1	0.2	
生産費合計	71,882	100.0	129,476	100.0	0.6	日本は副産物価額を引いている。

資料：『農産物生産費統計』（各年版），『米及び麦類の生産費』（各年版）より作成。

注：１）１ウォン＝0.1 円として換算している。

２）日韓ともに 2015〜19 年の最高と最低を除く３カ年平均で算出している。

３）「その他費用」には，光熱費，施設費，自動車費，土地改良費及び水利費，物件税及び公課諸負担，生産管理費を合わせたものである。

４）「韓／日」は，韓国の米生産費を日本の米生産費で除したものを指す。

他方，両国の生産費合計に占める各費目のシェアをみると，韓国の場合，種子代や農薬・肥料費は３〜７％程度とコスト全体に占める割合は低い。これは，日本もほぼ同じ状況である。一方で，日本の農機具費19.0％に対し韓国のそれは5.8％と小さく，その他費用も日本の14.8％に比べ韓国は3.7％にとどまるなど，韓国ではそれらが生産費合計に占めるシェアは小さい。

このように日韓の生産費比較と，日韓の構成比比較の両面からみると，シェアが大きくコスト差も大きい費目こそが，コスト分析では注目されるべきものである。日本側からみれば，それが農機具費，その他費用である。その点で，日本の種子代，農薬・肥料費は韓国の２〜３倍のコスト高にあるのは事実であるが，生産費全体の視点に立てば，ことさら強調されているきらいがあり，そこに日韓の米生産費比較分析以外の政治的ねらいを推察できる[3]。

（３）田代洋一「安倍政権の農協『改革』とTPP」『経済』No257，2017年。

他方，韓国側からみれば，間接生産費の地代に焦点があてられよう[4]。

（2）作業委託と米生産費

注目すべき農機具費，その他費用のうち前者は，韓国では前節でみた作業委託が直接・間接的に影響している。すなわち，多数の小規模農家における農業機械保有の少なさと，それをカバーする作業委託率の高さである。作業委託の結果，コストでは農機具費は少なくて済むということである。その一方で，委託農家としては作業委託のための作業料金の支払いが発生し，それがコストとして計上されることになる。**表9-4**では，それが委託営農費にあたる。

日本の生産費調査とは異なり，韓国では委託営農費が独立項目として設けられている。それは，韓国の水田稲作農業にとって作業受委託が重要な役割を果たしているからである。委託営農費は11,160円であり，生産費合計に占める割合も15.5％と他の費目に比べて高い。つまり，韓国の低い農機具費や労働費は，委託営農費とトレード・オフの関係にある。そのため，両コストを合算して考察する必要があろう。

韓国の農機具費と委託営農費を合算したコストは，15,327円である。他方，日本の委託農家が支払う作業料金は，韓国のような独立項目はなく明確ではない。表中の「賃借料及び料金」は，共同負担金（共同施設の負担金）・賃借料（農機具等の賃借料等）・料金（作業料金）の３つで構成されるが，それぞれの金額は不明である。そうした制約はあるが，賃借料及び各種料金の11,812円を単純に三等分して農機具費に加えると28,559円となり，韓国は日本の４割（農機具のみだと２割）となりその格差は縮小する。さらに，これらに労働費を加えると，韓国は29,204円で生産費合計の40.6％を占める。他方，日本は63,159円で48.8％を占め，その結果韓国は日本の５割弱の水準まで差

（4）韓国の地代の実態については，前掲「韓国における農地流動と不在地主の可能性」を参照。

が縮まることになる。

以上のように，農機具費に委託営農費あるいは労働費も含めた両国の生産費格差は半分近くまで縮小することになり，日本が農機具費だけを比較して韓国の6倍のコスト高とするのは，韓国の農業構造上の現実を踏まえない比較検討といえる。とはいえ，労働費まで含めると両国とも生産費合計の4～5割を占めており，生産費合計では大きな費目にあたる。そうしたなかで韓国のコストは日本の半分にとどまることは，日本側が米生産のコスト差を考える上において大きな意味をもつのも事実である。

（3）その他費用－水利費

注目すべき残るその他費用は，**表9-4**の注3）に記すように多様な費目で構成されている。日本のその他費用の内訳をみると，土地改良及び水利費が22.3％を占めるが，韓国ではそれに合致する費目を計上していないため，コスト差は計算できない。次に多いのが施設費の22.1％でコスト差は韓国の37倍，その次が光熱費の21.9％で同じく7倍の格差があり，韓国の方が圧倒的に低い。

このような光熱費などの公共料金のコスト差は，国・行政が果たしている役割に起因するものもある。特に水利費に関しては，日本と異なる韓国水田農業の特質があらわれており，韓国では「むら」ぐるみによる水田装置（水田やため池，堰，水路など）の築造や維持，それをコントロールする自治システムはみられない。

『農業生産基盤整備統計年報』にもとづき韓国の水利管理主体を確認すると（2013年），全水田面積のうち国の機関である韓国農漁村公社による管理が54.6％，市郡の管理が26.0％となっており，その他19.4％は水利施設が未整備の水田である[5]。つまり水利の管理は，農漁村公社や市郡といった行

（5）水利施設が整備されていない面積の割合は，1995年では24.8％を占めていた。この割合が低下している要因は，水田面積自体が減少傾向にあり，その際水利施設が未整備の田から耕境外になっているためである。

図9-3　東津支社の所在地

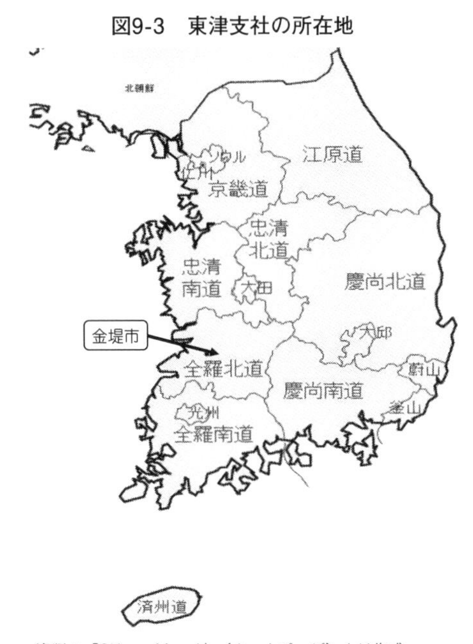

資料：「SKoreaMap-j」（ホームページ）より作成。

政機関がおこなうものであり，水利費の負担も農家ではなく国家負担となっている。それ故に，日本にはある水利費の費目が，韓国の米生産費統計にはみられないということである。

水利管理の主体である韓国農漁村公社は(6)，道ごとに９つの本部があり，それがさらに６つの事業団に分かれ，末端の支社は93にのぼる。93支社のうち最大面積を管理するのが，全羅北道にある東津（トンジン）支社である（**図9-3**）。もともと2000年前後までは，１つの支社が金堤（キムジェ）市，井邑（チョンウプ）市，扶安（ブアン）郡の３区域を管轄していた。しかし，様々な事業の許認可権は自治体が有しており，支社も行政単位と一致させた方が諸事業や各種手続きがスムースにおこなえることから，行政単位ごとに支社

(6) 韓国には，水を管理する公社として「水資源公社」もある。水資源公社は，工業用水を中心に，生活用水等に必要なダム管理をおこなっており，農漁村公社よりも大規模なダムが対象である。

を３分割している。

ここで注目する東津支社は，金堤市をベースとしつつ，隣接する井邑市にかかる水路の上流も業務効率のため東津支社が管理している。支社名は，河川名の東津川から採用している。管内は，韓国のなかでも特に水利施設が整備された水に困らない地域であり，かつ干拓地である「マングム」を中心に，農漁村公社による基盤整備（１区画4,000㎡＝約130ａが多い）もおこなうなど，韓国でも代表的な優良条件水田地帯である。東津支社の管理区域は，行政単位では先述した２市で，そのなかには22の邑・面，162の里・洞がある（いずれも行政区域）。農業用水の利用者は16,824人で，水田面積は20,446ha（金堤市18,479ha，井邑市1,967ha）に及ぶ。これは，行政区域内全体の水田面積の約９割に達し，残り１割は市が管理する用水を利用している。両者の相違は，概ね小規模な水路は市がフォローする関係である。

東津支社の職員は現在93人おり，ほとんどの職員が担当を兼務するが，概ね45人程度が水利管理業務に従事し，残りは韓国農漁村公社による農地関係及び施設のメンテナンス等の業務をおこなう。水利管理の主な業務は，農業施設物（用水場，排水場など）の管理，農業用水の供給，耕作路の確保，貯水池の築造や21ある貯水池の管理，水路の設置，ダムの設置，耕作地の水害防止，ポンプ場の設置など多岐にわたる。東津支社では自動水利管理システムを導入しており，４月～９月までの農繁期は支社のなかにあるコントロール室において24時間，職員が交代しながら管理・監視している。

最近では，農村生活環境を改善するため農村地域開発事業にウェイトがおかれつつある。また管内では，国家プロジェクトであるセマングム開発がおこなわれている。これは，先述した「マングム」に代わる新しい開発事業（韓国語で新しいを意味する「セ」）を指す。セマングム開発は2023年完成予定であり，開発地40,300haのうち３割弱に相当する9,600haが農地に，その他は都市・観光地・工業用地・環境用地・多目的地などを計画しており，これらを東津支社が管理している。

水路に係る実作業－水門の操作・ポンプの稼働・用排水の管理などは，支社の職員が直接おこなうわけではなく，地域の農家等150人がパートとして従事する。期間は，水田の作業である4月～9月までの間であり，支社職員の指導に従っておこなう。俊敏な対応が必要なため，150人は水路の近くに住む農家を中心に地域から推薦してもらっている。ほとんどが男性であり，年齢は50代～70代が中心である。また，水路の掃除は，機械が入るところは地元の建設会社に委託し，手作業が必要な箇所は先述したパートにお願いしている。

東津支社の運営は，国庫補助50％と公社負担50％で成り立っている。このうち公社負担は，公社資産の売却や再生エネルギー等の収益でカバーしている。再生エネルギーは，1つはダムでの水力発電であり，いま1つはダムの水面に太陽光パネルを浮かせて発電する水上光発電である。韓国でも再生エネルギーによる発電を奨励しており，生産原価の50％増しで電力を買い取ってくれる。水利管理は，公社主導では多額の費用を要するため，公社としては，小規模な水利は農家自身が管理するよう勧めたいと考えている。しかし，農家も高齢化していること，加えてこれまで維持管理費は国が負担してきたこともあり，従来どおり公社の管理を望む農家が多いのが実態である。

その一方で，農漁村公社による水利管理の運営では，管内農家の意見等を反映するための運営代議員を設けている。この運営代議員は，管内をさらに3つに分けた支所単位（西部約7,500ha，金堤約7,000ha，金溝（クムグ）約5,500ha）で選出する。運営代議員を選ぶにあたり，1つの行政里（マウル）に偏らないようにするため，市や邑・面などの地域から代表に適した人を推薦してもらっている。議員数は21人，任期は2年であり，交通費は支社が負担するが賃金は発生しない。4半期ごとに会議を開催し，水利管理に対する農家あるいは地域の意見や要望を出してもらい，事業・運営に反映している。

以上，簡単に韓国の水利管理実態をトレースしたが，水利費だけではなく，水利の維持管理に係る労働も「むら」（農家総出）による負担がないことが，日本とは大きく異なる点である。

本節では，日本との米生産費比較を通じて，韓国の水田農業構造上の特質を明らかにした。それは，農業機械の保有台数の少なさと広範な作業受委託の展開，国・自治体等行政機関による水利管理に係るコスト及び労力の負担であり，それが日本よりも韓国の米生産費が低い本質的な要因である。そして，さらなるコスト削減の追求として期待しているのが，米産業発展対策でその育成に力を入れているトゥルニョク経営体である。

4．トゥルニョク経営体

図9-4は，トゥルニョク経営体の各年の設立数と事業予算の推移を示したものである。2011年は，先述したようにRPCなども対象となったことで大きく増加しているが，基本的には14年までは20経営体前後の設立であった。ところが，米産業発展対策を打ち出した15年は66経営体，16年47経営体，17年53経営体，18年56経営体，19年27経営体，20年は91経営体と，この６年間だけで340経営体を立ち上げている。その結果，経営体数は合計492にのぼる。

図9-4　トゥルニョク経営体と事業予算の推移

（単位：経営体数，億ウォン）

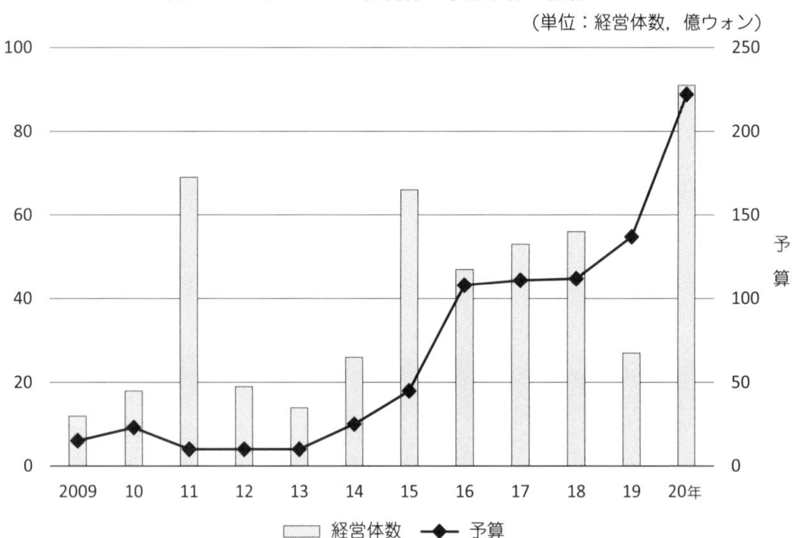

資料：『農業・農村及び食品産業に関する年次報告書』（各年版）より作成。

なお韓国政府は，2024年にトゥルニョク経営体を600経営体に増やす目標を掲げている。

他方，事業予算も2015年以降急激に増えており，米産業発展対策以降，国がトゥルニョク経営体の育成に力を入れていることが分かる。トゥルニョク経営体がカバーする水田面積は，16年の60,872haが20年には95,943haへ1.6倍に増え，全水田面積のカバー率も6.8％から11.6％へ上昇している。また，１経営体当たりの平均規模は，16年の225haから20年の176haへ落ちている。19年のそれが216haであったことを踏まえると，20年には規模の小さいトゥルニョク経営体が多く設立されたということである。

次に，米産業発展対策以前の2014年のデータになるが，全北大学の研究成果を用いていま少し踏み込んでみていく(7)。14年のトゥルニョク経営体数は158経営体であった。これを地域別にみると（表略），全羅南道が最多の54経営体と全体の34.2％を占めている。その次に多いのが，全羅北道の34経営体・21.5％である。つまり，韓国のトゥルニョク経営体の過半が，両道に集中していることになる。これは，米の生産が盛んな地域であることや，米生産の組織化に関する研究が全北大学を中心に活発であることが関係しているものと推測される。トゥルニョク経営体の経営主体で最も多いのが，農家の集合体で96経営体，全体の60.8％を占める。次が，農協のRPCの28経営体・17.7％，農協17経営体・10.8％，民間のRPC ７経営体・4.4％とつづく。また，第８章で触れたトゥルニョク経営体育成事業の「栽培技術や農業機械の管理，先進地への研修経費などの教育支援」もしくは「生産費の削減等のコンサルティング支援」のいずれかの支援を受けるのが95経営体と多く，全体の６割を占めている。

さらに，面積規模別にトゥルニョク経営体を整理したのが**表9-5**である。参加農家数では，100～200戸規模の経営体が56経営体（全体の35.4％），25～100戸が55経営体（34.8％）と，両者で３分の２を占めている。他方，面

(７) ジョ・ガオク他『トゥルニョク経営体の段階別育成体系の研究』韓国農業経営技術研究院，2014年。

表 9-5　規模別にみたトゥルニョク経営体

参加農家数別	トゥルニョク経営体数		面積規模別
計	158	158	計
10戸未満	2	0	50ha未満
10〜25	9	15	50〜100ha
25〜100	55	73	100〜200
100〜200	56	61	200〜400
200〜400	29	7	400〜600
400戸以上	7	2	600ha以上

資料：ジョ・ガオク他『トゥルニョク経営体の段階別育成体系の研究』より作成。

積では100～200haが73経営体，全体の46.2％と半分近くを占め，200～400ha規模が61経営体と38.6％を占める。こうした結果は，先述した１経営体当たりのカバー面積とも概ね符合している。日本の集落営農の平均的な姿（2020年参加農家33戸，集積面積32ha）と比べると，韓国のトゥルニョク経営体は概ね５～６倍の規模であることが分かる。

さらに白書では，10ａ当たりでみた農家の米生産費とトゥルニョク経営体のそれとを比較している（**表9-6**）。表中の「B」は，農家とトゥルニョク経営体とのコスト差を示しており，同じく「A」は個別農家に対するトゥルニョク経営体のコスト削減率をあらわしている。つまりは，トゥルニョク経営体によるコスト削減効果ということである。個別農家の場合，10ａ当たり生産費は49.1万ウォンを要するのに対し，トゥルニョク経営体は40.6万ウォンと17.4％のコストカットとなっている。費目別にみると，「A」の最も大きいのが種子代の24.4％であるが，金額では4,650ウォンに過ぎない。「B」では労働費が3.0万ウォンと最も大きい。このことに関し，組織化による協業での労働費削減にもとづくのか，大規模農家の参加による労働費の「薄まり」によるのか，トゥルニョク経営体の実態を考察する上で重要な意味をもつ。

次に「B」で大きいのが委託営農費の2.5万ウォンである。先に触れたように，小規模農家＝作業委託，大規模農家＝作業受託という関係を踏まえると，組織化し大規模化したトゥルニョク経営体は基本的には作業受託側に属するため，委託営農費が小さいことは容易に想像がつく。その一方で，農機具費

表9-6　農家とトゥルニョク経営体における10a当たり生産費比較

（単位：ウォン，%）

	種子代	肥料費	農薬費	その他材料費	農機具費	労働費	委託営農費	その他	合計
①個別農家	19,049	51,808	29,173	14,064	49,765	177,322	120,935	28,983	491,099
②トゥルニョク経営体	14,399	40,276	25,357	13,069	46,194	147,723	96,112	23,225	406,354
A：②／①－1	-24.4	-22.3	-13.1	-7.1	-7.2	-16.7	-20.5	-19.9	-17.3
B：②－①	-4,650	-11,533	-3,816	-995	-3,571	-29,599	-24,824	-5,758	-84,745

資料：『農業・農村及び食品産業に関する年次報告書』（各年版）より作成。
注：1）表中の数値は，2018～20年の３カ年平均である。
2）「農機具費」には，自動車費を含む。
3）「その他」は，水道光熱費，営農施設費，租税及びその他費用，生産管理費を指す。

は3,500ウォンほどの削減にとどまる。つまり，トゥルニョク経営体にはなったが，依然農機具は個別の構成員による所有・利用が継続していることが予想される。そうであるとすれば，トゥルニョク経営体内部での作業の協業化はみられない，あるいは一部に限定的であるものと思われ，そのことは先述した労働費削減の意味を映し出すことになる。もちろん，個別構成員の所有機械が使用できるまでの過渡的な動きであり，更新時にはトゥルニョク経営体に集約していくという可能性も否定できない。それらの検討は，次章の実態調査を踏まえながらおこなうことにする。

5．まとめ

韓国では大規模農家，特に10ha以上農家の増加と彼らへの農地集積が，借地あるいは水田購入を通じて進んでいるが，全体におけるそのシェアは大きなものではなく，また米産業発展対策が掲げた６ha以上農家の創出と農地集積に関しても途中段階であった。

そうしたなか，韓国水田農業の１つの特徴が，作業受委託からみえる両極分解であった。すなわち，小規模の多くは高齢農家であり，彼らは農業機械をほとんど所有しないため，各作業は他の農家に委託している。他方，青壮年層を中心とした大規模農家ほど，各自で機械を所有する傾向にあり，彼らが小規模農家の作業を受託する中心であった。こうした韓国水田農業の特質に加え，日本とは異なる韓国独自の水利管理などが韓国の米生産費にも反映されており，それが日本よりも韓国の米生産費が低い農業構造上の理由の１つであった。

そして，さらなる米生産費の低減，関税化移行後の国際競争力強化のため米産業発展対策を打ち出し，そこで特に力を入れていたのがトゥルニョク経営体の育成である。2024年目標の400経営体の設立に対しすでに500近い経営体を創出しており，日本の集落営農よりも農家数・面積ともに５～６倍の規模を有している。コスト面からみると，個別農家に対しトゥルニョク経営体は１割強のコストカットに成功している。なかでも労働費と委託営農費での削減額が大きく，韓国水田農業の特徴の反映でもある。

その一方で，米過剰問題に直面するなか，近年ではトゥルニョク経営体の活動も米だけではなく，畑作物への転換や経営の多角化，いわゆる６次産業化を推進し収益の向上を図る動きがみられることを前章で触れた。白書では，それらの状況を明らかにした記載はいまのところみられない。

そこで次章では，そうした近年の動きも含め，大規模なトゥルニョク経営体がどのようなプロセスを経てつくられ，どのような活動に取り組んでいるのか，現地調査を通じて明らかにする。

第10章

トゥルニョク経営体

1．はじめに

本章で取り上げるトゥルニョク経営体は，50ha以上の範域で集団化した水田を共同生産・管理する組織であり，そのはじまりは2000年代前半の大規模化政策の一環として研究者サイドから提起されたものであった。それを韓国政府が後押しし，ついには米産業発展対策において米産業の体質改善の一手段として，育成すべき主体に位置付けられた。

トゥルニョク経営体の統計的把握は前章ですでにおこなった。本章では，現地調査を通じて，トゥルニョク経営体は誰がどのようにして立ち上げ，どのような活動に取り組んでいるのか，また組織化によりどのようなメリットや特徴，さらには課題を有しているのかなどに注目して，トゥルニョク経営体の取り組み実態を明らかにしたい。対象地域は，平野部で米の生産が盛んなで，かつトゥルニョク経営体を多く設立している全羅北道群山市及び全羅南道羅州市，さらに山間部に位置する慶尚北道の尚州市及び亀尾市であり，トゥルニョク経営体の設立年順で取り上げている。なお，それぞれの位置関係を図10-1に示しておく。

2．コグンサン親環境営農組合法人－全羅北道群山市

全羅北道群山（グンサン）市沃溝（オック）邑の寿山（スサン）里は，日本植民地時代の干拓地であり，本節で取り上げる「コグンサン親環境営農組合法人」の農地もこの寿山里にある。法人の名称である「コグンサン」は，

図10-1　調査地域の位置

資料：「SKoreaMap-j」（ホームページ）より作成。

15ある埋め立て地の島の総称である。干拓地のため農地は１区画1,200坪（40a）で整備されている。この近郊でつくられる米は陸地よりも品質がよく，小麦も味のよいものが収穫できることで有名である。沃溝邑には，559戸の農家と農地面積1,403ha（水田面積1,342ha，水田率95.7％）がある（2010年）。１ha未満の農家が４割を占めるが，６ha以上も10.7％，10ha以上でも4.5％と大規模化が進んだ地域である。

法人は2009年に設立している。その理由は，2006年の米価下落で経営が厳しくなり，複数人が集まって組織を立ち上げ大規模化することで，共同作業による労力負担の軽減やコストの低減を図るためである。提起者は，法人事務所のある沃溝邑を管内とする沃溝農協のもと理事であり，彼が寿山里で農地を所有するいずれも専業農家で10ha程度の同規模の農家12戸に参加を呼びかけた。12戸のうち個別での経営を希望した農家や，これ以上規模を増やしたくないなどの理由で６戸は参加せず，残る６戸が組織化に賛同し参加している。設立当時の年齢は，50代１人・60代４人・70代２人である（提起者を含む）。その後，2013～14年に法人で共同防除をはじめたが，その活動をみて法人に参加したいという農家が増えてきた。しかし法人は，誰でも参加を認めたわけではなく，「法人経営に責任感があること，責任をとること」を求めている。ただし，現実的には韓国産コンバインは品質が悪く４年使うと壊れてしまうため，コンバインを現物出資できる人を優先して参加を認めてきた。その結果，改めて10人（専業８人・兼業２人，年齢は50代９人・60代１人）が参加することとなり，18年の構成員は計17人に拡大している。17人のうち，法人への作業委託を希望して参加した７人を除く10人が理事を務めている。

出資金は農業機械の現物出資であり，設立当初はトラクター７台・田植機５台・コンバイン５台・乾燥機６台であった。のちに参加した10戸も現物出資をおこない，一部法人での購入機械を含め，現在トラクター11台・田植機５台・コンバイン８台・乾燥機６台・防除機２台・麦収穫機２台・５トン車１台・3.5トン車１台・低温倉庫などを所有・装備している。

現在法人は141haを集積しており，このうちの25haは寿山里に隣接する船堤（ソンジェ）里の水田である。141haのうち構成員17人の水田が99haを占め，これら水田は法人とは借地契約を結んでいない。つまり法的には，経営権は法人ではなく個人にあり，したがって法人は経営権を有する個人の集合体である。残る42haが構成員以外の水田であり，これは法人と借地契約を結んでいる。員外の水田は，法人理事10人が自分の経営地に近いところをカバーする。小作料は１区画1,200坪（40ａ）で米80kgを20個支払う。17年の相場換算で約160万ウォンと，周辺地域の小作料よりも10万ウォンほど高額である。だが法人としては，借地の多くは隣接地に該当するため，作業効率を考えると許容範囲と考えている。

法人は141haすべてで米をつくっているが，作業的に大変なため，現在は親環境米には取り組んでいない。米は３品種つくっており，食用（新東津）が85%，残り15%がモチ米と飼料用米である。いずれも品種ごとに団地化を図っており，寿山里の干拓地はすべて食用，船堤里がモチ米・飼料用米である。その他に裏作で大麦・裸麦を85～90ha，2017年はトウガラシ３haとゴマ５ha，18年は大豆８haをつくったが，大豆は雨によりまったく収穫できなかったため，今後はゴマを中心にするつもりである。

作業に従事するのは理事の10人であり，作業従事の仕組みがトゥルニョク経営体のなかでは特異である。主要作業のうち田植えと収穫作業は10人が共同で作業に従事する。例えば今日は，ある区域の田植えをおこなうとすれば，それに必要な人数と田植機を当該区域に投入し，一気に作業を終わらすというやり方である。すなわち，ブロック化と労力の集中投入による作業の効率化，協業化である。残る耕耘と管理作業は，その水田の経営者ならびに法人の借地をカバーしている各理事による個別担当制・責任制としている。

いま１つの特徴は，各役員の異なる経営規模を織り込んだ協業の仕組みである。すなわち，法人では10人全員で作業に従事するが，各規模＝区画数が異なるため，60区画（24ha）を各理事の「持ち分」＝基準とし，それが実際の作業面積となる。例えば，経営面積が60区画を超える規模の理事は，60区画以下の理事に対し「持ち分」以上の作業に従事させることになり，逆にその分は自分で作業をしなくて済む。したがって，60区画を超える理事は，超過した区画数に対し１区画当たり10万ウォンを法人に支払い，60区画未満の理事はその差に10万ウォンを乗じた金額を作業労賃として法人から受け取るということである。10人のうち60区画に満たない理事が６人おり，こうした金銭の動きは１年間で約1,000万ウォンに達する。また，理事以外の７人は１区画40万ウォンを作業料金として支払う。

農産物は，基本的には農協に出荷している。ただし麦は，焼酎用として契約栽培したものは農協に出荷し，その他は業者に加工してもらい法人がインターネットで販売するものに加え，最近は法人という信用により麦茶メーカーとの契約販売も獲得している。農産物はいずれも法人名義で販売している。

これは法人の売上高が大きくないと，国の補助事業の対象にならないためである。売り上げのうち経営地及び担当制・責任制の水田は，当該理事の収入となる。

こうした法人組織の取り組みにより，次のような効果が生じている。1つは，「持ち分」である60区画を理事1人で作業をおこなうと1週間以上を要するが，10人で一気に作業をすれば1日で終わらすことができる。ここに，この法人の目的が凝縮されている。いま1つは，水田の団地化による作業時間の大幅減，それによる適期での細やかな作業などが可能となり，その結果米の反収が600kg（2009年）から900kg（2018年）へ増えている。

今後の展開は，法人としてはこれ以上構成員を増やし規模を拡大すると，理事（＝作業従事者）の増員や農業機械の増資が必要となるため，現状維持を考えている。面積は拡大しないが，今後は米だけではなく，大豆やゴマ，トウガラシなどの他作目を導入することで，労力の投入時期の平準化を図る予定である。

3．鳳凰農協トゥルニョク経営体－全羅南道羅州市

（1）トゥルニョク経営体

本節で対象とする全羅南道の羅州（ナジュ）市鳳凰（ポンファン）面は，平野部に位置する。ナシが有名な地域であり，それ以外は米や畜産が盛んである。鳳凰面の農家数は1,067戸，農地面積は1,494ha（水田面積885ha，水田率59.2％）と，これまでの調査地域に比べ水田率が低い（2010年）。水田に限定すると，経営規模では1ha未満が658戸と全体の6割強を占めるのに対し，大規模では10ha以上が1戸，6ha以上でも7戸に過ぎない。また，鳳凰面には鳳凰農協がある。正組合員数1,800人，准組合員数3,000人の農協であり，正組合員の平均年齢は65歳で，その多くには農業後継者がいない。

鳳凰面は，農家1戸当たりの農業機械の保有台数が少なく，そのため部分作業あるいは全部作業を委託する農家が全国平均よりも多い地域である。そ

れが，鳳凰農協がトゥルニョク経営体を立ち上げた主な理由である。当初，組合員の高齢化と後継者不在による労働力不足，農地の貸し付けよりも作業委託の方が地権者としては所得が多いため，組合員は鳳凰農協に対し機械銀行の設立を要望した。農協はそれを受け，農協事業の一部として2012年に機械銀行に取り組んでいる。まず機械銀行は，トラクター９台を購入し，５～７ha程度の大規模農家９戸にリースしていた。リース料金は，トラクター価格の10%を残余価値としてトラクター価格から差し引き，残りを８年で除した金額とし，農家が自己所有を希望する場合は，９年目に残余価値分を支払うという仕組みである。

ところが，機械をリースした大規模農家が，管内の高齢農家の作業を必ずしも引き受けるわけではなく，自分の経営地しか作業をしないということが散見された。加えて，機械銀行も多くの農業機械を装備するには多額の投資が必要となる。そうしたなか，国がトゥルニョク経営体の推進を前面に打ち出したことで，トゥルニョク経営体に対する支援が手厚く用意されることになった。そこで鳳凰農協は，トラクター以外の機械銀行には取り組まず，農協自らが母体となるトゥルニョク経営体を立ち上げて，機械銀行を吸収するとともに，直接受託作業に従事する方向に転換している。それが，2013年に設立した「鳳凰農協トゥルニョク経営体」である。

経営体の設立に際し，大規模農家は経営体が競合相手になるのではないかと危惧していたが，大規模農家も経営体がおこなう育苗や航空防除を利用し，恩恵を受けることから設立に賛同している。現在では，後述するように部分作業受託における経営体と大規模農家との棲み分けや，経営体の作業を受託する大規模農家もみられる。

鳳凰農協は，機械銀行から経営体までを含め，これまで30億ウォンを投入している。このうち国や郡等行政が50%，農協中央会が10%を補助し，残りの12億ウォンが農協の自己負担である。

経営体による作業受託には２つの特徴がある。１つは，ほぼすべての作業を農家から受託する点である。委託農家がおこなう作業は，元肥（追肥等は経営体がおこなう）と水田の除草作業，水田への水の出し入れ（温度調整）に限られる全機械作業委託である。それ以外の作業は，10ａ当たり30万ウォンの委託料金を支払うことですべて経営体がおこない，水路の管理や清掃は韓国農漁村公社がおこなう。また，田植えや収穫作業のみといった部分作業受託は，引き受けるとカバーする面積が大きくなり，経営体では対応できなくなるため，それらは大規模農家に任せることで棲み分けを図っている。

いま１つの特徴が，優良地と不利地をセットとした作業受託である。当初委託農家が，優良地は大規模農家に，不利地（未整備地や機械が入らない農地など）は経営体に委託する傾向があり，それを回避するために経営体はセットでの受託に限定している。

所有する機械は，機械銀行時代のトラクター９台のほか，経営体が使用するトラクター３台，田植機５台（うち２台は直播機），コンバイン３台，航空防除用ドローン２台である。経営体には，既存の農協職員３人（責任者１人を含む）と新規雇用６人の計９人を配置している。このうち新規職員は農業経験がないため，農協がドローン操縦や農業機械の運転及びそれら整備について指導している。彼ら９人が基本的な受託作業をおこなうとともに，育苗作業や農繁期には臨雇50人（１日）を入れるなどして対応している。

鳳凰農協の組合員のみ経営体に作業を委託でき，2015年実績で157戸の農家から105haを受託していたが，16年には198戸・120haへ拡大している。また，育苗と航空防除は，管内の水田面積885haのうち育苗が40％，航空防除は50％を受託し，管外からも航空防除を200ha受託している。近年は，経営体の能力を超える受託面積となってきたため，受託面積の約１割を大規模農家へ再委託している。その際，できるだけ経営地と隣接する大規模農家に再委託するなど団地化を図っている。また，米の品種をすべて統一することで，収穫作業では多様な品種が混入せず作業もしやすくなり，また収穫量の確保とその安定が図られている。ただし，栽培管理の方法が変わることもあり，委託農家から反対意見もあったが，農協による年３回の営農指導と，指導に関する配布物などによる周知，さらには統一品種によって収量と品質が向上したことなどから，いまは委託農家の理解を得ている。今後，委託農家のさらなる高齢化と離農が進むことが予想され，経営体としては将来的には受託地を借地することも検討している。

（2）大規模農家

鳳凰農協トゥルニョク経営体から作業受託を受けている大規模農家・Kさん（43歳，2016年調査時）の概要にも触れておく。Kさんが居住する鳳凰面のワウ里（行政里[1]）には，農家が50戸，水田20ha・畑6.7haがあり，米やナシを中心にトウガラシやタバコなどの生産が盛んな地域である。ワウ里のなかでは，Kさんが最大規模の農家である。

Kさんは，農業関係の学校を卒業後，兵役で入隊し，それが終了した25歳から専業農家である父親と一緒に農業をおこなってきた。1990年代後半に経営移譲を受けた時の経営規模は3.3haで，それ以降少しずつ規模を拡大してきた。現在の家族労働力はKさんと奥さん（43歳）がメインであり，父親（87歳）と兄が手伝うこともある。Kさんは，トラクター・田植機・コンバイン・乾燥機まで一式を所有している。これまでに鳳凰農協の機械銀行を利用したことはなく，機械の更新時も自分で購入している。

水田では12haで米を，畑2.7haでも白菜，ダイコン，スイカをつくっており，その他に繁殖牛を35頭（母牛のみ）飼育している。

Kさんが所有する水田は4haで，すべてワウ里のなかにある。このうち約50aは，最近農漁村公社を通じて購入した水田である。もともと地権者は高齢化のためKさんに水田を貸し付けていたが，その地権者が他界し子供も農業をしないということで，購入している。畑も所有しているが33aと小さく，

（1）多くの行政里は「マウル」と呼ばれ，機能集団的取り組みをおこなう単位である。他方，法定里は複数の行政里で構成されるケースが多く，現在は戸籍と郵便の住所のみの使用にとどまるようである。その点で法定里は統治的性格のものといえよう。詳細は，拙著『条件不利地域農業　日本と韓国』（筑波書房，2010年）第6章を参照。

そこでは牛の飼料をつくっている。

借地水田が8haあり，すべてワウ里の農地である。地権者は10人くらいおり，最も古い借地で15年前から，新しいものは2016年の1haである。8haのうちの4.7haは，20代～30代の若い専業農業者に優先的に斡旋する農地流動化事業により，農漁村公社から借地の話がきたものである。小作料は公社を通じた水田は，10a当たり21万ウォン，それ以外の相対による借地は23万ウォンと，公社を通じた小作料の方が低く設定されており，それにより公社を通じた借地への誘導と，農地の団地化を図るねらいがある。公社からの借地期間は定められておらず，基本的には相対での借地も含め，地権者が農地を売却するまで借りることができる。Kさんとしては，毎年米価が下がっていることと，その反面農地価格が上昇していることから，借地の購入意思はない。畑も2.7ha（8,000坪）を借地している。

また，同じ水田の田植えと収穫の作業受託もおこなっており，面積で約33ha，受託地はワウ里内だけではなく，その他5～6の行政里に及ぶ。33haのうち23haは農家14戸からの委託である。委託農家は，近所に農業機械を一式所有している農家がいても，その農家に委託するとは限らず，親戚や友人関係を中心に，そのまた知人など信頼関係をベースに作業受委託が成立している。

残り10haがトゥルニョク経営体からの再委託である。再委託の仕組みも，当初は農業機械を所有している農家，あるいは労力的にゆとりのある農家に再委託をしていた。しかし現在は，委託農地に隣接する大規模農家，あるいはその近辺の農家に再委託するように変更することで，できるだけ農地の団地化や作業の集約化，効率化を図るようにしている。

作業料金は，もともと行政里ごとに異なっていた。だが，鳳凰農協の機械銀行やトゥルニョク経営体が立ち上がって以降は，面のなかの大規模農家が集まり，それらの作業料金を目安に，ほぼ近い金額で統一料金を設定している。例えば，収穫作業であれば，10a当たり8万ウォンである。Kさんとしては，コンバインは長持ちさせたいが壊れやすいため，もう少し高く設定したかったというのが本音である。しかし，高く設定すると，トゥルニョク経営体に作業委託が流れてしまうこと，またトゥルニョク経営体からの再委託を受ける際に，トゥルニョク経営体との間で料金の相違が生じることから，高く設定することはできないでいる。また防除については，トゥルニョク経営体の共同防除＝無人ヘリに委託している。

Kさんにとっては，作業受託の３分の２は相対で確保し，トゥルニョク経営体からの再委託・斡旋は３分の１に限られる。その数値だけで判断すれば，依然相対が大きなポジションを占めていることになる。しかしトゥルニョク経営体の設立は2013年であり，ヒアリング調査は16年である。つまり，わずか３年の間に，Kさんの受託面積の３分の１を占めるようになったとみることもでき，作業受託の確保にとってはトゥルニョク経営体を通じた再委託が重要になりつつある。加えてその再委託により，Kさんは農地の団地化を図ることができるというメリットもある。一方，作業料金については，トゥルニョク経営体が設定する水準に近づけざるを得ない。したがって，大規模農家の自己経営にあった単独での料金設定は困難であり，そうした不自由さも合わせて享受しなければならない。しかし両者を比較考量すれば，その不自由さも受託面積の拡大と団地化という点でカバーが可能ということであろう。

４．営農組合法人・渡り鳥と農夫たち－全羅北道群山市

本節では，米の盛んな全羅北道のうち群山市臨陂（イムピ）面のトゥルニョク経営体である営農組合法人「渡り鳥と農夫たち(2)」を取り上げる。臨陂面は平野部に位置し，農家数637戸・農地面積961ha（水田860ha，水田率89.5％）の地域である（2010年）。水田の経営規模は，１ha前後の零細・高齢農家が全体の37.5％と４割近くを占めるが（全国平均48.9％），米産業発展対策で目標とする６ha以上で5.0％（同1.4％），10ha以上は2.7％（同0.4％）

（２）法人名は，この周辺地域の農家が利用する民間のRPCのブランド米「渡り鳥が来る米」からとったものである。

と全国平均を上回る大規模農家が形成されている。

経営体設立のきっかけは，2012年頃に主食用米の過剰が懸念されるなか，政府が進めた加工用米生産のモデル事業に採択され，加工用米（レトルト米）をつくる作物班を立ち上げたことである。しかし，政府が加工業者と結び付けてくれないため販路の確保が難しいこと，加工用米は多収量米ではあるが業者との取引価格が低いため経済的メリットが小さいこと，さらには途中で事業が中断（理由は法人代表も不明）したことなどもあって，加工用米の生産を断念し，再度主食用米の生産に切り替えることとなった。その際，作物班に参加していた地域のリーダーや大規模農家等６戸を中心に，計82戸の農家が参加して法人を設立し，同時にトゥルニョク経営体の認定を受けている（14年）。

設立・認定に関し，第１に経営体がカバーする面のなかの範域は，中心の６人が農地の団地化及び作業の機械化を進める範囲（約200ha）を設定し，その地域のなかの農家に声かけして賛同を得たのが先の82戸ということである。したがって，提起者たちにとって作業や販売，交付金等の効率化が発揮できる規模を基準とした地域設定ということである。第２に，法人化及び経営体を選択した理由は，それらが最近の政策支援対象の中心であることである。第３に，米の高品質化を進めようとしており，米の販売先である民間のRPC（日本のカントリー・エレベーターに相当）もトゥルニョク経営体を推奨したためである。第４に，参加農家は法人及び経営体であれば，農産物の販売面や農業資材等の購買面での行政支援が受けられるとにらみ，積極的に賛同した農家が多い。ただし参加後に，思ったほどのメリットがなかったことや栽培方法の研修を受けなければならないなど煩わしいことが増えたこと，そのためこれまでの自分のやり方で農業ができなくなったという点で，不満を抱えている農家も少なからず存在している。

経営体は10の行政里（マウル）にまたがり，構成員82戸の水田203haをカバーしている。これは，面の農家数240戸・水田面積800haの各３分の１，４分の１をカバーしていることになる。構成員は40代～80代までおり（中心は60代)，後継者を確保している農家はほとんどいない。構成員の多くは1.5ha前後の規模で，最大規模は20ha（62歳，中心メンバーの１人）である。出資金は，中心の６人が大型トラック等1,000万ウォン分の現物出資をおこない，その他の構成員は入会金を支払うとともに，毎年収穫量の数%を提供する。必要な生産資材は，経営体で共同購入している。

経営体が関与するのは米のみであるが，耕起から収穫までの機械作業及び草刈りは構成員各自がおこなう。農業機械のない構成員は，構成員である大規模農家10戸が作業を受託する。ただし，経営体のオペレーターとしてではなく個人間での受託であり，作業料金はダイレクトに大規模農家が受け取る。育苗は主にRPCがおこない，防除は経営体が補助事業で広域防除機を購入し，大規模農家を中心とした８人がオペレーターとして共同防除をするとともに，国のトゥルニョク経営体育成事業（第８章）のコスト補助を受けている。経営体はRPCと契約栽培をしているため，品種はRPCが決定し，販路もRPCが開拓し販売している。経営体がカバーする203haのうち，100haは韓国農村振興庁が進める「トップライス」等の優秀ブランド米（一般米に比べ80kg当たり6,000ウォン高い）として国内で販売し，残り103haはロシアやEU，オーストラリアなどへの輸出米である。

経営体には，面内の農家及び米の販売主体であるRPCの組合員であれば，途中からでも参加することができる。しかし，参加したい農家はほぼ全員参加しているため，今後構成員数が増えることはないようである。むしろ，高齢化等で離農者が出てくることが予想され，構成員数は減少するとみている。彼ら離農者の農地は，売買や賃貸借されることになるが，法人・経営体の代表者によると，農地の受け手は法人・経営体ではなく，地域の大規模農家であるという。制度上，経営体である営農組合法人も農地の所有が認められるが，実際法人としての所有及び借地はおこなっていない。その根底には，トゥルニョク経営体に参加していても，あくまでも農業経営（権）は構成員個々のものという認識がある。

5．空・大地営農組合法人・トゥルニョク経営体－全羅北道群山市

全羅北道群山市会県（フェヒョン）面には，2007年に設立した営農組合法人と，2015年に立ち上げたトゥルニョク経営体が並立している。平野部に位置する会県面には農家が563戸，農地面積は1,530ha（水田面積1,480ha，水田率96.7%）ある（2010年）。経営規模をみると，1ha未満の小規模農家が36.9%と3分の1強を占める。大規模層では6ha以上が12.6%，10ha以上では5.9%と全国のなかでも規模の拡大が進んでいる地域である。

「空・大地営農組合法人」は，大規模農家を中心に5人で設立した組織である。構成員は70代2人と40代3人であり，全員米と大豆，裏作麦を中心とした専業農家である。法人の目的は，育苗施設を立ち上げ共同育苗をおこなうことであり，かつ政府からの施設補助を受けるためには法人組織が求められたからである。育苗施設では50ha分の苗をつくっており，これを面内の農家等にも販売している。構成員は2018年までに10人増え，現在15人となっている。増員した10人は70代が主で，その他のほとんどは60代であり，いずれも専業農家で米・麦・大豆をつくっている。

構成員は，法人に農地を貸し付けているわけではない。また法人も所有する水田はなく，構成員以外からの借地もない。つまり，経営権は構成員個人に帰属する。構成員の経営面積を集積すると57haに達し，農地は地理的に複数の行政里（マウル）と交差する位置にあるため，4つの行政里にまたがる。品目は，米50ha，裏作麦50ha，大豆7haである。法人は育苗50ha，防除100h（表・裏作）の共同作業に加え，一部田植えや収穫等の部分作業受託があるが，それは主に40代の若手構成員がおこなう。したがって，基本的には育苗・防除の共同作業以外はすべて各自で作業に従事し，農産物の販売も個人名義での販売となる。

法人では，トラクター5台，田植機2台，防除機1台，汎用コンバイン3台，麦コンバイン1台，大豆コンバイン1台を所有しており，構成員は必要

に応じて法人の機械を共同利用している。

法人の今後の展開では，次の取り組みがあげられる。1つは，集積面積に対し所有する機械が多いため，育苗や防除以外の作業も共同でおこなう方向に転換したいと考えている。理想としては，構成員各自が自分の水田の作業をするのではなく，他人の水田でも作業する形が作業効率の面で理想的であるが，それは遠い未来の話である。いま1つは，そのため構成員の農地を法人が借地をし経営権をもつことは難しいが，員外からの借地はおこないたいと考えており，農家の高齢化を考慮すると5年以内（2023年頃）には現実になるとみている。

一方のトゥルニョク経営体は，2014年に行政機関である農業技術センターが1年間，農業生産工程管理（GAP）の団地（50～100ha）をつくるモデル事業を募集していた。法人代表者（46歳，経営面積20ha）が地図をみて100haくらいの地域を選定し，そのなかの農家に声をかけて同意をもらい応募した。モデル事業による様々な支援（機械購入の補助など）を受けられることが，応募と農家の同意の根底にある。この団地を活かしつつ，モデル事業内の高齢化による労力不足を補うために，共同作業に取り組むべく設立したのがトゥルニョク経営体である。

トゥルニョク経営体には，法人の構成員を含む43人が参加しており，60代～70代が中心である。構成員のうち農業後継者を確保しているのは数人程度であるが，同居かつ他産業従事の農業後継者候補がいる構成員は少なくない。構成員の経営面積を集積すると100haに達するが，経営体がおこなう共同作業は育苗・防除のみであり，その労働力の中心は法人のメンバーである。したがって，トゥルニョク経営体の共同作業は法人と重複しており，並存する実質的な意味はあまりないといえよう。ただし近年，農家をまとめ組織化する国の事業・政策がトゥルニョク経営体の設立に傾注・推進しており，そのためトゥルニョク経営体に対する補助や支援が手厚いこと，またトゥルニョク経営体を通じて農地集積・規模拡大を図ることも，新たにトゥルニョク経営体を立ち上げた理由である。

今後，トゥルニョク経営体に入りたいという農家は受け入れるつもりである。ただし，この周辺にはトゥルニョク経営体が５～６組織あるとともに，農地も競合状況にあるので構成員が増える可能性は低いとみている。また，トゥルニョク経営体の100haは，先の法人が借地・経営したいと考えており，団地化した100haであれば５人の労働力で作業は可能である。その労力は，大規模専業農家の集団である法人が有しており，法人にとっては過剰気味の農業機械の稼働率を高めることにも結び付く。そのように整理すると，究極的には法人とトゥルニョク経営体を一体化することが求められる。実際，法人サイドも一体化を進めたいと考えている。

その一方でトゥルニョク経営体は，規模の拡大や農作業従事とは異なる展開に進んでいる。すなわち事業の多角化としておこげを加工する工場建設を，10億ウォンを投資して進めており，2019年に完成している。この周辺にはおこげをつくる工場がないため成功する可能性が高いとみている。加工に関しては，近隣町村でモチを加工しネット販売で年間20億ウォンを売り上げる友人から学び，おこげ工場もネット販売に取り組み，最終的には工場で従業員を雇用する計画である。

6．ナヌリ営農組合法人と子会社－慶尚北道尚州市

（1）ナヌリ営農組合法人

慶尚北道尚州（サンジュ）市咸昌（ハムチャン）邑の「ナヌリ営農組合法人」は，2016年に設立したトゥルニョク経営体である。組織名である「ナヌリ」は「分かち合う」という意味である。

咸昌邑は山間部に位置し，農家数1,083戸・農地面積1,505ha（水田1,157ha，水田率76.9%）の地域である（2010年）。水田の経営規模は，１ha未満の零細・高齢農家が全体の56.0%と多く（全国平均48.9%），６ha以上で1.8%（同1.4%），10ha以上は0.4%（同0.4%）と大規模農家の形成は全国平均といえる。

法人立ち上げの提起者は，現在の法人代表と後述する子会社代表の２人で

ある。現代表は当時50歳で，作物班（米専業農家）の総務担当をしていた。一方，子会社の代表は当時49歳で，邑のなかにある新興（シンフン）３里の里長であった。この２人を中心に，咸昌邑内の比較的若手（当時の平均年齢は50代前半，最年少は36歳）かつ大規模で，畑作物をつくっている農家に声かけし，提起者を含む６人で設立している。６人は大規模農家（平均15ha）であるが，いずれもコンバイン等の農業機械を所有しておらず，従来は邑外の農家等から農業機械を借りていた。そのため，機械を使用したいときに使えないことが多く，適時に作業ができないといった弊害から，機械の共同所有・利用をおこなうことが組織化の目的である。

６人は法人の役員を務めており，法人にはその他に賛同会員がいる。会員となる主な条件は，①農家であること，②会費を10万ウォン以上支払うこと（１回のみ），③土地改良の負担を承認すること，の３点である。設立当初，賛同会員は12人であったが，2017年30人→18年50人→19年70人→20年100人へ，年々拡大している。賛同及び増加の理由は，会員の多くは本格的な機械化に至っておらず手作業が中心であり，賛同することで法人の機械を利用できること，加えて会員であれば機械利用の順番が優先されること（非会員との利用料金の差はない）が大きい。賛同会員は65歳前後が中心であり，規模は平均で２～３haクラスである。

法人の出資金は6.2億ウォンで，この５割強が役員６人，残りが賛同会員による出資である。法人は，2017～19年まで毎年，国のトゥルニョク経営体育成事業を受けており，17・18年は米を対象に施設整備やコンサルティング等の支援を，19年は米以外の畑作物を対象にコンサルティング等の支援を受け，さらに20年は米及び畑作物の団地化支援を受けており，４事業で総額7.2億ウォンに達する。これら補助事業を活用し，法人は共同育苗施設，トラクター10台，田植機17台，汎用コンバイン７台，広域防除機などを所有している。

法人の活動範囲は邑に限定しており，邑の農地面積1,200haのうち現在300ha（水田200ha・畑100ha）をカバーしている。300haのうち100haほどが役員6人の経営面積である。ただし，法人の借地は不在地主の2haのみであり，役員及び賛同会員の農地を借地しているわけではない。したがって，経営権は各役員・賛同会員にある。

役員6人は邑のなかで区域が離れており，自分の農地を拠点にそれぞれの区域を任されている。区域内の自分の経営地の作業をおこなうとともに，賛同会員及び非会員による法人への作業委託の作業にも従事する。賛同会員も，一部は部分作業委託をする農家もいるが，法人から機械を借りて各自で作業をする農家が多い。

現在，水田200haで米を，畑では大豆（豆モヤシを含む）100haとその裏作でジャガイモ（70ha）とタマネギ（30ha）をつくっている。経営権は個々の農家に属するため，どの農地にどういった品目をつくるかは法人ではなく各農家が決定する。しかし，土壌の性質や水はけ等を踏まえ，各自の農地にはどの品目が適しているのかは，各農家が最も熟知していることから，個々の農家が品目を決めても，ある程度品目ごとの団地化になるとのことである。ただし，連作障害等が生じた際は，法人が主導して品目の変更をおこなう。現在裏作でつくっているジャガイモとタマネギは労力的に厳しいので，それに代わる品目として大麦や白菜などを模索している。

米は一部政府米もあるが，ほとんどが農協に出荷している。大豆は商社と契約栽培しており，法人名義で販売している。法人での販売はロットの確保に結び付き，商社に対し価格交渉力が発揮できることが大きな成果である。賛同会員の誰がどのくらい大豆を生産したかを法人は把握しており，それをもとに賛同会員に販売代金を支払っている。他方，ジャガイモとタマネギは価格変動が激しいため農家個人での販売となる。法人の売り上げは3億～4億ウォンほどであり，そのうちの8割が大豆である。残りのほとんどは機械利用料金と作業受託の収入である。

米と大豆の売り上げを比較すると，米は1ha当たり1,000万～1,200万ウォンであるのに対し，大豆は1,350万ウォンと大豆の方が販売収入が多い。そのため法人では，米から大豆への転換を進めていく計画である。そのために

２つの大きな展開を進めている。

１つは，水田の畑地転換であり，そのための土地改良をおこなう。改良工事も２種類あり，水田自体をかさ上げする工事と，地下にパイプラインを設置する工事である。前者は多額の費用を要するため，国のモデル事業で全額カバーしている。他方，後者は国・道の補助事業も受けつつ，残額は個人負担となる。そのため賛同会員の条件に「土地改良の負担を承認すること」を入れている。地権者には個人負担が発生するが，土地改良により農地価格の上昇が期待でき，特に二毛作が可能になれば10ａ当たり600万ウォン高くなる（現在の水田の平均価格は10ａ当たり3,000万ウォン）。

いま１つの展開が，大豆の加工事業への進出である。

（2）営農組合法人・タムコッセ味噌工場

2018年にナヌリ法人の子会社「タムコッセ味噌工場」を設立している。「タムコッセ」の由来は，かつてこの辺りには３つの地域があり，各地域を象徴する塀・花・鳥のハングルから一文字ずつ（「タム」「コッ」「セ」）とったものである。加えて「タム」は「（味噌を）漬ける」という動詞にもかかっている。

子会社は営農組合法人であり，出資金２億ウォンのうち先のナヌリ法人の役員６人が４割を出資している。残り６割は，ナヌリ法人の賛同会員100人のうち40人が賛同・出資している。ところで，ナヌリ法人の加工部門とせず子会社としたのは，１つにはナヌリ法人は機械作業に専念すること，いま１つはナヌリ法人が多くの補助事業を受け，事業展開することで地域に落ちるお金をすべて持っていくことに対する地域からの厳しい視線・反発を受けないようにするためである。

加工施設は，慶尚北道の農業者所得の向上を目的とした補助事業を受けて建設し，2019年に完成，同12月から稼働している。そこでは，味噌玉麹と味噌の２種類をつくっており，大豆はナヌリ法人で生産したものを使用している。加工に従事するのは，農家個々で味噌をつくっていた女性18人（60代以上）であり，全員ナヌリ法人の賛同会員かつ子会社の出資者である。18人を３人ずつ６班に分けて，作業日時を割り振っている。味噌加工の材料は同じであるが，個人・家庭により，したがって班によって味噌の味が異なることから，６班の味噌のうちどれが最もおいしいかコンテストをして統一する予定である。

加工して日が浅いため（2020年調査時），販路はまだ未定であるが，すでに12人の都市住民と契約を結んでいる。基本的にはネット販売を念頭においており，目標売上は１億ウォンに設定している。

（3）今後の展開

邑には農業機械を所有していない農家が少なくなく，今後邑の半分の600haまでカバー面積が増える可能性があるとみている。法人役員のなかでは，「今の規模を維持する」と「もっと規模を増やそう」という意見の２つがあるが，後者の意見の方が多い。ただし，先述したように規模を拡大するのは大豆を中心とした畑作物である。

また，役員の農地をすべて法人との借地関係に変えることを目標の１つとして考えているが，現実的には進んでいない。その要因は，役員個人の生活があり，借地にし共同で経営・作業した場合，収益の分配をどうおこなうかが最大のネックとなるからである。

7．センムル営農組合法人－慶尚北道亀尾市

本節で取り上げるトゥルニョク経営体の「センムル営農組合法人」は，慶尚北道亀尾（グミ）市道開（ドゲ）面にある。道開面は山間部に位置し，農家数578戸・農地面積935ha（水田734ha，水田率78.5％）の地域であり（2010年），面周辺では米と大豆の両方をつくる複合農家がほとんどである。水田の経営規模は，１ha未満の零細・高齢農家が全体の48.1％（全国平均48.9％），６ha以上は1.4％（同1.4％），10ha以上は0.2％（同0.4％）と，経営規模の分

布では全国平均的な地域である。

法人の名称である「センムル」とは湧き水の意味であり，「新しいことをする」という想いで付けている。法人設立の提起者は現法人代表（42歳）で，当時経営地と受託面積を合わせ30haの米農家であった（現在は経営地16.4ha・受託面積30ha)。地域で何かの役職についていたわけではなく，当初は一緒に活動をしてくれる仲間がいなかった。そこで，個人で補助事業を活用しコンバインを導入して機械化・効率化を図ったところ，機械の所有率が低い地域農家の意識が少しずつ変化してきた。その後，地域農家の高齢化が進むなか，機械導入と作業受託による規模拡大を通じたコスト削減，収益性向上を目的として，2018年に５人（親戚関係３人・その友人関係２人，当時40歳２人・70歳３人）で法人を立ち上げ，法人の役員を務めている。出資金は１億ウォンで，代表のみ5,000万ウォン，残り４人は1,000万ウォン程度の出資である。

ところで設立に際し，慶北道による米や畑作物を対象とする食糧作物共同（トゥルニョク）経営体育成事業を受けるためには受益面積30ha以上の要件があった。道開面のなかでもトゥルニョク経営体・法人化に賛成・反対の農家がおり，面内だけでは面積要件をクリアできない可能性があることから，川向こうの玉城（オクソン）面も対象に，川を挟んで作業のしやすい１つの区域・団地を基準に選定し，その区域内の農家に声かけしている。水路や圃場の問題，さらには米価が安定していることから法人に賛同しなかった農家もいるが，17人・35haでスタートしている。なお，賛同農家には出資金の拠出はない。翌19年には70ha→20年100haへ増加し，農地は道開面と玉城面でほぼ半分ずつである。拡大の背景には，高齢化で作業が難しくなったことや，大豆の機械化によるコスト削減，また大豆の所得アップなどが影響している。

法人は先の育成事業費約5.7億ウォンを活用して，トラクター３台，田植機２台，汎用コンバイン４台，乾燥機２台を購入・所有している。役員や賛同農家は米だけではなく，米の過剰問題への対応として水田を畑作利用に転換し，大豆とジャガイモ，あるいは大豆と大麦といった二毛作をおこなっている。大豆は，白大豆と大豆もやしの２種類で，白大豆の反収は240kgほどである。

法人は，地権者と借地契約を結んでいるわけではなく，したがって個々の経営権は各地権者・農家にある。しかし米の場合，機械を所有していない賛同農家の多くは機械作業を法人に委託し，大豆はすべて法人が機械作業を請け負い，除草等の栽培管理は賛同農家がおこなう。米の全作業委託の場合，作業料金は他の地域では10ａ当たり20万ウォン弱を要するが，法人では賛同農家への還元を優先して7.5万ウォンと低く設定している。米は各農家で主に農協へ販売し，大豆は法人名義で大手食品メーカー「CJ」との契約栽培やネットで販売している。大豆の等級（１～５級）はCJが決定し，価格はCJと法人との交渉で決まる。収穫作業は農地ごとにおこなうため，役員・賛同農家ごとの大豆収穫量が把握でき，その販売金額を個々人に支払う。概算で米は10ａ当たり91.5万ウォンの所得になるが，大豆は通常で120万ウォン，収量がよければ135万ウォンと，米の1.3～1.5倍の所得になる。そのため役員・賛同農家ともに，排水等条件のよい水田では米から大豆に転換したいと考えている。

法人は従業員を３人雇用している。そのうち常勤雇用は女性１人のみであり，事務やネット販売等を担当している。残り２人は機械作業を担当し，１人は60代，もう１人は48歳のともに男性で，法人の仕事がない１～２月以外での雇用である。また役員報酬はなく，役員５人は自己経営からの所得に依存し，法人はほぼボランティア活動である。例えば代表は，現在経営地16.4ha（うち借地16ha）と米の受託面積30haの計46.4haを集積しており，面では最大規模の農家である。自家経営の作業は父親と２人で従事しており，米の収入・所得に依存している。代表や役員としては，自家経営に対しては法人が所有する機械を利用できることによるコストの削減と仲間づくり，地域農業に対しては法人を通じた地域農家の集約と大豆振興が，法人の狙いということである。

個々の経営，所得の問題から法人が借地し協業化する可能性はいまのところない。法人以外にも亀尾市には比較的若い大規模農家も少なくなく，地域農家が他界しても法人やその役員個人に農地が集積するわけではない。そのため小作料も10ａ当たり30万ウォンと平均的な小作料の２倍と高額の地域である。法人としては，作業規模が拡大するのであれば，亀尾市内はもちろん，隣接する栄州（ヨンジュ）市でも作業受託を引き受けるつもりである。従業員２人で120haまで作業は可能であり，それ以上の場合は増員が必要である。

8．まとめ

以上，各地域のトゥルニョク経営体（①コグンサン，②鳳凰農協トゥルニョク経営体，③渡り鳥と農夫たち，④空・大地，⑤ナヌリ，⑥センムル）の実践実態をみてきた。米産業発展対策（第８章）で触れたように，当初のトゥルニョク経営体は水田・米に対する組織化であった。しかし，近年の米過剰問題を契機として，韓国政府は水田の畑作利用を推進しており，最近のトゥルニョク経営体では畑作物のウェイトが高まりつつある。

調査事例のなかで①や④など比較的早くに立ち上げたトゥルニョク経営体においても，米の裏作麦や大豆，トウガラシなどをつくっていたが，裏作麦以外の面積は数haほどであった。しかし，最近設立したトゥルニョク経営体は，例えば⑤では，設立に際し畑作物をつくっている農家に声かけしたり，米以外の畑作物を対象としたコンサルタント支援や畑作物の団地化支援を受けていた。また⑥は，米だけでなく畑作物も対象とするトゥルニョク経営体育成事業を受け，水田で大豆やジャガイモ，大麦をつくるなど，畑作物に焦点をあてた生産支援も目立っている。

とはいえ，畑作物それ自体のトゥルニョク経営体というわけではなく，基本はやはり水田であり米である。つまり，米過剰のもとで米の生産を抑制しつつ，トゥルニョク経営体や構成農家の所得向上を図るための畑作物の推進，あるいはその６次産業化という位置付けである。

また，トゥルニョク経営体の設立は，農協による②以外はいずれも少人数が主導し立ち上げている点で共通している。その少人数も，①は専業農家かつ10ha規模の６戸で，③も地域リーダーや大規模農家等の６戸，④は法人の代表者が声かけをしトゥルニョク経営体を立ち上げたが，その法人は大規模農家５戸が中心になって設立したものであった。さらに，⑤は若手かつ大規模の６人，⑥は親戚や知人等の５人で立ち上げていた。つまり，少人数とは具体的には５～６戸・人の限られた人たちであり，その特徴や関係性は地域のリーダーや専業農家，大規模農家，親戚・知人という共通性があった。その点において，当初参考にして取り入れた日本の集落営農とは異なるが，それについては終章で改めて考察したい。

第９章でみたように韓国農業の特徴の１つが，機械保有とそれを起因とする作業受委託の二極化であった。そして，トゥルニョク経営体の大きな役割の１つが，補助事業を受けての機械の共同購入と構成員による共同利用であった。すなわち，構成員である専業農家や大規模農家も機械所有のコスト負担を削減し，これら機械を利用して作業受託をおこなっていた。しかし，その作業受託もトゥルニョク経営体として引き受けたものよりも，個人ベースでの受託が主流である。そこには経営（権）が関係している。

トゥルニョク経営体は，組織化・法人化し「経営体」と呼ばれるが，現段階では生産面からみると本当の意味での経営体というわけではない。すなわち，いずれの経営体も経営権は大規模農家などの個々の構成員に属したままであった（一部で不在地主の借地や員外の借地は存在した）。したがって文中では，トゥルニョク経営体に対し「経営面積」とは用いていない。そうしたこともあり，経営体による共同作業の多くは育苗や防除に限定しており，その他の機械作業は構成員が個人単位でおこなっていた。ただし，個人で従事できない一部の構成員や地域の農家は作業を委託するが，③・④・⑤は経営体ではなく構成員個人への委託という形であった。本稿以外のトゥルニョク経営体でも，こうした形態の取り組みが主流であり，韓国の組織化は最低限の共同作業，個人単位でのその他作業の従事，さらに政策誘導としての補助事業対応とその受け皿という形が現時点では基本である。そのため範囲の設定に際し経済性・効率性を基準としたトゥルニョク経営体であるが，全面的な規模の経済が必ずしも作用しているわけではない。したがって，第９章で触れた統計データによるトゥルニョク経営体の労働費削減は，大規模農家の参加による労働費の「薄まり」が前面に出たものといえよう。そこには自己労働に対する正当かつ絶対的評価が根底にあり，故に経営権は経営体に移譲しない，個々の農家に属するということである。ところで①も構成員の経営権は経営体に移していないが，機械作業は共同・協業化していることに加え，員外の農地は経営体が借地している点が韓国のトゥルニョク経営体のなかでは特異である。こうした異なるトゥルニョク経営体のあり様が，地域固有のものであるのか，それとも高齢化・後継者不在により①の形へ移行し，さらに①も構成員の農地も含めた協業経営に移行する段階論であるのか，それについては今後の課題としたい。

一方，取り上げたトゥルニョク経営体は，それぞれ独自の展開を模索・追及していた。①は米以外の他品目の導入・拡大を模索し，②は農協という「共」の性格上，小規模農家からの作業受託による彼らの後方支援，及び大規模農家との作業の棲み分けによる大規模農家の作業集積の促進を後押ししていた。③は民間のRPCと連携した優秀ブランド米・輸出米の販売面において経営体としての意義を発揮し，④は農地競合が強い地域のため，規模の拡大ではなくおこげの加工に踏み出し，⑤も味噌加工の６次産業化や商社との大豆の契約栽培を，⑥も大手食品メーカーとの大豆の契約栽培に取り組んでいた。これらの取り組みは，経営権を有しないなかでのインセンティブの追求と，それによる経営体の紐帯を強固にする意味がある。

第11章

公益直接支払い

1．はじめに

これまでみてきたように20世紀末にWTO体制が構築され，加盟国内の農業政策も価格支持政策から国際ルールである直接支払政策に転換した。韓国でも第８章で触れたように，WTO対応として1999年に農業・農村基本法を制定し，「農業者に対する所得支援」（第39条）を目的に，米や畑作物，条件不利地域，親環境農業などに対する多様な直接支払いを講じてきた。

その後，農業・農村及び食品産業基本法へ移行したが，同法の第39条「農業経営体の経営安定及び構造改善などの支援」において直接支払いに言及している。それは，１つが「農業生産と直接リンクしない所得補助」であり，いま１つが「特定品目と直接リンクしない農家単位の所得補助」である。前者はWTO農業協定に即したものであるが，後者はこれまで講じてきた米や畑作物など特定の品目を対象とした直接支払いを否定するものである。この部分は2020年２月の法改正で明記されたものであり，その背景には一部を除いて一本化する直接支払いの改編が関係している。その改編した直接支払いが20年５月からはじまった「公益直接支払い」である。

本章は，この公益直接支払いに焦点をあて，直接支払いの改編に至った背景やねらい，その仕組みや課題などを考察する。

2．導入の背景

韓国は，1997年の経営移譲直接支払いをはじめとして，これまでに９つの

表 11-1　９つの直接支払いの主な仕組み・内容

直接支払い	主な仕組み・内容
経営移譲	第８章を参照
米所得補填	第８章を参照
条件不利地域	耕地率が22％以下かつ耕地傾斜度が14％以下である耕地面積が50％以上の条件不利地域に対し，１ha 当たり畑 60 万ウォン，草地 35 万を支給する。
畑作農業	畑作物の生産に対し１ha 当たり 60 万ウォンの固定支払いと，水田二毛作に対し同 50 万ウォンを支給する２つからなる。
景観保全	農地に一般作物の代わりに景観作物を栽培する場合，品目に応じて一定の交付金を支給する。
親環境農業	第８章を参照
親環境安全畜産	HACCP の指定を受けた農場のうち有機・無抗生剤の畜産物を生産・販売する農家に対し，韓牛等７つの畜種に定められた交付金を支給する。
FTA 被害補填	FTA 締結国を対象に，一定の条件を満たした品目は，基準価格と当該年価格の差額の 95％に輸入寄与度を乗じた額を支給する。
FTA 廃業支援	FTA 被害補填の対象品目について，営農が困難な農家が廃業もしくは専業農家へ農地等を売却する場合，一定の交付金を支給する。

資料：筆者作成。

直接支払いを導入してきた。その詳細や実績等は別稿に譲るが[(1)]，制度の主な仕組み・内容を簡単に整理したのが**表11-1**である。このうち経営移譲・米所得補填・親環境農業については，米産業発展対策（第９章）ですでにみた。その他にも親環境安全畜産，条件不利地域，景観保全，畑作農業（固定・二毛作）があり，米に加え畜産や畑作物といった特定品目とリンクした直接支払いが含まれる。さらに，これらの直接支払いとは性質が異なり，FTA対応に絞って導入したのがFTA被害補填直接支払いとFTA廃業支援である。

これら９つの直接支払いのうち，構造改善を促す経営移譲及びFTA対応の被害補填・廃業支援を除く６つの直接支払いを統合したのが公益直接支払いである。農林畜産食品部が出した公益直接支払いの解説書である『公益直払い　総合指針書』（2020年，以下「指針書」）によると，2015～16年にかけて直接支払いの限界の指摘と制度の改善要求の声が拡大し，それ以降，直接支払いの改編に向けて動き出したということである。16年までは朴槿恵政

（１）拙著『条件不利地域農業－日本と韓国』筑波書房，2010年，第７章。拙著『FTA戦略下の韓国農業』筑波書房，2014年，第５章。拙著『米韓FTA』筑波書房，2019年，第３章。

権，17年から文在寅政権であることから[(2)]，与野党対立，さらには前政権の政策否定といった政治的コンフリクトを超えて直接支払いの改編が進められたということであり，それだけ切実な政治マターであったといえる。

では，政治的コンフリクトを超える問題とは何か。対外的には，WTO農業協定で定められたAMS（助成合計量）の遵守である。第8章の米所得補填直接支払いでみたように，米価の下落が最も大きかった2016年は，米所得補填直接支払いの変動支払い総額がAMSの限度額と衝突する問題が生じた。そのため国際ルールを遵守すべく，グリーン・ボックスへの転換を図る必要があったことが対外的理由である。

一方，対内的理由の第1は，近年の米過剰問題である。韓国では，2015年末の在庫量が135万トンと100万トンを超え，18年まで毎年140万～180万トンの在庫を抱え続けていた（19年は90万トン，20年98万トンまで縮小している）。こうした過剰問題の要因は，生産の増加や消費の減退（図8-2）が関係している。そこで，韓国政府は水田の畑作利用への転換を推進しており，その結果，米の栽培面積は15年の79.9万haから20年の72.6万haへ減少している。同じく生産量も433万トンから351万トンへはじめて400万トンを下回ることとなり，それが年末在庫の縮小につながっている[(3)]。

第2は，直接支払いの水田・米への偏重に対する批判である。統合する6つの直接支払いの支給実績（2018年）は約1兆4,600億ウォンであり，その8割ほどが米所得補填直接支払いである[(4)]。こうした直接支払い間の格差は，はじめて水田・米に直接支払いを講じた2001年時点ですでに畑作地帯から不満が出ていた。それは，その後の条件不利地域や畑作農業直接支払いの導入につながることになったが，必ずしもその解消には至っていない。

---

(2) 文在寅政権が掲げる「100大国政課題」のなかの「農漁業者の所得セーフティネットの緻密な拡充」において，公益直接支払いへの改編に言及している。
(3) 米の生産面積・生産量を抑制しながら，さらに2016年以降，飼料用米への利用転換（16年8.6万トン→19年45.4万トン）も進めている。
(4) 2019年の予算ベースでみても，合計1兆3,650億ウォンのうち米所得補填直接支払いが1兆561億ウォンと全体の77.4％を占めている。

第３は，直接支払いの交付金受給に対する規模間格差の問題である(5)。指針書によると，全体の７％を占める３ha以上の農家が交付金の39.4％を受給しているのに対し，72％を占める１ha未満の農家の受給額は全体の29％にとどまっている。

また，米所得補填直接支払いに限定してみると，６ha以上の農家は全体の1.9％に過ぎないが交付金の23.1％を受給しており，逆に全体の44.7％を占める0.5ha未満の農家が受給する交付金は8.0％でしかない(6)。米所得補填直接支払いや畑作農業直接支払いの固定支払いは，面積当たりで交付単価を設定しているため，大規模になるほど受給額が大きくなる。その結果，農家間の公平性問題に対する是正の声が高まり，中・小規模農家に対する所得再分配の強化が求められることになる。

第４は，農業・農村に対する消費者や都市住民の評価の変化である。指針書では，農業・農村が安全な農産物の安定供給，環境・生態・文化の保全などの機能を十分に果たしていないと消費者はみている。その根拠として，農業・農村が果たしている「安全な食品の安定供給」に対する消費者の評価は，2006年の42.3％から16年の34.0％へ低下している。他方，「自然環境の保全」については06年の10.9％から16年の25.8％へ上昇しているが，依然低い水準のままである。

また韓国農村経済研究院の調査でも，農業の重要性に対する都市住民の評価が2011年の73.1％から19年の54.5％へ低下している(7)。「重要性」の内容が，農業の根源的な役割である食料供給のみを指すのか，その他のいわゆる多面的機能（韓国では「多元的機能」）を含むのか判然としない。だが，前者であるとすれば，都市住民の支持拡大に向けての多面的機能を前面に打ち出した評価軸の移動が求められるということであろう。

---

(５)直接支払いによる農家所得の影響については，ユ・チャンイ他『農家所得の直接支援制度の実態と課題』（韓国農村経済研究院，2020年）を参照。
(６)キム・テフン他「公益直払い制はどのように改編されるのか」『農業展望2020（Ⅰ）』韓国農村経済研究院，2020年，p.85。
(７)前掲「公益直払い制はどのように改編されるのか」p.76。

このように従前から燻り続けていた水田・米に対する直接支払いへの批判や，交付金の大規模農家への集中に対する不満といった二重の格差問題に，米過剰への対応，AMS問題が加わることで，直接支払い全体の再構築として６つの直接支払いの一本化が検討された。その結果，2019年12月に「農業・農村の公益機能増進直接支払い制度の運用に関する法律」が制定され，20年５月から公益直接支払いが開始されることとなった。なお，ここでの公益機能とは，農業活動による食品安全や環境保全，農村維持などを指す。

また，同法第１条では，運用するための公益直接支払い基金の設置を定めている。2020年の当初予算では，２兆6,314億ウォンの基金を確保しており(8)，これは18年の支給実績の1.8倍と大きい。基金の内訳をみると，直接支払いが２兆3,610億ウォンと全体の89.7％を占めている。その他には，米所得補填直接支払いの変動支払いが2,382億ウォンと多いが，21年には計上されていない。その理由については後述する。いずれにせよ変動支払い分がなくなったことで，21年の当初予算は２兆4,172億ウォンに減少している（公益直接支払いは同額の２兆3,610億ウォン）。

３．既存の直接支払いとの関係

既存の直接支払いと公益直接支払いとの関係を整理したのが**図11-1**であり，公益直接支払いは基本型と選択型に分かれる。選択型は①畑作農業の二毛作部分，②景観保全，③親環境農業，④親環境安全畜産，を取り込んだものであり，①の名称を変更し二毛作から水田の畑作利用に改編したのが図中の「水田活用」，③と④を統合したのが「親環境」である。ほぼ横滑りのため，既存の直接支払いの運用や単価をそのまま継承している。結果として残る米所得補填，条件不利地域，畑作農業の固定部分を統合したのが基本型ということになる。

（８）公益直接支払いの予算は，2020年の農林水産食品部予算等21.5兆ウォンの１割強に相当する。

図11-1　公益直接支払いと既存の直接支払いの統合

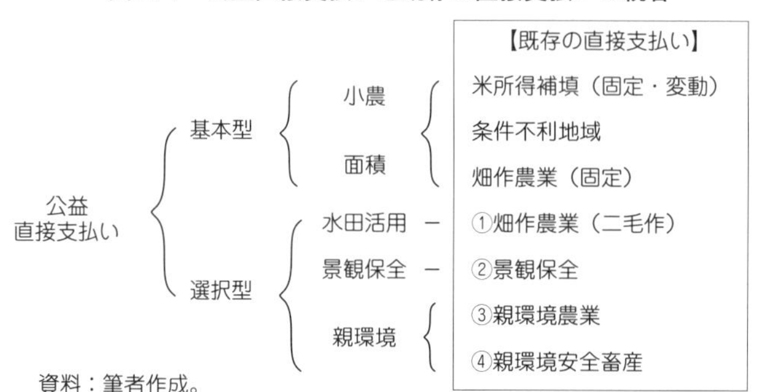

資料：筆者作成。

4．基本型

基本型は小農支払いと面積支払いで構成され，基本型を受給するためには農産物の安全，環境保護や生態系の保全，共同体の活性化など公益性に関連する17の活動義務の遵守が求められる。それに加え，2017～19年の３年間の内１回以上何らかの直接支払いの交付金を受給した農地が対象となる。その理由として，対象農地及び財政負担が急増することを回避するためとするが(9)，過去実績にもとづく直接支払い（結局のところ，直接支払いの受給対象となった過去実績のある農地を指す）を講ずることでWTO農業協定のグリーン・ボックス扱いにすることが本質であろう。

まず小農支払いは，その対象を経営面積が0.5ha以下の農家とし，年間120万ウォンを一律交付する。面積基準は0.5haや1.0haに設定するといった議論があったが，総農家の半分程度が対象となる方向で検討した結果0.5ha以下とし，交付金額は0.5ha規模の農家が過去に受給した１戸当たり平均金額よりも多い100万ウォンを超える金額で定めている(10)。さらに，小農支払い

(９)農林畜産食品部『公益直払い　総合指針書』2020年，p.13。

(10)0.5ha以下では総農家の44％が該当し，１ha以下では68％に達する。また2013～17年における0.5haの農家が受給した平均金額は92万ウォンである（前掲「公益直払い制はどのように改編されるのか」p.84）。

表 11-2　面積支払いの基準面積の区間別単価

（単位：万ウォン／ha）

	１区間（２ha 以下）	２区間（２～６ha 以下）	３区間（６ha 超過）
①　農業振興地域内（水田・畑）	205	197	189
②　農業振興地域外（水田）	178	170	162
③　農業振興地域外（畑）	134	117	100

資料：農林畜産食品部『公益直払い　総合指針書』より作成。

は面積要件だけではなく，不在地主の排除や継続的な農業者[11]，農業内外の所得バランスなどを考慮して，３年以上の農村での居住や営農実績，施設型・畜産等の労働集約型農業の所得や農外所得の上限なども設けており[12]，すべての要件をクリアしなければならない。

他方，面積支払いはそれ以外のものが対象となるが，農家だけではなく農業法人やトゥルニョク経営体も含む。交付金額（**表11-2**）は，農業振興地域内・外及び水田・畑に応じ（表中の①～③），さらに面積によって１区間（２ha以下），２区間（２ha ～６ha以下），３区間（６ha超）に区分した単価にもとづき算定する。その根拠を筆者は確認できていないが[13]，最高額は①・１区間の１ha当たり205万ウォンであり，①・３区間は１割減の189万ウォンと，規模が大きくなるほど単価が低下する逆進性を採用している。最低額は③・３区間の100万ウォンである。これは米所得補填直接支払いの固定部分と同額であり，振興地域外かつ畑という相違はあるがそれを意識したものと推測される。

(11) 韓国における不在地主問題については，拙稿「韓国における農地流動と不在地主の可能性」（飯國芳明他編著『土地所有権の空洞化と所有者不明問題－東アジアからの展望－』ナカニシヤ出版，2018年）を参照。

(12) 労働集約型農業の場合，ハウス等の施設は3,800万ウォン未満，畜産は5,600万ウォン未満，また農外所得は農業者で2,000万ウォン未満，世帯全体では4,500万ウォン未満でなければならない。

(13) 面積基準は，２haは農家１戸当たり耕地面積1.55haにもとづくもの，６haは米産業発展対策において６ha規模の専業農業者の育成を打ち出していることが関係しているものと思われる。

指針書によると[14]，各区間ごとに面積と単価を乗じたものを合算して最終的な交付金額を決定する。例えば，表中の①で4haを経営する場合（【ケースA】），4haが該当する2区間の単価に4haを乗ずる（197万ウォン×4ha=788万ウォン）のではなく，「1区間の205万ウォン×2ha」+「2区間の197万ウォン×2ha」の計804万ウォンが交付金額となる。

また，①～③が混在するより複雑なケースでは，①→②→③の順番で算出する。例えば①4ha・②3ha・③2haの計9haの経営面積の場合（【ケースB】），①は上記と同じ804万ウォンである。しかし②は「1区間178万ウォン×2ha」+「2区間170万ウォン×1ha」の計526万ウォンと計算するのではなく，9haの経営面積では5～7haの部分に該当するため「2区間170万ウォン×2ha」+「3区間162万ウォン×1ha」の計502万ウォンとなる。同じく③も「1区間134万ウォン×2ha」の268万ウォンではなく，「3区間100万ウォン×2ha」の計200万ウォンとなる。その結果，交付金額は1,598万ウォンではなく，それよりも低い1,506万ウォンとなる。

つまり，計算としては極めて複雑になるが，【ケースA】のように規模が小さければ単純に乗ずるよりも交付金額が数%多くなることで，規模による単価の逆進性に対する大規模農家の不満を和らげる意図があるものと思われる。他方，規模が大きくなるほど【ケースB】のように交付金額が少なくなるため，大規模農家への交付金集中を抑制することができる。交付金集中の回避では，さらに農家30ha・農業法人50ha・トゥルニョク経営体400ha（構成員25人以上）の上限を設けている。この基準も米所得補填直接支払いの上限をスライドしている。

5．交付実績

基本型である小農及び面積支払いの交付実績を示したのが**表11-3**である。

---

(14)前掲『公益直払い　総合指針書』pp.80-81。

表11-3　公益直接支払いの基本型の交付実績

（単位：千戸，千人，千ha，億ウォン）

		2020			21年		
		小農支払い	面積支払い	計	小農支払い	面積支払い	計
交付	農家・農業者	431	690	1,121	451	672	1,123
	面積	143	985	1,128	146	937	1,083
	金額	5,174	17,579	22,753	5,410	16,853	22,263

資料：農林畜産食品部「報道資料」（2020年11月6日及び2021年11月5日）より作成。
注：「面積払い」は農業法人やトゥルニョク経営体を含むため「農業者」としている。

まず小農支払いをみると，2020年に交付を受けた農家は43.1万戸，面積14.3万haに対し，21年は２万戸増加し，面積も0.3万ha増えている。一方，面積払いの20年実績は農業者69.0万人，面積98.5万haであったが，21年には67.2万人，93.7万haへそれぞれ2.6％・4.9％減少している。したがって，両者の間で増減の動きが異なるが，農林畜産食品部によると(15)，増加の要因として①新規就農者の申請などを，減少の要因として②事前審査の強化(16)，③農地の自然減少などを列記している。①は，資格要件として１年以上の農業経験が必要なことから，それをクリアした２年目の新規就農者が申請したためということである。②は公益直接支払いの申請情報に，住民情報や土地情報などの各種行政情報をリンクした統合審査システムを構築したことで，不適切な農家・農地を事前に却下したという精度の向上，③は単純に離農を指すものと思われる。しかしいずれの要因も，小農及び面積支払い双方にあてはまるため，まったく異なる動きの説明には不十分であり，これからの精査が必要である。

両者を合わせた受給農家・農業者は112万戸・人にのぼり，ほぼすべての

(15) 農林畜産食品部「報道資料」2021年11月５日。
(16) 国立農産物品質管理院に公益直接支払いの専門担当部署として「直払い管理課」を新設している。同課では，農業者の遵守事項における履行の点検や不正受給の調査・取り締まり，業務遂行機関に対する指導・管理などをおこなう（農林畜産食品部「報道資料」2020年９月14日）。

図11-2　規模別にみた交付金額とそのシェア

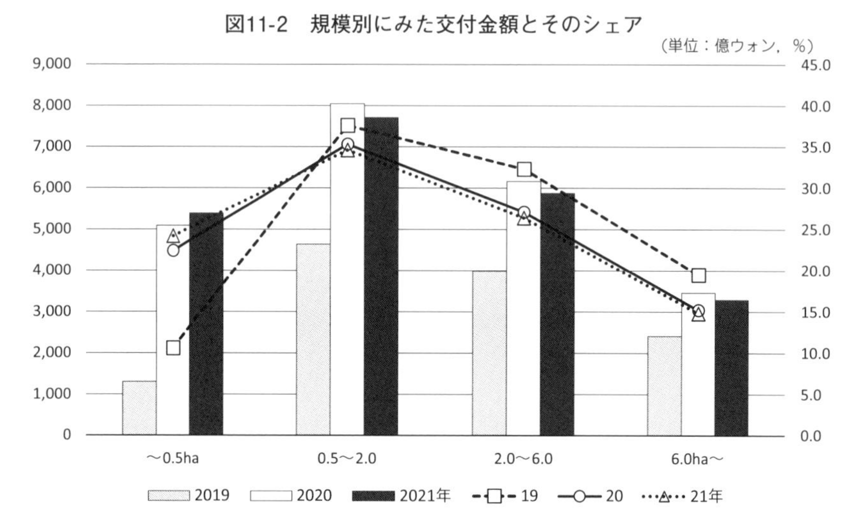

資料：農林畜産食品部「報道資料」（2020年11月６日及び2021年11月５日）より作成。
注：折れ線グラフは，各年の交付金額の合計を100としたときの各階層のシェアをあらわしている。

農家が受給していることになる。なお，小農支払いが受給した１戸当たり平均面積は0.32ha，面積支払いのそれは1.39haであり，面積支払いでもそれほど大きな面積というわけではない。

小農・面積支払い間及び階層間の相違を明らかにするために，基本型において規模別の受給金額をみたのが**図11-2**である。図中のうち2019年の数値は，公益直接支払いに改編する前の各直接支払いの受給金額の合計をあらわしている。つまり，公益直接支払いの導入の一因であった交付金の大規模農家への集中に対し，改編によって階層間の不均衡がどの程度是正されたかを確認するものである。

先述したように公益直接支払いは，既存の直接支払いの1.8倍の予算措置を講じたため，どの階層も金額ベースでは2019年より20～21年は多く，特に0.5ha以下の21年の交付金額は19年の4.1倍と最も差が大きい。さらに，交付金額の合計を100としたときの各階層のシェアを示したのが図中の折れ線グラフである。19年のそれよりも20年及び21年のそれが上位に位置しているのは0.5ha以下のみであり，20年で12ポイント，21年で14ポイント離れている。一方，規模が大きくなるほど19年よりも下に位置しており，交付金の配分という点では大規模農家から小規模農家へ移行している。

ところで，**表11-3**より基本型全体の１戸・人当たり受給額を算出すると，2020年203万ウォン，21年198万ウォンである。農林畜産食品部によると[17]，改編前の19年の１戸当たり受給額は109万ウォンであったことから，予算と同様に農家の受給額も２倍近くに増加している。本来は，各階層ごとの平均受給額をみることで，階層間の交付金の均衡・不均衡を確認することができるが，現時点では各階層の受給農家・農業者数が不明のため，今後の情報開示を待ちたい。

また，選択型の実績については，手元の資料では2020年の交付金額のみ把握することができる。最も多いのが水田活用支払いの466億ウォン，次が親環境支払いの240億ウォン，景観保全支払いの89億ウォンである。総額は795億ウォンになるが，基本型の交付金額２兆2,753億ウォンの3.5％に過ぎず，事実上基本型＝公益直接支払いということである。

6．セーフティネット機能の喪失

公益直接支払いの懸念の１つは，セーフティネット機能の喪失である。もともと直接支払いを統合し一本化すること自体は10年ほど前から検討している。それが「農家単位所得安定直接支払い」であり，韓国政府は2009年に導入に向けての承認をし，10年からシミュレーションをおこなうなど，その動向は毎年の白書でも言及している。この直接支払いは，FTA被害補填・廃業支援を除くすべての直接支払いを統合し，「経営安定型」と「公益型」で構成される。すなわち，前者は価格下落に対する補填とそれによる経営不安の除去が，後者は基礎的な所得補填と多面的機能の維持が目的である。しか

(17) 農林畜産食品部「報道資料」2020年11月６日。

図11-3　面積支払いと米所得補填直接支払いとの交付金額の比較

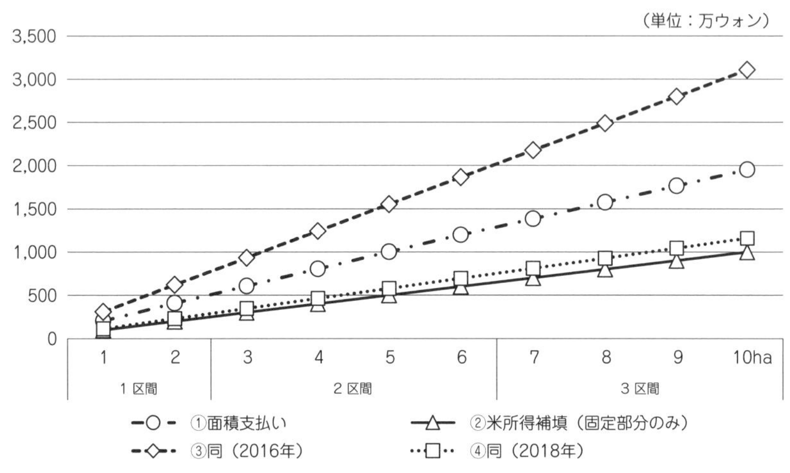

資料：筆者作成。

し，今回の公益直接支払いでは「経営安定型」の機能が欠落し「公益型」に特化したものとなっている。

また，これまでの米所得補填直接支払いは，先述したように固定部分と変動部分からなる。しかし，後者のセーフティネット機能も統合により消滅しており，それが2021年予算から消失した理由である。仮に，変動部分まで小農支払いや面積支払いの単価に組み込んだとすれば，その水準が問われる。

図11-3は，規模別にみた面積支払い（図中の①）と米所得補填直接支払いの交付金額（同②～④）を示したものである。このうち②は収穫期米価が基準価格を上回ることで固定部分のみが支払われたケース，③は変動部分が最高額であり，第８章で触れたAMSの限度額が問題となった2016年，④は変動部分が最も少なかった18年を指す[18]。面積支払いは②・④よりも上位に位置し，②の2.0倍，④の1.7倍の交付金を受給している。一方，③よりも①は下位にあり③の0.7倍にとどまる。他方，重なるため図中に記していな

(18) 2018年は基準価格が18.8万ウォン（80kg当たり）から21.4万ウォンへ引き上げられたため，正確に17年以前とリンクするわけではない。

いが，収穫期米価が基準米価の８割水準のため変動部分を交付した15年は，面積支払いとほぼ同じ軌跡である。以上を整理すると面積支払いは，基準米価の８割水準までの収穫期米価の低下に対しては，米所得補填直接支払い以上の交付金額となる。しかし米価の下落がそれ以上大きくなると，市場変動の影響をもろに受けることになる。

同様に，小農支払い（120万ウォン）から米所得補填直接支払いの固定部分（100万ウォン）を差し引くと20万ウォンの残となる。これは変動部分が最少額であった④（18年）に近似した金額である。したがって小農支払いでのカバーはその水準までにとどまり，面積支払い以上に市場変動の影響を被ることになる。

韓国政府は，農業者からの米価下落に対する懸念を払拭するために，糧穀管理法にもとづき過剰米の市場隔離を講ずるとしている。その条件は，米の生産量が政府による需要予測より３％超過し，収穫期米価が前年より５％以上下落した場合としている[19]。2021年産米の生産量は388.2万トンで（対前年比10.7％増），需要予測361万トンに対し27万トンの供給過剰が予測され，収穫期米価も12月末で10月初旬に対し10％近く下落している[20]。そのため21年12月に27万トンの市場隔離が確定し，まず翌１～２月中に20万トンを市場隔離し，残りの７万トンは米価と民間在庫の状況に応じて改めて隔離の時期を決定する。市場隔離の方法は，「逆入札」制とし，農協や民間業者などが入札価格を記入し，価格の低い順に政府が買い取る予定である。そのため低米価地域である全羅北・南道や忠清南道，慶尚南道では入札への参加率が高くなるという地域間の公平性問題が生じる可能性がある[21]。こうした市場隔離によって米価の下落をとどめることができるのか，その水準はどの程度であるのか，制度としての継続性があるのか，さらには地域・農家に対する生産の歪みをもたらさないのか，など様々な検証が今後求められる。

---

(19)「韓国農漁民新聞」2021年12月30日付け。
(20)同上。
(21)同上。

終章

総括と残された課題

1．はじめに

1990年代以降，グローバリゼーションが席巻するなか，対外的には例外なき関税化を旨とする自由貿易が推進され，対内的には農業政策の国際ルール化による各国の裁量が制限された。その結果，すでに食料自給率の低い日本，韓国は，さらなる安価な農産物輸入と国内生産への打撃が強まり，生産現場では農家の離農や農業者の高齢化といった共通の問題に直面していた。この問題に対する日韓両政府のスタンスは，規模拡大を中心とした国際競争力の向上追求であり，グローバリゼーションへの対応を軸としたものであった。

これに対し，日本では集落営農を立ち上げ，それが現場から普及・波及し，農業政策の対象にまで至った。しかしその集落営農も30年近い時が経過するなか，集落営農の合併や連合体の設立などさらなる可能性を求めて展開していた。他方，韓国では，早くから国際ルール化に即して直接支払いを展開するとともに，米の関税化移行を契機に発出した米産業発展対策においてトゥルニョク経営体の本格推進に乗り出した。

大まかではあるが，このような流れで第Ⅰ部は日本，第Ⅱ部は韓国の実態をみてきた。本章では第Ⅰ部で取り上げた，特に調査事例をもとに集落営農，合併法人，連合体の特質と問題・課題について整理する（第２節）。同様に，第Ⅱ部のトゥルニョク経営体及び直接支払いに焦点をあて，韓国的特質とそこでの問題について考えたい（第３節）。以上を踏まえ，残された課題にも触れたい（第４節）。

2．日本

（1）集落営農の構成集落数

調査事例の考察に際し，客観的な集落営農の状況を把握し，かつ調査事例の検討素材とするために，『集落営農実態調査報告書』（以下「報告書」）のなかの「集落営農活動実態調査」を合わせて用いることにする。

第3～6章で取り上げた調査地域のなかで，合併法人や集落営農連合体の前段階の集落営農を取り出すと**表終-1**のように整理できる。なお，具体名とその内容を押さえていない佐賀市の10の集落営農については，必要に応じて概要のみ取り上げることにする。

調査事例では，前段階の集落営農は計13組織である（佐賀市を除く）。集落営農を構成する集落数をみると，13組織のうち小浜東部営農組合，日の出，小川の郷を除く10組織が，1集落で設立していた。ただし，農業センサスの集落カードでは確認できず，地元でも加茂集落と一体という大戸を含む加茂・大戸営農組合も，集落の範囲を超えていないという意味でここに含めている。残りの小浜東部営農組合が9集落，日の出2集落，小川の郷は3集落で立ち上げており，基本は1集落＝1集落営農である[(1)]。

設立時期は，最も多いのが2000年前後以前に立ち上げた集落営農で，古いものは佐賀の1980年代後半までさかのぼる。この時期の集落営農が9あり，いずれも1集落での組織化である。設立理由は，機械負担の軽減や労力不足への対応，基盤整備の事業要件など様々であるが，各集落が抱える問題などに対処した組織化である。したがってこの時代の集落営農は，用語・実態ともにまさしく集落を基盤とした営農の組織化をあらわしている。

（1）『集落営農実態調査報告書』では，2020年の全国14,832の集落営農のうち1集落で設立したのが73.1％を占める。なお，17年から最大階層の「5集落以上」を「5～9集落」，「10集落以上」に細分化しており，複数集落による集落営農の増加と「複数」の拡大傾向がみてとれる。

表終-1　調査事例の集落営農とその後の変化

地域		前段階の集落営農	現在	形態
福井	小浜市	加茂・大戸営農組合，新保稲作生産組合 竹長農業生産組合，本保水稲生産組合	→ 株）若狭の恵	合併
		小浜東部営農組合	→ 株）永耕農産	まま
山口	萩市	日の出，小川の郷，弥富５区	→ 株）萩アグリ	連合体
	長門市	浅井，ゆや中畑	→ 株）長門西	連合体
高知	四万十町	ビレッジ影野	→ 株）四万十農産	連合体
佐賀	神埼市	Ａ機械利用組合群，Ｂ機械利用組合	→ 農）かんざき	合併
	佐賀市	10集落営農（14集落）	→ 農）もろどみ	合併

資料：筆者作成。

（2）集落営農の抱える問題

報告書では，①「組織運営で現在課題になっていること」を質問しており，全国では集落営農の90.3％が課題を抱えている。具体的な課題で最も多いのが「後継者となる人材の確保」の59.0％である。この後継者とは，「今後（概ね５年先を見据え），集落営農活動を存続させ，及び維持していくためのオペレーター等の労働力」を指し，あくまでも範囲は労働力としての後継者である。オペレーター「等」のため機械作業だけではなく，管理作業や園芸作物，６次産業などの労働力も含まれよう。加えて現在ではなく，近い将来の問題である。次が「オペレーター等の従業員の確保」37.3％，「設備投資等のための資金面」35.0％とつづく。特に前者は，将来ではなく現在（喫緊）の問題でもある。

また報告書では，②「現在取り組んでいる課題」も質問しており，課題に取り組んでいる集落営農は42.7％にとどまる。取り組み内容は，多い順に後継者確保18.0％，従業員確保13.1％と２割未満に過ぎない。さらに②から①を差し引くと，後継者確保がマイナス41ポイントとギャップが大きい（２番目は資金面のマイナス25ポイント，次が従業員確保のマイナス24ポイント）。したがって集落営農の課題としては，特に後継者確保が問題であり，解決できなければ５年後に労力の枯渇，後継者不在に陥ることになる。その点で，従業員確保と連続的な問題でもあり，突き詰めれば集落営農の存続問題を意味する。ところが集落営農では，それらの対応に苦慮していることがみてとれる。

では，調査した集落営農は，どのような問題に直面していたのか。前段階の集落営農は，a）集落営農のまま，b）連合体の構成集落営農，c）合併したが前段階の集落営農も存在，d）合併により解散した集落営農，の４つから確認することができる。このうちd）は合併に至った理由から，当時の集落営農が抱えていた問題を探ることにする。

a）の永耕農産は，労力や理事・経営者を含む人材確保と収益向上の問題であった。b）が小川の郷，弥富５区，日の出，浅井，ゆや中畑，サンビレッジ四万十である。多くが共通する問題は，オペレーターや管理作業の担い手不足，後継者育成の必要性である。c）はA機械利用組合群，B機械利用組合であるが，現在及び将来の労力確保の目途はついており，いまのところ大きな課題はみられない（品目横断で合併）。d）が若狭の恵み，もろどみである。前者はコスト削減と農地集積，若手への世代交代，中間管理事業の地域集積協力金が，後者は若手オペレーター（園芸農家）の負担軽減と，その他オペレーターの高齢化問題，地域集積協力金の受給が主な理由であった。

以上の集落営農が抱えていた問題は，大きく２つに分けることができる。１つは，a・b・d）を問わず共通する労力不足であり，その根底には集落（営農）の農家数の減少や高齢化，後継者不在等を起因とする人の確保（量＝人数，質＝年齢）の問題である。

いま１つが，残る収益向上，コストの削減，農地集積，地域集積協力金確保と多様である。しかし，共通項は規模拡大であり，これらは合併法人からあがっていた。

（3）従業員の確保

先に後継者確保問題は，従業員確保の問題と連続的であるとしたが，今後は後継者（労力）として従業員の確保に少しずつ重点が移っていこう（集落営農の構成員の従業員化も含め）。そこで，ここでは主に従業員の確保・雇

表終-2　調査事例における常勤従業員の概要

	合併	連合体			ママ		
	若狭の恵	萩アグリ	長門西	四万十農産	永耕農産	日の出 （萩アグリ）	サンビレッジ 四万十 （四万十農産）
法人形態	株	株	株	株	株	農	株
常勤従業員数	男7・女1	男1	男1	男3	男1	男2	男4・女1
年齢	18～42	37	24	40,47,60	26	23,23	19～40
出身地	地区内2 市内4 隣町2	隣市1 （県外）	地区内1	地区内2 町内1	地区内1	地区内1 県内1	集落内2 町内3
経緯	ハローワーク	市相談	構成集落営農のメンバー	知人	知人	県農大 県農大	知人 ハローワーク
前職	新卒者 土木，運送 会社員など	消防士等	市職員	兼業農家 不明	不明	新卒者	教員，飲食 デザイナー など
農業経験	一部なし	なし	あり	一部なし	なし	あり	なし

資料：筆者作成。
　注：「年齢」等は，調査時のものである。

用に焦点を当ててみていく。

事例を従業員の雇用の有無で分けると，雇用なしが佐賀のかんざき，もろどみの合併法人である。両者は佐賀的特徴と指摘した前段階の集落営農が「作業班」として従前どおり作業しており，労力面で逼迫した状況にない。しかし将来を見越し，「作業班」間でのオペレーターの融通を構想している。その「器」が法人であり将来の保険である。加えて，両法人とも地域の大規模農家を取り込んでいる。法人からすれば貴重な労働力であり，大規模農家も作業量の確保や病気等不測の事態に対する保険となる。

一方，常勤従業員を雇用する集落営農は，**表終-2**のとおりである。合併法人が若狭の恵み，連合体が萩アグリ，長門西，四万十農産である。その他，個別集落営農で雇用する永耕農産，日の出，サンビレッジ四万十も合わせてみていく。

従業員数は，合併法人の若狭の恵の８人が最多で，次が個別集落営農のサンビレッジ四万十５人，連合体の四万十農産の３人とつづき，その他は１～２人である。従業員の年齢は20代，30代が多く，60歳の１人を除けば全員40

代以下と青壮年層が中心である。

萩アグリの従業員はトマトがメインであり，四万十農産もショウガなどの園芸作物である。その他は米と園芸作物の両方の作業に従事している。

出身地は，各法人の土台となる地区出身者が９人と，従業員全体の４割強を占める。つまり，地区内に候補者は存在しており，「むら」・地区への想い，働きがい，経済的インセンティブなどを通じて，彼らをどう取り込むことができるかが問われる。次が集落営農等が展開する市町村内の８人，県内３人，県外１人である。ただし，県内の２人は隣町と近く，県外も市が隣接しており車で30分の距離である。したがって，活動する市町村近辺内で概ね従業員を確保できている。その一因として，次のプロセスが関係していよう。

雇用に至る経緯は，各法人の構成員やその子弟，知人あるいはその子弟など法人の遠近を問わず関係者が少なくない。一方，ハローワークで募集をかけているのが，従業員数の多い若狭の恵とサンビレッジ四万十である。サンビレッジ四万十によると，法人の知名度がない段階では募集をしても応募数が少なく，当初は知人を中心に従業員を探したということであり，それが先の結果と結び付く。したがって，法人の地道な取り組みに対する評価とそれによる知名度アップまで到達すると，ハローワークによる募集でも一定数の応募者を惹きつけることができる。法人も多様な知識や経験，経歴，技術を有する従業員を獲得できる機会が広がる。それ以外にも，日の出や長門西などの山口県では県農業大学校との連携や，若狭の恵も地元高校（旧農業高校）との結び付きを深め，同校の新卒者を採用するなど「農・学」連携も大きな役割を果たしている。

ところで，報告書では「５年後に後継者を確保できない場合の想定される確保先別集落営農割合」も所収している。従業員ではなく後継者であるが，全体的傾向として把握しておく。全国では，「①集落営農を構成する農家及びその家族」が15.1％と最も高く，以下「②構成農家以外の集落内農家」6.5％，「③集落外の農家」6.0％，「④新規就農者」4.5％，「⑤その他2.9％」とつづく。つまり〈集落営農内→集落内→集落外→新規就農者〉と，集落営農関係者を中心として波紋状に，地域の範囲を広げて確保先を求めていることが分かる。そこには,「むら」は「むら」で守るという社会構造が生きており，調査事例でも集落（営農）内の子弟や知人などから従業員を確保していた。

その一方で，最終手段として新規就農者も視野に入れている。確保先の「波紋」が集団及び地域の範囲で捉えていることから，新規就農者の範囲は集落内というよりは，集落外はもちろん，市町村や県，全国を対象に求めているといえる。こうした範囲の拡大と新規就農者は，調査事例の従業員の６割近くにのぼり，むしろ多数派（現実）であった。

事例では，多様な経緯による従業員ということもあり前職は様々である。しかし総じて共通するのが，農業未経験者が多い点である。「経験あり」とした日の出も，県農業大学校で修学したという意味である。未経験者は，法人で実践経験を積むことによって農業知識や技術等を習得するが，必ずしも法人内部にOJT制度のようなものを完備しているわけではない。世代の違い，性別，農業経験の有無など，従来の法人では接する機会の乏しい新たな従業員がこれからの主流になるとすれば，行政機関や農協などの関係諸団体とも連携した実践教育の場が求められよう。また，女性従業員の場合，更衣室や休憩室，トイレなどの整備の問題も大きく，ハード面での男社会の見直しも必要である。

ところで，雇用した７法人のうち農事組合法人は日の出のみであり，その他は株式会社である。株式会社の選択は，農業以外の事業展開や収益性の追求，経営判断の機動性など多面的な理由による。従業員の雇用に関しても，農事組合法人は「むら」的性格が強いため外部からの雇用を入れにくいという欠点がある。農事組合法人でありながら日の出が部外者を雇用できたのは，雇用前に法人で研修をさせ，構成員の理解に努めたことや，当該者を雇用することに対する構成員の意向を，アンケートを通じて確認し了解を得るなど，慎重にことを進めたためである。一方，株式会社であればハローワークも求人を受け入れやすく，また希望者も一企業として応募しやすいというメリットがある。

（4）経営基盤

①事業展開

合併，連合体，さらに従業員を雇用した個別集落営農の取り組みを整理すると，①米に関するもの，②園芸作物の導入，③それを土台とした農産物加工・販売，④管理作業の組織的外部委託，⑤直接支払いの事務局，⑥その他，に分けることができる。

①の１つが米の付加価値化であり，若狭の恵の特別栽培米，サンビレッジ四万十のエコ米であった。さらに，付加価値米とセットで独自のライスセンター（RC）を建設し，地域内の農家・集落営農での付加価値米の生産普及と品質の均等化，ロットの確保を図っていた。サンビレッジ四万十は，連合体の四万十農産を通じて構成集落営農にもエコ米を推進し，小学校区全体で取り組む計画を有していた。その点で，合併法人に近い性格とみることもできる。そのようにみると米の付加価値化とロットの確保，それを処理するRCのセットが成立するには，まとまった面積の確保が不可欠であり，合併法人の利点といえる。

いま１つの①が，主食用米から他用途米への転換である。他用途米には，業務用米やモチ米，飼料用米，さらにはWCSなど集落営農，合併法人，連合体に関係なく取り組んでいた。これらの根底には，主食用米価格の低さや不安定さ，水田活用交付金が関係しており農政対応によるものである。

②はトマト栽培（若狭の恵，萩アグリ），白ネギ（永耕農産）など地域に適した園芸作物それ自体の推進と，サンビレッジ四万十や四万十農産のように，水田の収益性を重視して水田の畑作利用を強く意識したものとに分かれる。園芸作物は収入アップだけではなく，期間限定的な米作業の空いた時間を埋める周年就業を可能とする。しかし，両者の作業時期が重複するケースが多く，従業員の労働負担はどちらを優先するのか（極論的には「むら」を守るか，利潤をとるか），さらには従業員を増員できるかなどの問題に直面する。ところでホームページによると，若狭の恵みは2020年からトマト栽培

を切り離し子会社を設立している。その経緯や労力の問題，経営への影響等は今後の課題としたい。しかし，上記の問題を念頭におけば，米に特化した若狭の恵みの従業員が，米の空いた期間・時間のみ子会社で働き稼得するという棲み分けの１つのあり様かもしれない。

③の農産物加工は②に付随し，事例では計画進行中であった。

④は，メガファームの若狭の恵，永耕農産は管理作業の負担軽減を，サンビレッジ四万十は労力不足による管理作業の負担を補うために，前者は地域資源管理組織，後者は一部を法人内部に設けた「労働者バンク」が引き受ける。地域資源管理組織は，法人の全構成員に加え，自治会や消防団，老人会や婦人会などの「生活の組織」を含む点が特徴である。「労働者バンク」も農家・非農家を問わない。共通することは，地域の農業とかかわりが少ない住民・非農家も管理作業に従事することであり，特に地域資源管理組織の取り組みは，法人と「むら」，地域農業と地域住民を組織化で結び付ける優良事例といえる。ただし，地域資源管理組織自体で完結できれば問題ないが，すでに高齢化等で作業ができずシルバー人材センターに依頼ケースもみられた。また「労働者バンク」も非農家のウェイトが高まれば，あり様によっては法人の管理作業の単なるアウトソーシングに陥る危険性もはらんでいる。

⑤は，地域にかかる直接支払いの事務局を担当し，その手数料を収入とするものである。④の２つの地域資源管理組織は，いずれも多面的機能直接支払いの事務局を担当していた。集落営農・法人に直接的な恩恵が生じるわけではないが，安定的かつ定額の収入が見込める。その利点を求め，長門西は今後中山間直接支払いの事務局を引き受ける計画である。

⑥は多様であり，長門西はドローンを活用した農薬散布やドローン教習所の設立・運営に取り組み，サンビレッジ四万十は太陽光発電を導入している。いずれも農閑期対策と同時に，農外事業にも可能性を求めなければならず，株式会社が望まれる理由でもある。

②経営分析

このように各法人のおかれた状況に応じて幅広い取り組みが実践されている。問題はこれらの事業展開により十分な売り上げをあげ，常勤従業員の給与を捻出できるかということである。多くの法人が従業員の雇用で直面する問題もほぼこの１点に尽きよう。

ただし，収益向上のために導入した上記事業の本格化はこれからのため，多くの合併法人や連合体の経営実績をみることができない。一方，個別集落営農のいくつかは，経営状況を確認できる。それが**表終-3**であり（かんざきは後述），日の出は主食用米からの転換，サンビレッジ四万十は太陽光発電，水田の畑作利用による収益アップを図っていた。

日の出，サンビレッジ四万十は，ともに営業損益がマイナスである。前者は営業外収益でカバーできるが，後者は損失を補填できていない。営業外収益の水準を売上高との対比でみると，サンビレッジ四万十は１割にとどまる。それは，サンビレッジ四万十の収益事業に関する交付金や補助事業自体が少ないためである。

具体的な金額は伏すが，両法人が常勤従業員に支払う給与は，最低でも自治体の計画目標を超えている。コスト計（当期製造原価と販売費及び一般管理費）に占める従業員給与等の割合は，約２割である。他方，その他の人件費（構成員への作業委託やパート等）は，ともに７％である。また小作料の

表終-3　調査事例の経営分析

（単位：%）

	日の出	サンビレッジ四万十	かんざき
営業損益	マイナス	マイナス	プラス
営業損失／営業外収益	3.4	152.9	15.8
営業外収益／売上高	95.6	10.7	133.4
従業員給与等／コスト計	15.7	20.6	0.8
その他人件費／コスト計	7.0	7.0	−
小作料／当期製造原価	7.5	2.6	23.0
従事分量配当／コスト計	29.3	−	129.5

資料：筆者作成。
注：1）「従業員給与等」には，役員報酬や法定福利費等を含む。
　　2）「その他人件費」には，作業委託費やパート雇用等の人件費を指す。

支払いは，対当期製造原価では一桁台にとどまる。さらに，農事組合法人である日の出は，当期純利益から従業員給与等の２倍弱の従事分量配当を支払っている。一方で，現在構成員から従業員へ作業量を移している過程にあり，従事分量配当も2015年をピークに19年はその８割まで低減している。

このような支払い水準をどうみるか。表中には，従業員を雇用していない農事組合法人・かんざきも併記している。かんざきの営業利益はプラスであるが，それは構成員の作業労賃を従事分量配当で支払い，コスト計に計上されないためである。そこで，コスト計と従事分量配当の比率をみると，日の出の29.3％に対しかんざきは129.5％と差が大きく，日の出は従事分量配当を抑え，逆に給与等を厚くしている。コスト計に占める給与等の割合は日の出よりもサンビレッジ四万十の方が高く，一定の給与等を計上しているといえる。

また，当期製造原価に占める小作料の割合は，かんざきは日の出の３倍近い水準である。もちろん，土地条件による小作料の格差などもあろうが，かんざきは小作料を通じた構成員への経済的サポートに注力しているのに対し，日の出はその逆の立ち位置にいる。日の出よりも小作料の比重が小さかったサンビレッジ四万十も同様である。

作業労賃や小作料などを構成員に厚く分配することが，従業員の給与確保のネックであった。しかし両法人とも，構成員への分配よりも常勤従業員の給与確保にシフトすることで，法人の継続性を担保している。一方，かんざきのように各作業班である程度回っている集落営農では，構成員への経済的インセンティブにより，法人の継続性を担保している。

以上を踏まえると，常勤従業員への一定の給与保障は，法人内部の分配にかかっており，地域農業と集落営農・法人の継続性・将来性に対する構成員の理解次第である。その点でも，自由度があり利潤追求が可能な株式会社を，調査事例の多くでは採用していた。

ところで，営業損失をカバーする事業外収益には，水田活用交付金や中山間直接支払いなどの交付金が少なくない。それらは農地を所有・借地し，対象品目を生産・販売することで受給できる。だが，連合体はそうした状況になく，経営上大きな問題である。

（5）集落営農の合併・連合体

第２章でみたように，国農政は基本計画において集落営農の広域合併に言及していた。言及は2015年の４期計画からであり，そこでは集落営農の再編として広域合併をうたい，５期計画もそのまま継承していた。ただし，両計画とも全国的な広がりを想定しているのではなく，あくまでも対象は中山間地域に限るものであった。

事例の合併法人は，中山間の若狭の恵み，平地のかんざきともろどみであった。合併の範域をみると，若狭の恵みは集落と藩政村がイコールの北陸的特徴を有すため，明治合併村の範囲で設立していた。かんざきともろどみは，CEを域内農家が組織化し運営する佐賀的特徴を活かして同範囲で合併しており，それは明治合併村を土台とする。

基本計画では，面積を優先した複数集落による広域合併を推進していたが，調査事例からは集落や藩政村，明治合併村といった活動実績や結び付きのある歴史的枠組みが，その範域のベースとして選択されている。したがって，面積規模や労力の確保等，一定の規模が必要であったとしても，現場ではその規模を充足する集落営農あるいは集落数を単純に合算するのではなく，集落・藩政村・明治合併村の関係性とその範囲内での妥当性を判断し合併するのが一般的といえる。そして，守るべき農業・農地の範囲もそれに規定される。

一方，集落営農の連携や連合体といった視点は，基本計画ではみられない。また，国農政は経営体の育成を一貫して追及していた。経営体は，所有地や借地での農業生産・販売・収入が土台にあるため，集落営農の連携は農業経営権を有さないため対象外となる。また，経営権のない連合体も範疇外ということであろう。しかし調査事例のように，連合体が個別の集落営農や地域農業に対して果たす役割も大きく，集落営農や合併法人に限定した農政の画一的な対象設定はすべきではない。

本書で取り上げた連合体は，萩アグリと長門西，四万十農産であり，いずれも条件不利地域で展開している。連合体の範域をみると，７つの集落営農で構成する萩アグリの場合，明治合併村（小川･江崎･弥富），昭和合併村（田万川・須佐）ともにバラバラである。長門西も同様であり，明治合併村は菱海・日置，昭和合併村は油谷，日置である。一方，四万十農産は，明治合併村のなかの小学校区の１つを範域として，最終的には９つの集落営農が参加する。

萩アグリ，長門西と四万十農産の違いは，集落営農の数とその密集度の相違が関係する。前２者は，近隣に連携しうる集落営農が少ない，地域によっては展開していないため，歴史的範域にこだわらず，昭和合併村を跨ぐ範域での連合体になった。ところで，萩アグリの場合，最初の会合では地域がバラバラのため，集落営農のメンバーや活動を互いに知らなかった。それを結び付けたのが，県農政の推進もあるが行政等の関係者であった。長門西も農業支援センターの助言が連合体のきっかけであり，同様の理由も含まれよう。このように歴史的範域を超え，相互の結び付きがない，あるいは薄い協同の検討・立ち上げにおいて，行政やJAなどの関係者のかかわりが重要である。

合併法人の場合，寄って立つ歴史的実態の範域内の農地を面的にカバーする特徴をもつのに対し，連合体はその範域－昭和合併村を跨ぐ地域全体をフォローするものではない。連合体の役割は，直接的には構成する集落営農の共通目的と，集落営農の農地保全，農業維持にとどまる。これに対し四万十農産は，小学校区という明確な地域で，地域内の９集落営農による連合体であり，対象とする農地のカバーでは合併法人に近いかもしれない。

合併したかんざき，もろどみは，前段階の集落営農の単位で作業従事することから，すぐに合併によるスケール・メリットが発揮されるわけではない。合併は集落から地域へ「ぐるみ」の範囲を広げた形で，本質的には前段階の集落営農と変わらず，構成員や労働力を合併法人のなかに糾合したものである。同じく合併した若狭の恵は，現状と将来を見据えて合併を機に世代交代を図っていた。非合併であるが広域でダイレクトに設立した永耕農産も株式会社化を機に若い世代へバトンタッチしていた。そして，両者とも常勤従業員を雇用していた。彼らの経営基盤を確立すべく，収益性の見込める新事業に着手するなど，少数型のワンマン・ファームに転じていた。しかしワンマン・ファームも，管理作業を受託する地域資源管理組織の存在や株主である地域農家を通じて，地域とともに歩んでいる。

相異なる形の合併法人であるが，構成員や地域農家の状況に応じ合併法人内部のあり様を組み替えることで，一定の柔軟な対応が可能であろう。それに対し連合体は，構成する集落営農と連合体との２つの経営体が併存することで，両者の関係性が問われより複雑である。それは第４章でも論じた。

連合体の選択は，中山間地域における山や谷による隔絶，農地の小団地と分散といった地形的特質，条件不利性に起因する合併の非効率性によるとされ[(2)]，農地集積･団地化とは異なる共通目的で結び付いたとされる。しかし，農地集積・団地化が果たせないことを理由にそれを連合体の範疇外とするならば，個別の集落営農が脆弱化し活動が厳しくなるなかで，スケール・メリットが作用しないそれらの農地は誰がどう維持するのかという問題が残る。取り上げた連合体に共通することは，構成集落営農のなかに少なくとも１つは足腰の強い集落営農が存在していることである。萩アグリでは日の出，長門西は河原，四万十農産のサンビレッジ四万十である。なかでも四万十農産は，各集落営農の労力やバイタリティの差が大きく，合併するとサンビレッジ四万十に負担が集中して「共倒れ」になることを懸念し，それを回避し存続の難しい集落営農をサポートする役割を連合体に期待し設立した。また，長門西も参加する４つの集落営農のうちオペレーターの確保が難しい２つの集落営農から作業を受託していた。萩アグリにも数年後には難しい状況を迎える集落営農があった。したがって，連合体が作業受託により構成集落営農

（２）田代洋一「山形県における集落営農の展開」『土地と農業』No.50，全国農地保有合理化協会，2020年，p.77。柏雅之「創造と連携による広域経営システム」柏雅之編著『地域再生の論理と主体形成』早稲田大学出版部，2019年，p.91。

をフォローするが，いずれは借地せざるを得なくなろう。連合体従業員の負担集中を分散するには，足腰の強い構成集落営農との内部連携が現実的な次のステップではないか。

集落営農の合併や連合体だけで地域農業の問題が解決するわけではない。実際，日の出やサンビレッジ四万十は従業員を雇用し展開していた。しかし，両者とも連合体に参加しているのも事実であり，個別で一定の範域の農業を完結できるわけでもない。両者の重層的な協同が求められる。

3．韓国

(1)「むら」と国の政策誘導

韓国は，1990年代のグローバリゼーションへの突入，2000年代からはFTA戦略に舵を切り，アメリカやEUなどの農産物輸出大国ともFTAを締結し，農産物市場の開放を進めてきた。さらに，そのFTAでは唯一の例外品目扱い，WTOではミニマム・アクセスを適用していた米も，2015年に関税化へ移行することで，例外なき関税化が完成した。

米の対外的「牙城」が崩れたことで，米農家や農業者団体等から不安，不満の声が噴出し，政府は米産業発展対策を打ち出した。同対策における農業者対策は，規模拡大により国際競争力を高めるものであり，１つが６ha以上の米専業農家の創出・育成であったが，それは全体の３％に過ぎない。いま１つは，トゥルニョク経営体の創出・育成であった。

ところで，韓国農業の特徴の１つが，農業機械の所有の二極化であった。つまり，小規模農家は高額な農業機械を購入しない（できない）のに対し，大規模農家はある程度の機械一式を所有していた。そのことは必然的に，小規模農家から大規模農家への機械作業の受委託関係ができあがる。実際，日本とは異なり，米生産費に占める「委託営農費」のウェイトが大きいのが韓国の特徴であった。したがって，こうした個々の関係を組織化して取り込んだのが，トゥルニョク経営体であるともいえよう。

トゥルニョク経営体の実態については，第10章で６つの調査事例を取り上げ，その活動等をみてきた。トゥルニョク経営体は，日本の集落営農を参考としたものである。しかし，日本の集落営農が基本的には現場から草の根的に生まれ広がったのとは異なり，トゥルニョク経営体は国の政策誘導によって進められた。だが，韓国農業の歴史的実態を踏まえると，国による政策誘導はある意味で必然性をともなうものといえる。なぜならば,「むら」の意識・認識が日本と韓国とではまったく異なるからである。現在は，日本も韓国も米が主食であり，水田稲作が生産者・消費者にとっても，それ故に農政にとっても重要なポジションを占めている（過去と比べると後退しているが)。しかしこれらの共通は，両国の農業や社会構造の表層に過ぎず，その根底では相反する。

前著でも整理したが[(3)]，協同組織を考える上において重要なことであるため，簡単に触れておきたい。日本と韓国は，水田稲作の伝播のルートでは同じ軌跡にあるが，水利の問題を背景にその定着が異なる。つまり朝鮮半島全土のなかでは，水利の問題が相対的に緩い朝鮮半島南部においても水田稲作が定着するのは，早くとも「洑（ふく)」という河川水の灌漑用水への活用という新たな水利施設を獲得した15世紀[(4)]，朝鮮半島全土での一般化に至っては17世紀末まで待たなければならなかった。したがって，それ以前の朝鮮半島全土は基本的には畑作地帯であり，日本の水田稲作とは根本的に異なる。そして，その相違が「むら」の構造を規定する。

水田稲作の場合，水田やため池，水路といった水田装置の造成とその維持管理が必要であるが，一個人・一世帯ではなしえないため，複数人・複数世帯での共同・協働が求められる。そのような生きていくための必要に応じて生まれた集団が「むら」であり，その範域として「むら」の領土が設定され，その地縁的結合＝「むら」を土台に農業生産・生活の共同体が形成される。自然発生的に生まれた「むら」が「自然村」といわれる所以である。このよ

（3）拙著『条件不利地域農業』筑波書房，2010年。
（4）李泰鎮『朝鮮王朝社会と儒教』法政大学出版局，2000年，pp.11-13。

うな過去労働の蓄積を現在も利用し，さらに未来へ継承していくため，必然的に定住をともなう。

したがって，水田稲作の「むら」の特徴は，①範域の設定＝領土，②定住，③定住者ぐるみによる農業生産・水利の管理・生活の共同及び協働，を一体とする。そのため水田稲作の日本では，「むら」の農地は個々の「いえ」の所有・財産であると同時に，「むら」の所有・財産とも認識しており，そこから「むら」の農地は「むら」で守るという意識が生ずる。その意識が具現化したものの1つが，集落（＝「むら」）の営農を守る集落営農であり，それは「むら」のなかから自主的に，主体的につくられる。

これに対し畑作農業では，水田のような大がかりな装置をともなわない。そのため「むら」といった共同体で畑作労働の過去の蓄積を次代へ継承する必要がなかった。そこから「韓国には『むら』がない」という表現が生まれた。「むら」がないため，韓国の農業者には「むら」の農地という意識はなく，あくまでも私有財産の1つでしかない。したがって，農地の売却や貸し付け相手は条件さえ合えば誰でも構わず，実際都市住民が農村部に移住して農地を購入し，その地域で最大規模の農業者になる事例に出くわすことがある。

さらに，水田稲作に不可欠な水利の管理は，日本では「むら」がおこなうが，韓国では第9章で詳しくみたように国や行政の機関がおこなう。

以上の実態は，韓国では畑作農業の社会構造をベースとし，その上に水田稲作がつくられたものであることの1つの証左といえよう。もちろん，韓国でもプマシといった農業者間による共同の農作業などは昔から存在する。しかしそれは，その時々の利害関係者のつながりなど人的結合にもとづくものであり，水田農業で明示した地縁的結合とは異なる。また，行政里（マウル）と呼ばれる集落も存在し，冠婚葬祭など様々な生活の共同もおこなわれきた。それは，マウル内の住民どうしで営みを互助し合う行為としての共同であり，人のつながりとしての意識であるが，土地を「マウルみんなのもの」とする意識とは異なる。「むら」のある日本では集落営農と称したが，韓国では「むら」がないために，「トゥルニョク」が意味する野辺や野原という一般的地形が呼称となっている。こうした相違が，先に記したトゥルニョク経営体の推進に際し，国による政策誘導がある意味で必然性をともなうものとした理由である。

（2）トゥルニョク経営体と農業生産組織

人的結合であるトゥルニョク経営体は，参考とした日本の集落営農ではなく，日本では1970年代から80年代にかけて注目された農業生産組織に近いものといえよう。第1章でみたように，当初の農業生産組織の定義は，「複数（2戸以上）の農家が，農業の生産過程における一部または全部についての共同化に関する協定のもとに結合している生産集団ならびに，農業経営や農作業を組織的に受託する組織の総称」であり，活動のベースとしての「むら」は定義の対象外であった（のちに「むら」を意識し出すが）。

本稿で取り上げたトゥルニョク経営体である①コグンサン，②鳳凰農協，③渡り鳥と農夫たち，④空・大地，⑤ナヌリ，⑥センムルのうち農協が主体となり立ち上げた②以外は，大規模農家や専業農家が相互に結び付き組織化したものであり，その人数も5～6戸・人と少数であった。ただし，そのなかには農協のもと理事や行政里長，作物班の役職など，地域のリーダー的存在が少なからず参加していた。

その一方で，生産組織の定義にトゥルニョク経営体がすっぽり当てはまるわけでもない。対象とする地域の範囲は，①は干拓地という性格上，基本的には干拓地の範囲での活動であり，②は農協が主体のためカバーする範囲も農協の管轄という決められた枠組みがあった。それに対し，③は中心の6人が農地の団地化と作業の機械化，農産物販売や交付金の受給など様々な効率性が発揮できる規模を範囲として200haを設定し，④はGAP団地が出発という点で異なるが，法人の代表者が地図をみて100haくらいの範囲を設定し，③・④ともその範囲内の農家に声をかけていた。⑤は設立者6人で経営面積が100haにのぼるため地域を特に設定しておらず，⑥は法人の代表者が行政区域の「面」（日本の町に相当）の農家に声かけしたが，賛否があって事業要件の30haに届かないため，川向こうの隣接「面」も対象に，作業のしやすい１つの区域・団地を基準に選定していた。

つまり，トゥルニョク経営体は，作業や交付金受給などの効率性を中心に面積規模を設定し，それをできるだけ集団化・団地化させることで経営体の範域を決定し，場合によっては⑥のように行政区域を跨がることもある。また，⑤は特に地域設定なしとしたが，土地改良に賛同することを加入条件にしており，それも農地の団地化，範域の設定にあたる。

一方，農業生産組織は人の結合に注目したものであり，人の結合であるため必ずしも「むら」にとどまるとは限らない。また，生産組織でも市町村の範域を超える組織化もあろう。しかし，トゥルニョク経営体のように農地の集団化・団地化を明確に射程に入れていたわけではない。

もちろん，トゥルニョク経営体で設定した範囲の農家がすべて参加するとは限らず，完全な集団化・団地化に至るわけではない。しかしそれは，日本の集落営農においても該当する。このように人的結合という点では農業生産組織と同じであるが，トゥルニョク経営体はそれをベースとしつつ，そのなかに作業の効率化など各トゥルニョク経営体の目的を念頭においた農地の集団化・団地化を取り込んでいる点が，農業生産組織とは異なる韓国独自の特徴といえよう。「トゥルニョク」という野辺･野原を冠する名称には，「一面」という意味で農地集積・団地化を内包している。このような性格を有するため，調査したトゥルニョク経営体が集積した面積も最小100haから最大300ha，平均で174haに達していた。その一方で，人の結合組織であるが故にインセンティブが求められ，インセンティブが強ければ経営体も強固となるが，それが弱ければ経営体も脆いものとなる危険性をはらんだ組織といえる。

トゥルニョク経営体の提起者・設立者側，つまり大規模農家や専業農家にとって組織化する意義は，１つには国のトゥルニョク経営体育成事業を受けることができ，それは生産費削減等のコンサルティング支援，共同生産に要するコスト支援などが該当する。調査事例の多くも，補助を受けながら様々な農業機械を導入・整備していた。統計分析で触れたように，大規模農家はある程度自分で農業機械を所有しているが，今後は機械の更新を必要最小限にとどめることができる。

いま１つは，設立時点で対象とする範囲と面積を指定したことで，構成員からの作業委託も集団化・団地化した形で受けることができる点である。それは同時に，今後構成員が離農し農地を売却・貸し付ける際の優先候補にあげられるということでもある。その他には，⑥の土地改良の進展などもある。

他方，トゥルニョク経営体の設立に賛同したその他構成員は，経営体の所有する機械を利用することができ，また地域の相場よりも低い作業料金で作業委託できるといった恩恵が受けられる。まさしく統計データで明らかとなった小規模農家の機械所有の低さをカバーし，さらに委託営農費の低減に結び付くものであり，それらが小規模農家におけるトゥルニョク経営体の意義の１つである。

第10章でも記したが，日本の集落営農と大きく異なる点が，設立者側－大規模農家や専業農家，その他構成員－小規模農家ともに，農業法人であるトゥルニョク経営体と農地の賃貸借契約を結んでいないということである。つまり，経営権はあくまでも個別農家に属する。規模の大小を問わず，現地調査で戻ってくる回答は「経営は自分のもの」である。大企業がソウル周辺に集中し，地方や農村部では就業機会が多くなく自営業が主流の韓国的特徴にもとづけば,そして都市と農村部の所得格差が開き社会問題化するなかで(韓国では「都農問題」という)，生活の手段としての農業経営を手放せないということであろう。では，トゥルニョク経営体の法人化は何のためかということになるが，消極的には補助事業の要件に法人化が課されていることであろう。積極的には，米の海外輸出，味噌の加工・販売など「２次産業」，「３次産業」に取り組むための信用確保である。むしろ，２・３次産業分野において経営体の発展があるのではないか。

ところで①は，員外の農地に限ってトゥルニョク経営体が借地していた。作業は，大規模農家で経営体の理事10人でおこなうが，10人それぞれの経営地を拠点に，先の借地や作業受託地を含めブロックに分けていた。主要作業である田植えと収穫に限り，ブロックごとに10人が協力して作業を一斉におこなう。つまり，部分的協業化に取り組んでおり，協業化意識が経営体での借地に至ったものと推測される。一方，貸付農家の理由は高齢化や後継者不在のものもあったが，それ以外は判然としなかった。いずれにせよ，筆者にとっては調査で唯一の事例であった。それを例外とすれば，トゥルニョク経営体は法人化しているが，農地の所有・借地を通じて農業経営しているわけではなく，あくまでも個別農家の支援組織が現段階でのトゥルニョク経営体である。

(3) 直接支払いとトゥルニョク経営体

韓国では，６つの直接支払いを統合して公益直接支払いを新たに創設・導入した。その背景には，WTO農業協定におけるAMS遵守といった対外要因，米の過剰問題，直接支払いの水田・米への偏重，大規模有利の受給額の規模間格差といった対内要因などがあった。そこで公益性に焦点を当てると同時に，それを小規模農家の存在意義と支援根拠として，小農支払いを講じていた。他方，それ以外の農家には，面積支払いとして面積に応じた交付金が支払われる。その対象には，農業法人やトゥルニョク経営体も含まれる。

交付金は，農地を所有，あるいは適切な手続きにより借地し，農業生産活動に従事する耕作者・経営者に対して支払われる。ただし，統合前に講じていたいずれかの直接支払いを受給していた過去実績が求められる。したがって，農地を所有せず，借地もしておらず農業経営権の有さない，当然過去実績もないトゥルニョク経営体は交付の対象外となり，制度と実態の矛盾が生じることになる。

その反対に，公益直接支払いを機に，トゥルニョク経営体に農業者が農地を貸し付け，本当の経営体に転換する可能性もある。それは，個別に公益直接支払いを受給するよりも，トゥルニョク経営体で受給した方が交付金額が多くなるケースである。

大雑把な計算であるが，小農支払いは0.5ha以下の小規模農家に対し一律で120万ウォンを支払う。他方，それ以外のものは面積支払いを受けるが，その金額は区間ごとに設定した１ha当たりの単価をもとに算出する（表11-2)。また，トゥルニョク経営体に設定された受給の上限面積は400haである。仮に，トゥルニョク経営体の経営面積を400haとし，いずれも単価の高い農業振興地域内の農地とすれば，総計で７億6,000万ウォン近い面積支払いを受けることになる。それを１ha当たりに換算すると，189万ウォンとなり，小農支払いの120万ウォンを超過する。この計算でいけば，250haの経営面積で１ha当たり118万ウォンの交付金となり，小農支払いと均衡する。あくまでも単純計算にもとづく試算であるが，経済的インセンティブの面で，トゥルニョク経営体が本当の経営体に転ずる可能性はあろう。ただし，本当の経営体と称したが，必ずしもそれが協業経営まで発展するという意味ではない。まずは，日本の集落営農でいう枝番方式の経営体にとどまるのではないか。その一方で，第７章で記したように，適切な手続きを踏めば賃貸借は認められるが，韓国の原則は耕者有田である。上記のトゥルニョク経営体の姿は，耕者有田を根本から覆すことにもなりかねず，現実的に妥当なのか，それについては今後の課題としたい。

４．まとめ

第２・３節で総括とともに，その文脈の流れで残された課題のいくつかを指摘した。そこで，文脈に乗せることのできなかった２点を指摘して，おわりとしたい。

日本，韓国ともに，国内農業がグローバリゼーションによりダメージを受けるなか，両政府は様々な政策や事業を講じたが，その基本路線は国際競争力の向上にあった。それに対し，社会構造や考え，プロセスは異なるが，生産の現場では農業者の組織化，協同化を進めていた。日本では，「むら」が自主的，主体的に集落営農を立ち上げ，それを通じて地域農業，さらには地域社会の維持に努めていた。そうした現場自らの立ち上げと取り組みによる農業・生活の防衛をグローバリゼーションへの対抗とした。一方，韓国には日本のような「むら」がなく，国の政策誘導によってトゥルニョク経営体は推進され，現場では急激に増えていた。この急激な広がりには，優先的な補助事業などのインセンティブも貢献したであろうが，個々の農家にとっては今後もつづく農産物市場開放，労働力の高齢化や後継者不在といった自家農業の継続問題，所得格差問題などへの懸念・不安が，トゥルニョク経営体のもとに集まった結果ともいえよう。このように入り口こそ自主的ではないが，トゥルニョク経営体を中心に，自家農業・地域農業を守り，経営体によっては農産物加工に着手して就業機会を創出する取り組みなどは，韓国的なグローバリゼーションへの対抗の姿といえよう。

最後に，第Ⅰ部では直接支払いをほぼ取り上げていない。本章の経営分析の事業外収益で触れた程度であり，営業損失を補填し法人経営が成立するための重要なものであった。しかし米戸別所得補償が廃止され，主なものでは飼料用米等や麦，大豆などに対する水田活用交付金，中山間直接支払いや多面的機能支払いなど，特定品目と地域に対する直接支払いにとどまる。一方，韓国では公益直接支払いに改編し，公益性を提供する農家への対価として交付していた。日本の中山間や多面的機能直接支払いのように「むら」を活用したものとは異なり，農家個人にダイレクトに支払う点からも日韓の「むら」の相違が確認できよう。公益直接支払いは，交付金額は異なるが，品目や規模を問わず支払われる。また，予算規模も対象が広がることもあるが，従来の1.8倍に増額していた。日本の農業所得に対する政策の貧弱さは指摘されているが[5]，こうした姿勢は見習う必要があろう。

しかし，公益直接支払いも次の点に留意する必要がある。公益性は，農業生産や食料供給という農業の本源的な機能と密接不可分な関係（OECDでは一体的生産）にある。しかし，グローバリゼーション以降，韓国は国内農業

（5）鈴木宣弘『農業消滅－農政の失敗がまねく国家存亡の危機』平凡社，2021年，第5章。

の後退の一因である市場開放を進めつつ，多面的機能等公益性の確保を追求するという矛盾を生み出している。

それよりもより根本的な問題は，農業生産と多面的機能の追求における市場経済と外部性との政策のあり様である。公益直接支払いへの一本化は，農業の役割を多面的機能等の公益性に特化し政策化したものである。こうした仕組みは，農業生産は市場メカニズムや自由貿易に完全に委ねることを意味し，それは先の市場開放路線と結び付く。そして公益性は，市場外部として直接支払い等の政策で対応するロジックであり，農業の果たす機能が公益性に押し込められることになる。つまりは，農業生産が公益性を支える政策水準に規定されることになる。すでに食料自給率が低下している韓国，同じく日本において，公益性一本でどこまで国内農業と食料生産を維持することができるのか。

市場価格に上乗せする公益直接支払いを，定額部分（15,000円）に置き換えれば，日本の米戸別所得補償と仕組みは同じである。米戸別所得補償では，さらに変動部分を用意していた。あるいは，海外では最低価格保障制度を準備している。公益直接支払いの水準の是非，交付実績と農業者の所得・生産への影響などを今後トレースすることで，上記の答えを探っていきたい。

あとがき

本書は，この数年間に執筆した論文を土台にまとめたものである。各章の初出は以下のとおりであるが，いずれも大幅に加筆・修正している。

第Ⅰ部　日本

第１章：書き下ろし

第２章：書き下ろし

第３章:「メガファームを核とした農地集積と地域資源管理組織との連携」『農政調査時報』No.579，2018年

第４章：「集落営農法人連合体の実践と課題－山口県を事例に」『佐賀大学経済論集』第53巻第２号，2020年

第５章：「中山間地域における小規模集落と地域農業継承」『佐賀大学経済論集』第51巻第３号，2018年

第６章：①「九州水田農業における農業構造変動と集落営農の展開」『縮小再編過程の日本農業－2015年農業センサスと実態分析－』農政調査委員会，2018年

②「九州水田地帯における農業構造の変動と集落営農」『農業問題研究』第48巻第１号，2017年

第Ⅱ部　韓国

第７章：書き下ろし

第８章：①「米産業発展対策－その１」『文化連情報』No.468，2017年
　　　　②「米産業発展対策－その２」『文化連情報』No.469，2017年

第９章：①「農業センサスからみた農業構造の変動」『文化連情報』No.467，2017年
　　　　②「作業受委託からみた日韓の米生産費比較」『佐賀大学経済論集』第49巻第４号，2017年
　　　　③「米の生産費と所得」『文化連情報』No.471，2017年
　　　　④「水利管理・医薬品・食料安全保障」『文化連情報』No.492，2019年

第10章：①「トゥルニョク経営体の実践実態」『文化連情報』No.473，2017年
　　　　②「韓国における農業生産の組織化－トゥルニョク経営体」『熊本学園大学経済論集』第26巻1-4合併号，2020年

第11章：「韓国農政と日本の構造改革との比較」『農業と経済』第87第３号，2021年

終　章：書き下ろし

筆者の計画では，本書は2020年度内に出版できればと考え，2020年１月に韓国調査を，同３月に山口調査をおこない，その後，西日本の事例が多いことから東日本の新たな調査と補足調査を計画していた。しかし，山口調査を最後に，新型コロナウイルスの感染拡大，緊急事態宣言，まん延防止等重点措置がつづき，現地調査は完全にストップし，出版計画も頓挫してしまった。

だが，出版計画の頓挫は，時機を逸するという点で，これまでの調査・研究の積み上げげの劣化につながる。また，コロナの収束もなかなか見通せない

ことから，ここでの出版とした。取り上げた対象地域の調査時期によっては，補足調査の必要性が問われる事例もあるが，そうしたご意見・ご批判は次回の宿題としたい。

２年ほどのコロナ禍での不自由な研究生活を過ごすなか，農業経済学の分野では，改めて現地調査の重要性を痛感するとともに，現地での様々な声に耳を傾けることで，自分の考えや研究が成り立っていることを再認識した。日韓を問わず，現地調査では多くの方々にお世話になった。お一人お一人のお名前をあげることはできないが，厚く御礼申し上げたい。

最後に，筑波書房の鶴見治彦社長には，本書の出版にあたって大変お世話になった。心から感謝したい。

なお，資料収集及び現地調査の多くは，主としてJSPS科学研究費基盤研究（C）17K07966によるものである。

2022年２月

品川　優

【著者紹介】

品川　優（しながわ　まさる）

略歴
1973年　徳島県生まれ
1997年　岡山大学経済学部卒業
1999年　岡山大学大学院経済学研究科修了
2002年　横浜国立大学大学院国際社会科学研究科博士課程後期修了
　　　　博士（経済学）
2003年　佐賀大学経済学部専任講師
2004年　佐賀大学経済学部助教授
2015年　佐賀大学経済学部教授
現　在　佐賀大学経済学部教授
　　　　また韓国農村経済研究院客員研究員（2007年）

主要著書
『米韓FTA－日本への示唆』，筑波書房，2018年
『FTA戦略下の韓国農業』筑波書房，2014年
『政権交代と水田農業』（共著）筑波書房，2011年
『条件不利地域農業－日本と韓国』筑波書房，2010年　　他

地域農業と協同　日韓比較

2022年5月31日　第1版第1刷発行

著　者　品川　優
発行者　鶴見治彦
発行所　筑波書房
東京都新宿区神楽坂2－16－5
〒162－0825
電話03（3267）8599
郵便振替00150－3－39715
http://www.tsukuba-shobo.co.jp

定価はカバーに表示してあります

印刷／製本　中央精版印刷株式会社

ISBN978-4-8119-0627-0 C3061